U0197489

定量储层地质学理论与方法

金 毅 郑军领 董佳斌 等 著

科学出版社
北京

内 容 简 介

本书以多项国家级项目和省部级重点课题的研究成果为依托，系统介绍了作者及其团队经长期科研攻关所取得的一系列研究进展，重点聚焦于煤层气高效开发利用背后的关键科学问题，涵盖基础理论、应用基础理论以及方法研究三个层次。主要包括分形拓扑理论体系的构建、储层孔–裂隙结构复杂组构机制、储层孔–裂隙结构定量表征，以及煤层气多相态传质控制机理等。在以煤层气为典型的清洁、非常规能源高效勘探开发背景下，为等效表征储层孔–裂隙结构并清晰认识储层空间中煤层气运移规律开展了定量储层地质学的基础理论与方法研究，并将其应用于揭示煤层气传质控制机理方面。本书可为煤层气高效开发利用瓶颈的突破提供基础支撑与决策支持，进而助力我国煤层气高效开发产业化建设进程的快速推进。

本书可供煤层气地质、水文地质、石油与天然气地质等领域科研人员和高等院校相关专业教师、研究生参考使用。

图书在版编目（CIP）数据

定量储层地质学理论与方法 / 金毅等著 . -- 北京：科学出版社，2024.
11. -- ISBN 978-7-03-079942-5

Ⅰ . P618.130.2

中国图家版本馆 CIP 数据核字第 2024Z8T994 号

责任编辑：冯晓利/责任校对：王萌萌
责任印制：师艳茹/封面设计：无极书装

科学出版社 出版

北京东黄城根北街 16 号
邮政编码：100717
http://www.sciencep.com

河北鹏润印刷有限公司印刷
科学出版社发行　各地新华书店经销

*

2024 年 11 月第 一 版　开本：720×1000　1/16
2024 年 11 月第一次印刷　印张：16 1/4
字数：323 000

定价：198.00 元
（如有印装质量问题，我社负责调换）

煤层气是一种非常规清洁能源,其高效开发利用不仅是国家能源战略安全的重要保障,还能显著提升煤炭开采安全、有效降低温室效应、持续赋能"双碳"目标。我国煤层气资源丰富,但绝大部分煤层气井未达到经济开采最低目标。这虽表象为开发技术同储层条件的不匹配,但实属对煤层气赋存运移细观机理认知不足。

由于成因多样,煤层气储集空间是一种孔-裂隙耦合的多重分形系统,导致其赋存运移控受关系的明晰极其困难。尽管煤层气赋存运移细观机理的研究吸引了广泛关注,特别是在复杂孔隙结构类似表征、分形统计属性的提取、多相态耦合传质过程近似模拟,以及渗透性能宏观推演等方面取得了一系列进展与认识,但在实际开发的指导方面效果并不理想。显然,该领域亟须突破现有的研究制约,利用创新理论与方法来开展新探索,以期发现新规律并产出新认知,为我国复杂地质条件下煤储层靶向改造以及煤层气高效开发提供精准指导。

基于以上背景,河南理工大学金毅教授所带领的学术团队,依托于多项国家级和省部级重点课题,聚焦煤层气多相态耦合传质行为细观重构及其控制机理,着重开展孔-裂隙结构尺度不变属性控制机制、煤储层孔-裂隙任意分形结构中复杂类型组构模式,以及煤层气多相态传质过程细观机理三大方向的研究。经长期联合攻关,该团队提出了分形拓扑理论并阐明了尺度不变属性控制机制,标定了煤储层孔隙结构的复杂类型并厘定了其组构模式,开辟了煤层气吸附/解吸态变过程的新描述体系,构建了煤层气多相态传质过程等效细观重构方法,有效探索了复杂储层中煤层气传质细观机理。以上成果经归纳总结,汇聚成册为《定量储层地质学理论与方法》。

该专著涵盖了煤层气地质学、计算流体力学、地理信息科学和分形理论等学科的知识,呈现了对新理论、新方法的最新探索与研究成果,并初步奠定了定量储层地质学这一特色方向的基础框架,为复杂储层靶向改造的科学实施提供了理论指导。与此同时,该书隶属于基础理论与应用基础理论范畴,面向非线性动力学、多孔介质物理、化学物理过程、地学演化及储层物理等领域的共性问题，普适性广，研究方法与手段独特，是煤层气储层地质学领域的新力作，对读者不无裨益。

　　在此，我谨对《定量储层地质学理论与方法》专著的公开出版和著者取得的成果致以衷心的祝贺。

2024 年 9 月

煤层气作为典型的低碳清洁能源，是国际上崛起的洁净、优质能源和化工原料，也是目前我国最现实、最可靠的非常规清洁能源。我国煤层气资源丰富，开发利用煤层气，对优化能源结构、促进煤矿安全、弥补天然气供需缺口、减少碳排放等具有重要的意义。然而，我国地质条件相对复杂，储层孔隙度和渗透率较低，导致即便在煤层气资源丰富的地区，绝大部分气井产气效果仍未达到预期。尽管近年来以水力压裂为代表的储层改造工艺技术取得了长足进步，并为煤层气高效产出提供了重要的技术手段，但也存在针对不同地质条件适配性较差的问题。

审视煤层气开发全过程，无非经历了上游的运移、中游的增透以及下游的提产三个环节。显然，上游运移规律的明晰不仅决定着气源，还直接控制着中下游的工程布施，是制约煤层气高效产出的关键。因此，大多数开发技术工艺同储层条件不匹配的低产表象，实属其工程布施缺乏科学的理论指导，更表现出当前煤储层物性精细描述的适配性理论与方法的缺失，最终导致储层改造效果与预期相差甚远。在此背景下，结合当前国家发展能源技术革命及能源战略的双重需求，致力于基础理论与方法研究的定量储层地质学这一特色方向应运而生，同时将为我国煤层气大产业建设进程的持续推进提供重要的理论借鉴与方法支撑作为其发展目标。

在国家能源安全的大背景下，为契合"双碳"目标刚性需求，本书重点聚焦于煤层气高效开发利用背后的关键科学问题，涵盖了基础理论、应用基础理论以及方法研究三个层次。本书以建立系统的分形拓扑理论、阐释分形储层复杂组构机制为基础，以等效表征储层多尺度孔-裂隙结构、发展煤层气多相态传质细观重构方法为中间桥梁，致力于揭示煤层气多相态耦合传质过程的介观运移规律，构建产能控制体系及其细观的科学评估模型等终极目标，这将在一定程度上：①突破传统分形几何理论在储层物性描述以及多相态传质过程控制机理挖掘等方面的定性应用局面；②确保储层物性及其尺度不变特征的唯一反演与等效表征；③进一步支撑非常规天然气勘探开发领域的理论应用需求，助力于我国非常规天然气的产能精准评估及其高效产出。与此同时，也为煤层气地质、石油与天然气地质等相关领域的基础理论研究提供新的思路与方法借鉴，并最终促进定量储层地质学的持续、健康发展。

本书在内容和结构上做了精心设计和安排，结构严谨，内容新颖，理论与数值模拟结合紧密。书中大多数理论、数学框架和模拟方法来自由金毅教授主持的三项国家自然科学基金研究课题构成的科学技术集成。本书从基础理论与方法、储层孔–裂隙结构表征、传质重构及机理分析三方面展开系统论述。在基础理论与方法部分，系统阐述了分形拓扑的基本概念和控制体系、储层孔–裂隙结构复杂类型的界定及复杂组构的概念、流体运移过程的细观重构理论与方法，以及流体渗流基本理论。在孔–裂隙结构表征部分，系统阐述了储层孔–裂隙结构的表征方法，分形多孔介质等效表征的思路和体系，并讨论了分形表征模型的适配性。在传质重构及机理分析部分，介绍了多相态耦合传质行为的概念及其界定规则，系统阐述了多相态耦合传质过程细观重构方面的关键理论、方法及其控制机理。

　　本书由金毅、郑军领、董佳斌、宋慧波、赵梦余、张昆、巩林贤、陈越超撰写。具体撰写分工如下：第 1 章由金毅、赵梦余、董佳斌撰写；第 2 章由董佳斌撰写；第 3 章由赵梦余撰写；第 4 章由郑军领撰写；第 5 章由郑军领、张昆、巩林贤、陈越超撰写。全书由金毅教授负责统稿和定稿，由宋慧波教授校稿。

　　本书的出版得到了河南理工大学资源环境学院的大力支持，得到了国家自然科学基金、河南省杰出青年基金以及河南省高校科技创新团队等项目的资助，同时也得到了自 2012 年以来团队所有硕士研究生及博士研究生的无私奉献，尤其是杨运航博士、刘丹丹博士以及赵静妍博士为书中相关理论及方法的发展做了大量的数据验证及分析工作。在此一并表示由衷的感谢！

　　由于作者水平有限，书中难免存在不当之处，敬请各位专家、学者批评指正，以便后续的修订和完善。

作　者
2024 年 6 月 10 日

目录

绪　论

1.1　定量储层地质学简介

定量储层地质学在常规和非常规能源的勘探与开发中具有重要作用，其主要研究如何通过定量的方法来精确描述和预测储层的特征和开发潜力。它涉及对储层的微观结构、孔–裂隙特征、储层流体运移规律、岩石的物理和化学性质等进行细观的分析和重构[1-3]。通过理论、方法的应用，结合数学模型和计算机技术来建立储层的定量表征体系，从而帮助人们更好地定量化评估资源的禀赋规律和开发价值。定量储层地质学的研究内容主要包括以下两个方面：

（1）储层的基本特征、形成和演化

储层是地下资源存储的场所，是煤、石油和天然气勘探和开发的主要目标。定量储层地质学主要是将储层基本特征从定性表征上升到定量描述和细观重构的过程，研究涉及储层的岩性、物性、含油性、含气性以及微观结构表征等，进而深入探讨储层生油和生气潜能，储油、储气能力和油气输运规律等[4-6]。同时，定量储层地质学还通过研究储层的沉积环境、沉积相、成岩作用、构造作用、水文地质作用和微生物影响等，来分析储层的形成和演化过程，从而更好地了解和预测储层的资源潜力和油气开发模式[7-10]。

（2）定量储层地质学技术和方法

储层物性定量表征及传质行为细观重构所牵涉的基础理论、方法技术吸引了广泛的关注。当前，研究手段涵盖了实验测试、解析推导以及数值模拟等[11-13]。虽然实验测试具有令人信服的数据支撑，但此类方法的实验结果受测试技术、尺度、实验环境以及人为主观因素的影响明显，同时其内蕴连续假设的背景会忽略微观物性对流体运移行为的影响。解析法所得预测模型因能提供物理意义明确的数学描述，为实验观测数据与理论预测模型之间的关联提供了纽带，但此类方法的过度简化会让其在实际应用中失去效用。储层流体的传质规律直接受控于储层细观孔-裂隙结构，由于实验研究与理论解析中存在的弊端，如今更多的努力已转向于数值模拟及全尺度广域分析模式。该模式下，定量表征是实现储层物性精细描述的基础。

定量储层地质学的研究方法主要包括观察、测量、实验和数值模拟等[14,15]。观察和测量是对储层样品的物理特征进行量化表征和提取，例如对岩石样品进行光学显微镜观察、X 射线衍射分析、扫描电镜观察等[16,17]。实验是通过仪器测试的手段对储层特征进行量化表征，例如岩石力学实验、孔隙流体注入测试以及渗透性测试等。以上观察和测试方法可以有效地定量表征储层孔-裂隙尺度分布范围、连通性、渗透性等，但是储层物性非均质性强，由于采集样品的局限性，因此很难精确地表征整个储层的物性特征。传统的定量提取复杂孔隙结构的技术方法大体可分为实验法、成像法和数值重构法。实验法主要是压汞法和气体吸附法，通过向储层中注汞或者 CO_2、N_2 气体，测定孔隙孔径/体积分布、孔隙度、渗透率、比表面积等数据，从而对储层孔隙结构的几何特征进行定量化描述[18-20]。由于储层内孔隙和微裂隙尺寸跨越多个数量级，传统方法由于精度的限制往往忽略很多微小孔隙结构，并且高压力下的气体进入孔隙时，冲击力会导致微小孔隙被破坏而使测得结果失真。因此，仅通过传统实验法得到的统计数据难以揭示其内在信息，需结合成像技术、数值重构法确定多孔介质的本质属性。虽然采用 CT 扫描能得到高精度且无损的多孔介质数值岩心图像，但由于实验设备昂贵，实际应用中的普适性较差。因此，对储层介质微观孔隙结构的表征研究需要依赖不受成本、环境和技术限制的数值模拟方法。数值模拟是对储层的形成和演化过程进行计算机演算的方法，它可以将实验取得的数据数字化处理并推演到整个储层，从而反映全储层的真实的物性状态，有助于更好地预测资源储量、分布规律以及评估开发潜力[21]。

近年来，随着大数据分析、人工智能和云计算等新技术的不断发展，定量储层地质学在数据采集和处理、模型构建和评价，以及数据应用和研究等方面都取得了重要的进展。在数据采集和处理方面，新型的地球物理探测技术、原位实验测试和显微观测技术的应用，使得对储层特征的获取更加精确和全面。此外，大数据分析和人工智能技术的应用，使得对数据的处理和分析更加高效和精确。此外，通过随机森林、支持向量机和神经网络等机器学习算法的模型构建与应用[22-24]，可以根据已有的数据来预测未知的情况，从而提高了多参数预测模型的准确性和可靠性。

新近发展的分形理论和方法，通过对储层的孔隙结构、岩石颗粒形态、接触关系、表观几何形态、流体输运属性等微观特征的复杂行为进行提取,利用分形维数、孔隙度、渗透率等参数来描述储层的复杂性和不均匀性,可以有效预测储层的储油、储气性能和油气分布规律[25,26]。分形定量储层地质学的研究方法包括分形理论体系的建立、分形分析、数值模拟、实验验证、现场应用等。通过分形维数来描述储层的不规则性和复杂性,然后结合计算机技术模拟储层的形成、演化过程及储层流体的储运机制,预测储层的微观结构、宏观特征以及资源禀赋规律;通过物理实验验证计算机模拟结果的准确性和可靠性;最后依据理论分析、实验测试和数值模拟的结果,对现场勘探开发提供理论指导。

国内外大量研究人员对储层基质分形孔隙结构的等效表征及其流体运移的定量描述做了大量研究:一是在孔隙随机模型、颗粒填充模型、毛细管束模型、分形网络模型等一系列概念模型被相继提出后发现,在分形拓扑理论的基础上构建煤储层分形孔隙–孔喉–裂隙等表征模型来描述储层基质分形复杂结构是十分有效的,也已被广泛应用于多孔介质的表征和渗流模拟中[25,27];二是结合CT扫描实验对样品进行三维数字重构,为了得到三维样品中的渗流数据,采用玻尔兹曼(Boltzmann)方法对该重构岩心模型进行渗流模拟,研究流体物性参数及其运移规律[28,29]。总之,定量储层地质学在油气勘探、环境评价、灾害评估等领域的应用越来越广泛。未来,定量储层地质学将继续向精确化、智能化和综合化的方向发展。随着新技术的不断应用和改进,定量储层地质学将更加成熟和精确,为我国能源勘探和开发领域的发展提供更加可靠的支持。

1.2　国内外研究现状

1.2.1　煤储层孔–裂隙结构特征

煤储层作为一种孔隙和裂隙组成的双重多孔介质,其孔–裂隙结构决定了煤岩的吸附和渗透性能,具体包括裂隙、孔隙和喉道的大小、几何形状、分布及连通性等[30-32]。研究煤储层的孔–裂隙结构特征,有助于了解因煤岩孔–裂隙结构差异引起的煤的吸附/解吸、渗流/扩散等运移规律的控制机理,为煤层气的高效开发提供理论和技术支撑。

1. 煤储层孔隙结构的类型

煤岩孔隙结构十分复杂,构造作用和沉积作用最先决定了煤储层孔隙结构的类型,而成岩作用类型、强度及其演化是控制孔隙结构特征的关键因素[33,34]。国内外学者对煤储层孔隙结构类型的划分主要分为成因分类和大小分类。在孔隙成因分类方面，Barenblast 和 Zheltov[35] 提出了"双孔隙"的概念来描述与裂隙网络耦合的多孔介质孔隙结构。后来，由于割理和基质孔隙共存，它被用来表征煤储层的孔隙结构 [36,37]。目前，人们普遍认为煤层气渗流主要受割理或裂隙网络控制，而煤层气的赋存状态则受煤基质孔隙结构的控制。此外，大量证据表明煤基质的孔隙空间是由微裂隙和孔隙组成的，且几乎所有与煤层气赋存相关的物理过程都受到孔隙类型组合的严重影响 [38,39]。

　　根据成因类型的不同，不同学者对煤储层孔隙结构进行了进一步细分。Gan 等[40] 将煤孔隙划分为分子间孔、煤植体孔、热成因孔和裂缝孔。郝琦[41] 根据煤孔隙的成因类型将其分为植物组织孔、气孔、粒间孔、晶间孔、铸模孔、溶蚀孔等。张慧[42] 结合大量煤样的扫描电镜图像，通过分析煤岩的显微组分、孔隙形态及其变质程度等，将煤孔隙的成因类型划分为 4 大类、10 小类。苏现波和林晓英[43] 将煤孔隙划分为气孔、残留植物组织孔、次生矿物孔隙、晶间孔和原生粒间孔。Mou 等[44] 指出，煤孔隙按成因类型不同可分为原生构造孔隙，以及与变质、矿物和应力相关的孔隙。总体来看，煤孔隙的成因分类方法具有一定相似性，它们主要反映了孔隙形成过程中的环境或应力差异程度。

　　在孔隙的大小分类方面，煤孔径结构划分广泛使用的方案有两种：国外应用广泛的是国际纯化学与应用化学联合会（IUPAC）基于煤吸附特性的分类方案 [45]，国内煤炭工业界普遍采用的是 Hodot 在 1966 年提出的十进制分类方案 [46]。另外，孔径小于 100nm 和大于 100nm 的孔隙也分别定义为吸附孔隙和渗流孔隙，这一观点已被众多学者所接受 [43,47-49]。在国内煤孔隙研究中，秦勇等[50] 提出的高煤阶煤孔隙结构的自然分类已被普遍使用。

　　此外，相关研究表明大多数天然多孔介质的孔隙在一定范围内具有分形特征，分形维数可以在一定程度上分析不同尺度范围内孔隙结构表现的物性差异，从而进行孔隙类型的划分 [14,51,52]。傅雪海等[53] 通过分析大量煤样孔隙结构的孔径与孔表面积、孔容的分形关系，有效结合孔径与贮存气体间的扩散、渗流特征，将孔隙划分为扩散孔和渗透孔。刘顺喜和吴财芳[54] 对比德–三塘盆地的煤储层孔隙分形特征进行了研究，依据不同孔隙尺度下的分形特征，将该地区煤样的孔隙结构划分为颗粒间大孔、颗粒中过渡孔和颗粒中微小孔隙。参照 Mou 等[44] 关于煤孔径结构分类的系统总结，现阶段煤孔隙大小的具体划分如表 1-1 所示。

表 1-1　煤孔隙的大小分类划分方案[44]

参考文献	分类依据	孔径/nm	孔隙类型及特征
Hodot[46]	孔隙空间中气体分子的相互作用	<10	微孔：气体吸附
		10～100	过渡孔：气体毛细管凝聚和扩散
		100～1000	中孔：缓慢层流区域

续表

参考文献	分类依据	孔径/nm	孔隙类型及特征
Hodot[46]	孔隙空间中气体分子的相互作用	1000~100000	大孔：强烈层流渗透区域
		>100000	可见孔隙：层流与紊流并存
桑树勋等[55]	孔隙空间中气体分子的相互作用	<2	微孔：气体吸附，主要为墨水瓶状
		2~10	小孔：气体吸附，主要为墨水瓶状
		10~100	中孔：凝聚吸附，主要呈板状
		100~1000	大孔：气体渗流，主要呈板状
		1000~10000	超大孔隙：不稳定，主要为管状和板状
Dubinin[56]	气体赋存状态	<2	微孔
		2~20	过渡孔
		>20	大孔
IUPCA[45]	气体赋存状态	<2	微孔
		2~50	中孔
		>50	大孔
杨思敬等[57]	孔隙存在及结构分布特征	<10	微孔：煤分子结构单元组成的孔隙
		10~50	过渡孔：从微孔到中孔的过渡
		50~750	中孔：由煤的微观成分组成的内部和外部孔隙
		>750	大孔：样品中残留的外部孔隙，例如微裂缝和微节理
琚宜文等[58]	孔隙存在及结构分布特征	<2.5	超微孔
		2.5~5	亚微孔
		5~15	微孔
		15~100	过渡孔
		100~5000	中孔
		5000~20000	大孔
Gan等[40]	测试方法	0.4~1.2	微孔
		1.2~30	过渡孔
		30~2960	大孔
刘常洪[59]	测试方法	<10	微孔
		10~100	过渡孔
		100~7500	中孔
		>7500	大孔
傅雪海等[53]	分形特征	<65	扩散孔
		>65	渗透孔
Yao等[60]	分形特征	2~10	吸附孔

2. 储层裂隙结构研究

煤岩是被多个结构面切割的裂隙体，尽管裂隙性煤岩的孔隙度远远小于孔隙性煤岩的孔隙度，然而煤储层中裂隙仍然主宰着煤层气的运移[61-63]。煤岩中裂隙按照倾斜角度不同可分为两类，即垂直于煤层面的割理，以及斜交于煤层面的剪裂隙。裂隙中影响煤储层渗透性的主要包括裂隙的密度、长度、高度、裂口宽度和连通性。对煤储层裂隙的研究在 20 世纪 60 年代初步发展起来，苏联学者对煤岩中的裂隙进行了简单分类并探讨其成因类型；之后，美国进行了大量煤层气勘探及开采的研究，进一步推动了煤岩裂隙的发展；我国开始涉足煤层气领域是在 20 世纪 80 年代，随后煤岩中关于裂隙的研究受到了普遍的重视[43]。

在 21 世纪初期，我国在煤储层裂隙研究中取得了重大进展。李小彦[64]首次提出主裂隙和次裂隙的概念，并给出了裂隙在显微镜下统计观测的方法。苏现波等[65]按煤岩的形态与成因将煤中裂隙分为内生裂隙、外生裂隙和继承性裂隙三类。之后，苏现波等[66]通过对华北地区煤样的系统研究，进一步将煤中裂隙划分为 4 类、7 组和 17 型。傅雪海等[67]基于煤割理压缩实验，对山西沁水盆地中南部煤储层进行了分析，指出渗透率与初始割理宽度、割理产状和割理受力状态有关。

当然，煤储层除了含有裂隙、大孔和微孔之外，还存在大量微米级裂隙和孔隙，因此煤岩超微结构的研究已成为今后煤层气开发领域的重要发展方向[68,69]。李明[70]对阳泉矿区和淮北矿区构造煤的微观及超微观结构进行了深入研究，论述了不同类型构造煤显微裂隙和超微裂隙的变形特征，并将其作为构造煤分类的一个重要指标。傅雪海等[7]进行了沁水盆地不同矿井煤中宏观裂隙至显微裂隙分形特征的研究，结果表明长度为 0.012～100mm 的微观裂隙具有明显的分形特征，而当长度大于 100mm 时裂隙不具有分形特征。

3. 储层孔隙结构的尺度不变性

地质现象的描述离不开尺度，地学中常见的尺度不变性指的是当观测尺度发生变化时，几何对象的许多性质保持不变。大量研究表明，地震频度与震级、特定区域断裂数目与断裂长度等都存在尺度不变性，这些尺度不变现象服从幂律分布特征[71-73]。而储层多孔介质的微观结构大多具有分形特征，表现为自相似性和尺度不变性，如何真实描述这种尺度不变行为对多孔介质微观孔隙结构的表征以及物性参数的描述具有重要意义。

目前，多孔介质微观结构的尺度不变性已经广泛用于多孔介质输运属性的研究，如粗糙割理中流体的渗流规律、微观孔隙中吸附气体的扩散系数推导等。郁伯铭[52]基于分形的尺度不变性研究了多孔介质中孔隙数目与孔隙大小分布的幂律关系，并将分形参数引入到多孔介质渗透率、热导率的模型研究中。Jin 等[74]根据多孔介质中的孔径分布和空间排列模式，结合经典 Kozeny-Carman（K-C）方程和流阻理论探讨了孔隙度、比表面积及水文弯曲度等参数的尺度不变性，并基于 Menger 分形模型进一步推导出了新的孔渗关系模型。

上述研究表明，储层孔隙结构的尺度不变性可以运用分形理论来描述，相比传统的多孔介质孔隙结构研究的理论和方法，分形理论在多孔介质微观结构的表征和描述上具有更好的适用性和优越性。

1.2.2　分形理论在储层多孔介质中的应用

储层多孔介质的孔隙空间及截面都有具有分形特征，可以用分形理论来描述其微观孔隙结构[51,75]。目前，分形理论在储层多孔介质中的应用主要表现在两个方面：一是分形维数的预测和计算方法，因为分形维数能够反映多孔介质中孔隙或基质颗粒的大小分布、孔–裂隙表面的粗糙程度以及渗透率、孔隙度等参数的非均质分布等；二是运用分形模型构建多孔介质的微观结构，从而进一步分析其传热传质特性、渗流特性以及吸附能力等物性特征。

1. 分形维数的理论计算与预测

由于储层多孔介质微观结构的复杂程度受到多种因素的影响，多孔介质的分形维数根据描述对象的不同，分为质量分形维数、表面分形维数和迂曲度分形维数。质量分形维数能够反映多孔介质孔隙体积的非均质性，表面分形维数是评价孔隙表面粗糙程度的重要参数，而迂曲度分形维数则描述了多孔介质中毛细管的弯曲程度。

首先，基于 Serpinski 地毯和 Menger 海绵等精确自相似分形体的构成，大量学者提出了一系列质量分形维数的理论计算方法。Yu 和 Li[76] 基于分形理论提出分形行为的自相似区间应相差至少两个数量级，且多孔介质的分形维数与其孔隙度、最小和最大孔隙或固体颗粒的尺寸有关。Jin 等[77] 根据分形的基本定义，对典型的 Koch 曲线、Serpinski 垫片以及 Menger 海绵体等经典精确自相似分形对象进行了深入研究，最终提出了两个新的参数 F_λ 和 P_λ（即相邻两级缩放对象的数量比和尺度比）来描述多孔介质的分形行为，给出了一种表征任意分形多孔介质的新定义方法。

在质量分形维数的预测方法上，应用最广泛的是盒维数法，该方法通过将不同尺度 l 的盒子覆盖二维或三维图像，然后记录其中包含有分形体（孔隙或裂隙）的盒子数 $N(l)$，最后在自相似的尺度范围内做两者的双对数曲线，根据拟合得到的斜率即为分形维数。该方法操作简单、效率高，但受到自相似尺度的影响很大，通常其尺度变化范围的上限采用分形对象最大尺寸的 1/2 或 1/4，下限限定为最小像素的大小。

另外，国内外众多学者通过不同的试验测试技术，结合分形多孔介质的质量分形模型，发展了多种预测分形维数的方法。Perfect[78]考虑到水和污染物在多孔介质中的输运属性，发展了一种基于水分特征曲线来预测其分形维数的方法。Li和 Zhao[79]结合多孔介质的渗吸规律，探讨了一种利用分形渗吸模型来预测孔隙体积分形维数的方法。Angulo 等[80]基于压汞实验的孔体积分布曲线提出了一种孔体积分形维数的计算方法。

其次，在表面分形维数的理论计算方面，国内外学者往往倾向于与分形理论相结合，运用 Frenkel-Halsay-Hill（FHH）方程来讨论表面分形维数与吸附法测定原理的关系。FHH 理论最早是由 Frenkel、Halsey 和 Hill 提出[81-83]，而 Pfeifer[84]将其与分形对象的表面相联系，进一步推动了 FHH 理论在分形中的发展和应用。近几年，表面分形维数的研究主要集中在范德瓦耳斯力和界面张力对分形维数的影响。Zhang 等[85]通过吸附试验指出利用毛细凝聚控制的区域来预测分形维数。Yao 等[48]根据吸附数据分析得到煤的吸附能力对应不同的分形特征，且分形特征的差异分布主要集中在两个相对压力范围（压力系数分别为 0～0.5 和 0.5～1）。

迂曲度分形维数最早用于表示曲线的弯曲程度，Mandelbrot[86]通过分析海岸线的长度随测度的变化关系计算得到迂曲度分形维数，以此来对比各国海岸线的复杂程度。而对于天然多孔介质，其内部毛细管的长度和流体在其中的流动轨迹与海岸线类似。Yu 和 Cheng[26]提出分形介质的毛细管长度与其直径和分形维数有关，分形维数越大、孔隙直径越小，流线越长。Jin 等[87,88]基于多孔介质中水文弯曲度新的动力学测定方法与理论，研究了多孔介质中毛细管的水力直径与流体流动长度之间的分形分布特征，并结合 LBM 模拟方法发现多孔介质中水文弯曲度的分形维数 D_τ 的值近似为 1.1。

最后，三种分形维数都是对多孔介质某一物性特征的反映，如何表示不同类型分形维数之间的关系对多孔介质输运物理等特性的研究具有重要意义。Wei 等[89]结合分形理论改进了经典的阿奇（Archie）方程，对多孔介质中孔隙度、电导率与迂曲度分形维数 D_τ、孔体积分形维数 D_f 的关系进行了研究，最后明确给出 D_τ 和 D_f 的关系式。Jin 等[27]考虑了多孔介质毛细管的几何弯曲度与水文弯曲度对流体实际运移规律的影响，依据分形理论得到孔隙结构分形维数 D_f 应该为其毛细管束分形维数 D_λ 与几何弯曲度分形维数 D_{tg} 的总和。

2. 多孔介质分形模型的发展及现状

目前，分形多孔介质模型主要有孔隙质量分形模型[90]、固体质量分形模型[91]、孔隙–固体分形模型[92,93]、分形毛细管束模型[75]及混合分形单元模型[94]等。孔隙质量分形模型模拟的是单一均质材料中固体基质在不同尺度下的分布，随着孔隙尺度的不断减小，模型最后只剩下固体。固体质量分形模型模拟的是单一介质中均匀孔隙在不同尺度下的分布，这类模型中比较常见的有谢尔平斯基（Sierpinski）地毯和 Menger 海绵体模型，其中 Menger 海绵体在多孔介质的描述与构建方面有着广泛的应用，例如利用 Menger 海绵体模拟三维煤岩介质的非线性孔隙结构[95]。孔隙–固体分形模型是 Perrier 等[93] 在孔隙质量分形模型和固体质量分形模型的基础上进一步建立的，能够同时表征孔隙和固体的幂律分布特征。

分形毛细管束模型常用于模拟多孔介质中流体的运移和输运特性，它可以反映出多孔介质中弯曲毛细管及其中流体运移路径的形态特征，并用迂曲度分形维数来表示这一特征[96]。Yu 和 Cheng[26] 及 Yun 等[97] 基于毛细管束模型进一步提出了适用于各种纤维介质的分形平面渗透率模型，同时得到多孔介质中弯曲流线长度 L_e 与特征长度 L_0 之间存在标度关系，最后考虑到多孔介质的平均流动特征得到了一般迂曲度分形维数的等效表征公式。

然而，真实多孔介质是由孔隙度很低但连通性很好的毛细管网络组成，毛细管束模型适用的分形对象十分有限。Jin 等[27] 考虑到毛细管道低渗高连通的特点以及相互交错的复杂性，利用泰森多边形的构建思想和分形理论构建了符合自然多孔介质低孔隙度高连通性的分形网络模型，研究了孔隙结构的分形特征对渗透率、水文弯曲度、K-C 常数等的影响，同时利用格子玻尔兹曼方法模拟了孔隙尺度下粗糙割理中煤层气的运移规律[88]。通过对比简单分形毛细管模型，发现分形网络模型更能反映多孔介质中的几何形貌和输运特性。

1.2.3 储层孔–裂隙结构等效表征方法

煤的孔–裂隙结构是瓦斯赋存和运移的主要场所，其发育程度、结构特征、空间分布直接影响着煤体对瓦斯的吸附–解吸特性和渗流能力[98-100]。研究煤体的孔–裂隙结构可为瓦斯治理和利用提供理论指导，对认识煤体渗透性和煤层气开发有重要意义。目前，随着技术与理论的不断更迭，煤储层孔–裂隙结构的表征方法已经从简单的物性分析过渡到多学科的交叉综合分析。结合国内外的研究现状，煤岩孔–裂隙结构的表征方法主要分为物理实验方法和数值模拟方法。

1. 物理实验方法

物理实验方法指通过岩石物理实验定量表征其孔隙分布、孔隙度和渗透率等，主要有压汞法、液氮吸附法、铸体薄片法、扫描电镜法、核磁共振技术、CT 扫描法等[101]。压汞法和液氮吸附法可以分析煤岩中孔喉的大小以及孔径分布特征[53,102]。铸体薄片法和扫描电镜法可以简单直观地获取储层岩石表面的形态特征[103,104]。核磁共振技术和 CT 扫描法可对储层内部微观结构进行三维切片成像[105,106]。

目前，压汞法是孔隙结构研究最常用的方法之一，可根据施加的压力得到孔隙半径和煤的孔隙体积，根据压汞和退汞曲线差异判断煤孔隙类型和特征结构[107,108]。

常规压汞法在大孔、中孔的测量方面精确度比较高，但是对于微孔而言，压汞实验对样品有一定破坏性，因此会造成较大的误差。而液氮吸附法以氮气分子作为吸附介质，测量尺度介于微孔和超微孔，主要用于揭示储层微观孔隙结构的分布特征[109]。因此，在研究孔隙结构时，往往需要综合两者的数据进行分析。

对于储层内部微观形态的研究，CT扫描技术得到了越来越广泛的应用，能直接观察到孔隙结构内部而获取孔隙类型、形状、大小、连通状况等静态特征，更倾向于对孔-裂隙结构的可视化研究。目前，CT扫描技术的分辨率已经提高到微纳米级别，可真实再现储集岩的原始状态，确定致密砂岩、页岩等致密储层纳米级孔喉的分布、大小和连通性等[101]，实现微观孔隙和断裂等结构的三维虚拟成像。借助CT扫描图像，通过调整不同的扫描分辨率，可以对比不同分辨率下孔隙的微观结构特征，从而直接分析真实岩心内部的孔隙发育情况，并提取孔隙结构的信息建立数字岩心模型。

作为一种典型分形体，分形理论的出现为储层孔-裂隙结构的表征提供了新的理论与方法。基于分形理论，学者往往通过分形维数定量表征储层孔-裂隙结构的尺度不变特征。分形维数的计算方法有相似维数、豪斯多夫（Hausdorff）维数、信息维数、计盒维数法等。其中，计盒维数法能够直观反映目标物在研究区域的占有程度，物理意义直观，数学计算简单，因此，常被用来确定分形维数，并被广泛用于确定煤或岩石图像的孔-裂隙结构特征[110]。

综上所述，随着实验技术与理论的成熟，可以利用各种技术从不同角度对不同级别的孔-裂隙结构进行分析，从而结合多种表征方法实现储层孔-裂隙结构的全方位及多尺度表征。

2. 数值模拟方法

数值模拟方法是以岩石的二维图像或三维图像为研究对象，通过一些已经测定的物性参数，结合不同的分析方法和数学物理方程模拟岩石的形成过程及微观结构等。根据国内外储层微观孔隙结构模型的发展进程，储层孔隙结构模型主要分为颗粒填充模型、毛细管模型、孔隙网络模型以及三维数字岩心[111]。颗粒填充模型主要通过颗粒状孔隙或固体颗粒的填充或堆积来模拟岩石的沉积和压实过程；毛细管模型用一连串孔径不同的圆柱形毛细管束来近似表示岩石的孔隙空间；孔隙网络模型用相互连通的弯曲毛细管组成网状分布来表示储层岩石复杂的孔隙空间；三维数字岩心是将真实岩体进行三维数字化图像的还原与重构[111]。

根据国内外的研究现状，多孔介质数值模拟的主要发展方向为数字岩心与孔隙网络模型的重构方法研究。迄今，储层岩石的数字岩心重构方法主要包括高斯模拟法、模拟退火法、序贯指示模拟法、多点地质统计学方法和过程法等。

高斯模拟法是Joshi[112]于1974年提出。他依据岩石薄片的统计数据，将孔隙度和自相关函数作为限制因素,构建了与岩石具有一定相关性的高斯场,最后通过非线性变换成功构建二维岩心图像。

1997 年,Hazlett[113] 提出了模拟退火法,该算法的优势在于可以不断调整微观孔隙结构的某些参数变量,使其反映更多真实可靠的岩心信息,故最终建立的数字岩心与真实多孔介质更相似。模拟退火法虽然提高了建模的精度,但由于引入了许多约束条件,使得该算法在建模时的运行效率大幅降低。

然而,上述重构方法都是以孔隙度和二维图像的两点统计特征为约束条件,无法准确反映岩心的孔隙结构特征,导致重构三维岩心的孔隙连通性较差。之后,Strebelle[114] 提出了多点地质统计法(MPS)来进行复杂储层构造的模拟。吴胜和和李文克[115] 系统研究了多点地质学的基本原理和方法,指出多点地质统计法克服了传统的基于变差函数的二点统计学不能表达复杂空间结构和再现目标几何形态的不足。总体而言,该方法是以岩心切片图像作为训练图像,通过设定模板扫描训练图像获取的条件概率分布确定数据事件,然后再提取这些含有结构特征的数据事件建立数字岩心。

在孔隙网络建模方法研究方面,孔隙网络模型的发展主要经历了规则孔隙网络模型和真实拓扑孔隙网络模型[116]。规则孔隙网络模型多以孔隙和喉道在二维或三维空间的规整排列组成,早期的三维孔隙网络通常都是基于配位数一定的立方格结构来表示[117,118]。虽然规则的孔隙网络模型不具有真实的物理意义,但是许多学者依然通过改变孔隙形状、孔喉的连接方式以及孔喉半径的赋值方法等对其进行了改进,并将改进后的规则孔隙网络模型应用于多孔介质渗流和扩散问题的研究。

对于微观或介观尺度的孔径分布,规则的孔隙网络模型已经不足以描述其整体的分布特征,因此以真实岩样的微观 CT 图像、扫描电镜等实验数据构建的数字岩心为基础,建立了一种与真实岩样拓扑结构相似的真实拓扑孔隙网络模型。由于实验技术手段与数字岩心重构方法的差异,真实孔隙网络模型的构建方法分为多向扫描法、Voronoi 多边形法、孔隙居中轴线法和最大球体法等。相比规则的孔隙网络模型,真实的孔隙网络模型具有更好的适用性,构建方法灵活且多样,能够从不同方面更加准确地解释多孔介质的孔隙拓扑结构。

孔隙或裂隙网络模型是当前储层孔–裂隙结构等效表征的主要模拟方法,它可以清晰再现多孔介质中裂隙、孔隙和喉道的相互连通情况、几何形态和空间分布等,从而根据其几何物性特征预测多孔介质的输运能力与储集性能。然而,储层微观孔隙结构具有多尺度特征,不同尺度下可能包含有裂隙、孔隙或部分颗粒状孔隙,而当前的孔隙网络模型大多只考虑了孔隙毛细管的构建,并未实现颗粒状孔隙的重构,难以体现宏观尺度对象与介观或微观尺度对象之间的连续分布。

近年来，大量学者将分形理论引入到孔隙网络模型中，使得构建的分形孔隙网络模型具有尺度不变性和自相似性，同时又能表现孔隙的非均质性和各向异性。通过总结前人关于分形维数的定义以及测定方法，Jin 等[77] 提出分形拓扑这一概念来定义分形行为，并结合多孔介质分形网络模型提出了一种新的适用于描述任意分形体分形行为的表征模型[119]。

1.2.4　复杂孔–裂隙结构空间下流体运移规律

天然多孔介质通常比较致密，由低孔隙度但高连通的网络组成。由于大量的外部事件和内部过程的级联效应，微观结构往往无序且复杂，同时伴随着孔隙/颗粒尺寸尺度不变分布并跨越多个数量级[76,120]。在储层评价中，最为关键的问题之一是建立渗透率与一些基本物理属性之间的关系，以便在实际应用中易于测量和量化。最著名的关系之一是由 Kozeny 最早提出，后由 Carman 通过将多孔介质简化为一束等长、等截面的毛细管对其进行了修正，即 Kozeny-Carman（K-C）方程。K-C 方程将有效渗透率（K）与四个结构参数联系起来：孔隙度（φ）、比表面积（S）、水文弯曲度（τ）和形状因子（g）。$g\tau^2$ 被称为 Kozeny 常数。然而，K-C 方程是一种半经验的渗透率–孔隙度关系，在一定程度上并不适用于实际情形。即使在多孔介质具有相同的基本物理属性统计量的情况下，所测渗透率之间也存在显著的差异。也有研究表明，水文弯曲度不仅是孔隙度的函数[77,121,122]，Kozeny 常数也会随着孔隙结构而改变[87,123,124]。因此，受众多相关参数存在的影响，至今很难确定一种适当的关系[125]。

截至目前，多孔介质渗透率的研究方法大致可分为三类：实验测试分析、解析推导和数值模拟。实验研究往往基于天然介质，如岩心样品。尽管岩心样品可用于表征单个地层的物性特征，但由于多孔样品的连续介质假设，导致实验过程中天然介质微观结构对流体流动的影响可能会被忽略[125,126]。因此，必须引入半经验参数以应对不明确效应，这使得实验结果在认识流体流动的基本机理方面作用有限[28,77,127]。更为重要的是，基于实验方法不能独立地控制天然多孔介质中孔隙度、孔径分布和连通性等特性。

而在解析推导方法中，针对具体问题可以建立一个具有明确物理意义的数学框架，这可指导我们调整固有系数来匹配物理实验[123]。通常，多孔介质被简化为与自然介质具有某些相同几何特征的概念模型。目前，用于模拟天然多孔介质分形行为的模型主要有孔隙分形模型和固体分形模型。遵循固体分形方案，Pitchumani 和 Ramakrishnan[128] 将天然储层假设为分形毛细管，这有别于相同长度管束的理想排列，进而提出了一种渗透率模型。随后，Yu 和 Cheng[26] 基于毛细管水力直径尺寸分布遵循分形统计的假设，以及 Wheatcraft 和 Tyler[129] 提出的水力直径与弯曲度之间的缩放/弯曲度定律，解析推导出一种分形渗透率模型。此后，人们对分形多孔介质的输运特性进行了大量研究[126,130,131]。这些研究为分形多孔介质渗透率–孔隙度关系的建立提供了新的思路。然而，由于毛细管非相交假设的存在，导致现有研究与实际情况并非完全相符。

鉴于天然多孔介质中毛细管的交叉特性，网络或微球模型被广泛用于研究多孔介质的输运属性。对于具有分形行为的多孔介质，基本思想是通过替换仅由介质几何形状决定的物理属性来重新表述经典的 K-C 方程。其中，Costa[125] 提出了两参数渗透率–孔隙度方程，随后 Henderson 等[121] 解析推导出了三参数渗透率模型。Jin 等[127] 研究了分形孔隙结构对渗透率、水文弯曲度以及 K-C 常数的影响。显然，直接研究比假设毛细管非交叉更为可靠。更为重要的是，网络或微球模型易适用于几乎任意周期性、随机或分形几何[93]，以及源于成像数据的岩石几何重构[132,133]。

对于复杂的水动力问题，孔隙尺度下的直接数值模拟越来越受到重视。通过这种解决方案，可以独立考虑或忽略相关参数。与基于实验方法的耦合结果相比，可以以尽可能小的不确定性评估几何效应[134]。此外，计算流体动力学（computational fluid dynamics，CFD）模型不局限于任何实验技术、尺度或环境[77]。然而，在缺乏指导模型的情况下，相同的数值结果可以推导出不同的关联关系。因此，需要提前建立数学框架，进而通过孔隙尺度建模和微观模型实验来理解其基础物理特性[127]。

具体地，针对煤储层这一典型分形多孔介质，煤储层裂隙及其构成的网络系统主导着煤层气的运移[135-137]。因此，查明煤层气在裂隙中的运移规律并准确预测裂隙的渗透性能对煤层气的高效开发及产能评估具有重要意义，同时这也吸引了国内外学者的广泛关注和研究。尽管裂隙网络被一致认为是解决此问题的主要研究对象，但在裂隙网络中流体流动性能主要取决于起主导作用的单裂隙渗流特征[138]，因此预测网络流的一个基本前提是清晰认识单裂隙几何结构特征（如开度、粗糙度、弯曲度等）对流体流动的控制机理[139]。在此基础上，可进一步考虑更为复杂的问题，包括两相流[140,141]、裂隙网络流[142-144]、溶质输运[145-147]、非线性流[148-151] 等。

对此，广大学者基于大量的实验和数值模拟研究先后给出了裂隙结构参数对流体流动的影响特征[152-157]，但线性流的研究假设往往与现实情况有所偏差，且所得模型大多为定量乃至定性的独立描述，缺乏多参数耦合下的量化表征模型，导致在生产实际应用方面所起到的效果有限[158]。

Forchheimer 定律作为非线性流动行为的数学描述方程，已被广泛用于描述体积流量与压力梯度之间的非线性关系[159]。据此，广大学者开展了粗糙裂隙中非线性流的影响研究[139,148-151,160-164]，但大多聚焦于应力或剪切位移变化所产生的开度非均一分布影响，属于定量乃至定性的独立描述，缺乏多参数控制下的耦合量化表征模型研究，导致其难以有效服务于煤层气高效开发及产能精准评估。

此外，考虑到极复杂的端面接触分布与裂隙成因、受荷状态、岩石类型等密切相关，且无法准确了解其分布规律，故前人在探究接触分布对流体渗流的影响时，为不失一般性，往往假设接触面积均匀分布于裂隙面内[165]，且以接触区域在裂隙中所占的比例（即接触面积比）作为唯一表征参数[166,167]。显然，这种概括性的量化方式不利于深入揭示端面接触对流体渗流的控制机理，因为在接触面积相同的情况下，接触点的密度、位置等一定程度上决定了流体渗流的弯曲程度，进而影响了流体的整体渗流特征，而这一影响在现有的研究中较少涉及。

另外，煤层气的流动状态是煤层气井产能预测的理论基础，因此准确判定煤层气的流态具有重大实际意义[158]。然而，在有关非线性流的研究中用于判定线性流向非线性流转换的临界点往往由临界雷诺数表征，而这种单一参数与引起非线性流的端面粗糙及接触分布等物性特征无直接关联，故其未能真实反映煤层气流态的内在控制机理，也不利于其有效标定。

综上所述，由于裂隙端面的复杂粗糙特性及接触分布严重影响流体流动行为，导致引发煤层气不同流态的内在机理至今并未得到充分阐明。

1.3　当前机遇与挑战

《"十四五"能源领域科技创新规划》指出，在"碳达峰、碳中和"目标、生态文明建设和"六稳六保"等总体要求下，我国能源产业面临保安全、转方式、调结构、补短板等严峻挑战，对科技创新的需求比以往任何阶段都更为迫切。经过前两个五年规划期，我国推动能源技术革命取得了重要阶段性进展，有力支撑了重大能源工程建设，对保障能源安全、促进产业转型升级发挥了重要作用。然而，与世界能源科技强国及引领能源革命要求相比，我国能源科技创新还存在明显差距，如能源技术装备长板优势不明显，能源领域原创性、引领性、颠覆性技术偏少，绿色低碳技术发展难以有效支撑能源绿色低碳转型等。因此，持续发展能源开发科技创新仍然是现阶段我国推动能源技术革命的必然要求。

煤层气作为典型的低碳清洁能源，是国际上崛起的洁净、优质能源和化工原料，也是目前我国最现实、最可靠的非常规清洁能源。我国煤层气资源丰富，开发利用煤层气，对优化能源结构、促进煤矿安全、弥补天然气供需缺口、减少碳排放等具有重要的意义。因此，在当前国家发展能源技术革命和社会现实需求的双重背景下，定量储层地质学将发挥其自身优势，同时也面临着前所未有的发展机遇。

　　然而，由于我国特殊的地质条件，导致现阶段大部分地区仍未实现全面高效开采的基本经济目标。正因如此，快速推进煤层气资源的高效开发利用及其大产业建设进程就成了我国发展能源绿色低碳转型的必然途径。

　　作为煤层气高效开采的关键之一，清晰认识煤储层中煤层气的运移规律，可为煤层气现场生产提供基本理论保障，从而提高煤层气的产出效率。受煤储层特殊的地质成因影响，煤层气储层孔–裂隙结构具有孔隙类别多元、分布分形、低渗致密、连通随机等特征，是一种复合几何在尺度不变属性控制下的多重分形系统。与此同时，煤层气的运移伴随着吸附/解吸、对流–扩散、流固交互等时空耦合行为，这种复杂的传质过程会严重制约其产出表现[5,136,168-170]。众多研究成果表明，复杂多孔介质的输运属性受控于孔隙类型、多尺度结构、孔固界面几何及其空间分布特征，因此煤层气的产出是一种多尺度孔–裂隙结构控制下的多相态流固耦合传质过程。

　　为了阐明煤层气多相态耦合传质控制机制，传统的理论、方法和技术一直以来都发挥出了重要的作用[11,53,171-175]，但它们在实际应用中受成本、地质条件、测试技术、观测尺度及实验环境等因素的影响明显，不利于煤层气储层输运属性控制机理的系统挖掘，如今更多努力已转向数值模拟及全尺度广域分析模式[176-180]。然而，当前的研究现状难以为煤层气储层多重分形孔–裂隙结构精细描述与等效反演提供直接的理论支撑；与此同时，煤层气产出过程中多相态耦合传质行为的描述模型与表征方法尚有待发展，以上现状无法保障数值模拟结果的科学性与有效性。

　　正是上述煤层气勘探开发过程中所涉及的基础适配性理论与方法的缺失与不足，导致在煤层气开发工艺及井型优化方面难以提供强有力的支持，这也表明定量储层地质学的发展依然面临着巨大的挑战。因此，在当前机遇与挑战并存格局下，定量储层地质学相关理论、方法及应用的不断创新与更迭不仅是能源转型与发展的必然需求，更是推动定量储层地质学长远发展的动力源泉。

参考文献

[1] 纪友亮. 油气储层地质学. 北京: 石油工业出版社, 2015.

[2] 秦勇, 袁亮, 胡千庭, 等. 我国煤层气勘探与开发技术现状及发展方向. 煤炭科学技术, 2012, 40(10): 1-6.

[3] 宋岩, 刘洪林, 柳少波, 等. 中国煤层气成藏地质. 北京: 科学出版社, 2010.

[4] 傅雪海, 秦勇, 韦重韬. 煤层气地质学. 徐州: 中国矿业大学出版社, 2007.

[5] 刘大锰, 贾奇锋, 蔡益栋. 中国煤层气储层地质与表征技术研究进展. 煤炭科学技术, 2022, 50(1): 196-203.

[6] 罗杰 M. 斯莱特. 油气储层表征. 李胜利, 张志杰, 刘玉梅, 等译. 北京: 石油工业出版社, 2013.

[7] 傅雪海, 秦勇, 薛秀谦, 等. 煤储层孔、裂隙系统分形研究. 中国矿业大学学报, 2001, (3): 11-14.

[8] 罗明高. 定量储层地质学. 北京: 地质出版社, 1998.

[9] 邹才能, 杨智, 朱如凯, 等. 中国非常规油气勘探开发与理论技术进展. 地质学报, 2015, 89(6): 979-1007.

[10] 王双明. 鄂尔多斯盆地构造演化和构造控煤作用. 地质通报, 2011, 30(4): 544-552.

[11] Zheng J L, Liu X K, Jin Y, et al. Effects of surface geometry on advection-diffusion process in rough fractures. Chemical Engineering Journal, 2021, 414: 128745.

[12] 姚艳斌, 刘大锰, 蔡益栋, 等. 基于 NMR 和 X-CT 的煤的孔裂隙精细定量表征. 中国科学: 地球科学, 2010, 40(11): 1598-1607.

[13] Jin Y, Zheng J L, Liu X H, et al. Control mechanisms of self-affine, rough cleat networks on flow dynamics in coal reservoir. Energy, 2019, 189: 116146.

[14] 金毅, 刘丹丹, 郑军领, 等. 自然分形多孔储层复杂类型及其组构模式表征: 理论与方法. 岩石力学与工程学报, 2023, 42(4): 781-797.

[15] 张昆, 孟召平, 金毅, 等. 不同煤体结构煤的孔隙结构分形特征及其研究意义. 煤炭科学技术, 2023, 51(10): 198-206.

[16] 鞠杨, 张钦刚, 杨永明, 等. 岩体粗糙单裂隙流体渗流机制的实验研究. 中国科学: 技术科学, 2013, 43(10): 1144-1154.

[17] Song S B, Liu J F, Yang D S, et al. Pore structure characterization and permeability prediction of coal samples based on SEM images. Journal of Natural Gas Science and Engineering, 2019, 67: 160-171.

[18] Guan M, Liu X P, Jin Z J, et al. The heterogeneity of pore structure in lacustrine shales: Insightsfrom multifractal analysis using N_2 adsorption and mercury intrusion. Marine and Petroleum Geology, 2020, 114: 104150.

[19] 金毅, 赵梦余, 刘顺喜, 等. 基于压汞法的煤基质压缩对孔隙分形特征的影响. 中国煤炭, 2018, 44(8): 103-109.

[20] Wang Z L, Jiang X W, Pan M, et al. Nano-scale pore structure and its multi-fractal characteristics of tight sandstone by N_2 adsorption/desorption analyses: A case study of Shihezi Formation from the Sulige Gas Filed, Ordos Basin, China. Minerals, 2020, 10(4): 377.

[21] Danesh N N, Zhao Y X, Teng T, et al. Prediction of interactive effects of CBM production, faulting stress regime, and fault in coal reservoir: Numerical simulation. Journal of Natural Gas Science and Engineering, 2022, 99: 104419.

[22] Chen H, Wang Y, Zuo M S, et al. A new prediction model of CO_2 diffusion coefficient in crude oil under reservoir conditions based on BP neural network. Energy, 2022, 239: 122286.

[23] Ibrahim A F. Application of various machine learning techniques in predicting coal wettability for CO_2 sequestration purpose. International Journal of Coal Geology, 2022, 252: 103951.

[24] Zhang K, Meng Z P, Li G F. Analysis of logging identification and methane diffusion properties of coals with various deformation structures. Energy & Fuels, 2021, 35(15): 12091-12103.

[25] Jin Y, Zheng J L, Dong J B, et al. Fractal topography and complexity assembly in multifractals. Fractals, 2022, 30: 2250052.

[26] Yu B M, Cheng P. A fractal permeability model for bi-dispersed porous media. International Journal of Heat and Mass Transfer, 2002, 45(14): 2983-2993.

[27] Jin Y, Li X, Zhao M Y, et al. A mathematical model of fluid flow in tight porous media based on fractal assumptions. International Journal of Heat and Mass Transfer, 2017, 108: 1078-1088.

[28] Jin Y, Song H B, Hu B, et al. Lattice Boltzmann simulation of fluid flow through coal reservoir 's fractal pore structure. Science China Earth Sciences, 2013, 56(9): 1519-1530.

[29] Ju Y, Wang J B, Gao F, et al. Lattice-Boltzmann simulation of microscale CH_4 flow in porous rock subject to force-induced deformation. Chinese Science Bulletin, 2014, 59: 3292-3303.

[30] 陈欢庆, 曹晨, 梁淑贤, 等. 储层孔隙结构研究进展. 天然气地球科学, 2013, 24(2): 227-237.

[31] 方少仙, 侯方浩. 石油天然气储层地质学. 东营: 中国石油大学出版社, 1998.

[32] 吴胜和, 熊琦华. 油气储层地质学. 北京: 石油工业出版社, 2008.

[33] 郝乐伟, 王琪, 唐俊. 储层岩石微观孔隙结构研究方法与理论综述. 岩性油气藏, 2013, 25(5): 123-128.

[34] 琚宜文, 李小诗. 构造煤超微结构研究新进展. 自然科学进展, 2009, 19(2): 131-140.

[35] Barenblast G I, Zheltov Y P. Fundamental equations of filtration of homogeneous liquids in fissured rocks. Soviet Physics, 1960, 5: 1286-1303.

[36] King G, Ertekin T, Schwerer F. Numerical simulation of the transient behavior of coal-seam degasification wells. SPE Formation Evaluation, 1986, 1(2): 165-183.

[37] Lu M, Connell L D. A dual-porosity model for gas reservoir flow incorporating adsorption behaviour-part I. Theoretical development and asymptotic analyses. Transport in Porous Media, 2007, 68(2): 153-173.

[38] Hughes B D, Sahimi M. Stochastic transport in heterogeneous media with multiple families of transport paths. Physical Review E, 1993, 48(4): 2776-2785.

[39] Pan Z J, Connell L D. Modelling permeability for coal reservoirs: A review of analytical models and testing data. International Journal of Coal Geology, 2012, 92: 1-44.

[40] Gan H, Nandi S P, Walker P L. Nature of the porosity in American coals. Fuel, 1972, 51(4): 272-277.

[41] 郝琦. 煤的显微孔隙形态特征及其成因探讨. 煤炭学报, 1987, (4): 51-56.

[42] 张慧. 煤孔隙的成因类型及其研究. 煤炭学报, 2001, (1): 40-44.

[43] 苏现波, 林晓英. 煤层气地质学. 北京: 煤炭工业出版社, 2009.

[44] Mou P W, Pan J N, Niu Q H, et al. Coal pores: Methods, types, and characteristics. Energy & Fuels, 2021, 35(9): 7467-7484.

[45] IUPAC. Manual of symbols and terminology. Pure & Applied Chemistry, 1972, 31: 578.

[46] Hodot B B. 煤与瓦斯突出. 王佑安, 宋世钊译. 北京: 中国工业出版社, 1966.

[47] Jin K, Zhao W, Wang F, et al. Influence of coalification on the pore characteristics of middle-high rank coal. Energy & Fuels, 2014, 28(9): 5729-5736.

[48] Yao Y B, Liu D M, Tang D Z, et al. Fractal characterization of adsorption-pores of coals from North China: An investigation on CH_4 adsorption capacity of coals. International Journal of Coal Geology, 2008, 73(1): 27-42.

[49] Zhang P F, Lu S F, Li J Q, et al. Characterization of shale pore system: A case study of Paleogene Xin'gouzui Formation in the Jianghan basin, China. Marine and Petroleum Geology, 2017, 79: 321-334.

[50] 秦勇, 徐志伟, 张井. 高煤级煤孔径结构的自然分类及其应用. 煤炭学报, 1995, (3): 266-271.

[51] Katz A J, Thompson A H. Fractal sandstone pores: Implications for conductivity and pore formation. Physical Review Letters, 1985, 54(12): 1325.

[52] 郁伯铭. 多孔介质输运性质的分形分析研究进展. 力学进展, 2003, (3): 333-346.

[53] 傅雪海, 秦勇, 张万红, 等. 基于煤层气运移的煤孔隙分形分类及自然分类研究. 科学通报, 2005, (S1): 51-55.

[54] 刘顺喜, 吴财芳. 比德-三塘盆地煤储层不同尺度孔隙分形特征研究. 煤炭科学技术, 2016, 44(2): 33-38.

[55] 桑树勋, 朱炎铭, 张时音, 等. 煤吸附气体的固气作用机理（Ⅰ）——煤孔隙结构与固气作用. 天然气工业, 2005, (1): 13-15.

[56] Dubinin M M. On physical feasibility of Brunauer's micropore analysis method. Journal of Colloid and Interface Science, 1974, 46(3): 351-356.

[57] 杨思敬, 杨福蓉, 高照祥. 煤的孔隙系统和突出煤的孔隙特征. 徐州: 中国矿业大学出版社, 1991.

[58] 琚宜文, 姜波, 侯泉林, 等. 华北南部构造煤纳米级孔隙结构演化特征及作用机理. 地质学报, 2005, (2): 269-285.

[59] 刘常洪. 煤孔结构特征的试验研究. 煤矿安全, 1993, (8): 1-5.

[60] Yao Y B, Liu D M, Che Y, et al. Petrophysical characterization of coals by low-field nuclear magnetic resonance (NMR). Fuel, 2010, 89(7): 1371-1380.

[61] Matsuki K, Chida Y, Sakaguchi K, et al. Size effect on aperture and permeability of a fracture as estimated in large synthetic fractures. International Journal of Rock Mechanics and Mining Sciences, 2006, 43(5): 726-755.

[62] 程香港, 乔伟, 李路, 等. 煤层覆岩采动裂隙应力–渗流耦合模型及涌水量预测. 煤炭学报, 2020, 45(8): 2890-2900.

[63] 倪小明, 张崇崇, 王延斌, 等. 单相水流阶段煤层气井裂隙水运移的临界裂隙尺寸数学模型. 工程力学, 2015, 32(4): 250-256.

[64] 李小彦. 煤储层裂隙研究方法辨析. 中国煤田地质, 1998, (1): 14-16.

[65] 苏现波, 陈江峰, 孙俊民, 等. 煤层气地质学与勘探开发. 北京: 科学出版社, 2001.

[66] 苏现波, 冯艳丽, 陈江峰. 煤中裂隙的分类. 煤田地质与勘探, 2002, (4): 21-24.

[67] 傅雪海, 秦勇, 姜波, 等. 煤割理压缩实验及渗透率数值模拟. 煤炭学报, 2001, (6): 573-577.

[68] Gamson P D, Beamish B B, Johnson D P. Coal microstructure and micropermeability and their effects on natural gas recovery. Fuel, 1993, 72(1): 87-99.

[69] Gamson P D, Beamish B B, et al. Coal microstructure and secondary mineralization: Their effect on methane recovery. Geological Society, 1996, 109(1): 165-179.

[70] 李明. 构造煤结构演化及成因机制. 徐州: 中国矿业大学, 2013.

[71] Mariethoz G, Renard P, Straubhaar J. Extrapolating the fractal characteristics of an image using scale-invariant multiple-point statistics. Mathematical Geosciences, 2011, 43(7): 783.

[72] 谢和平. 断层分形分布之间的相关关系. 煤炭学报, 1994, (5): 445-449.

[73] 朱卫星, 杨少虎, 徐文会, 等. 小波多尺度分解的振幅谱分维算法油气预测. 地球物理学进展, 2011, 26(5): 1748-1754.

[74] Jin Y, Dong J B, Zhang X Y, et al. Scale and size effects on fluid flow through self-affine rough fractures. International Journal of Heat and Mass Transfer, 2017, 105: 443-451.

[75] 郁伯铭. 分形多孔介质输运物理. 北京: 科学出版社, 2014.

[76] Yu B M, Li J H. Some fractal characters of porous media. Fractals, 2001, 9(3): 365-372.

[77] Jin Y, Wu Y, Li H, et al. Definition of fractal topography to essential understanding of scale-invariance. Scientific Reports, 2017, 7: 46672.

[78] Perfect E. Estimating soil mass fractal dimensions from water retention curve. 1. Developments in Soil Science, 1999, 88(3): 221-231.

[79] Li K W, Zhao H Y. Fractal prediction model of spontaneous imbibition rate. Transport in Porous Media, 2012, 91(2): 363-376.

[80] Angulo R F, Alvarado V, Gonzalez H. Fractal Dimensions from mercury intrusion capillary tests// SPE Latin America Petroleum Engineering Conference, Caracas, Venezuela, 1992.

[81] Frenkel J. Kinetic Theory of Liquids. New York: Dover Publications, 1955.

[82] Halsey G. Physical adsorption on non-uniform surfaces. The Journal of Chemical Physics, 1948, 10(16): 931-937.

[83] Hill T L. Theory of physical adsorption. Advances in Catalysis, 1952, 4(6): 211-258.

[84] Pfeifer P. Fractals in Surface Science: Scattering and Thermodynamics of Adsorbed Films. Berlin: Springer Berlin Heidelberg, 1988.

[85] Zhang S H, Tang S H, Tang D Z, et al. Determining fractal dimensions of coal pores by FHH model: Problems and effects. Journal of Natural Gas Science and Engineering, 2014, 21: 929-939.

[86] Mandelbrot B B. How long is the coast of Britain? Statistical self-similarity and fractional dimension. Science, 1967, 156(3775): 636-638.

[87] Jin Y, Dong J B, Li X, et al. Kinematical measurement of hydraulic tortuosity of fluid flow in

porous media. International Journal of Modern Physics C, 2015, 26(2): 1550017.

[88] 金毅, 郑军领, 董仕斌, 等. 自仿射粗糙割理中流体渗流的分形定律. 科学通报, 2015, 60(21): 2036-2047.

[89] Wei W, Cai J C, Hu X Y, et al. An electrical conductivity model for fractal porous media. Geophysical Research Letters, 2015, 42(12): 4833-4840.

[90] Ghilardi P, Kai A K, Menduni G. Self-similar heterogeneity in granular porous media at the representative elementary volume scale. Water Resources Research, 1993, 29(4): 1205-1214.

[91] Friesen W I, Mikula R J. Fractal dimensions of coal particles. Journal of Colloid and Interface Science, 1987, 120(1): 263-271.

[92] Perrier E M A, Bird N R A. Modelling soil fragmentation: The pore solid fractal approach. Soil and Tillage Research, 2002, 64(1): 91-99.

[93] Perrier E, Bird N, Rieu M. Generalizing the fractal model of soil structure: The pore-solid fractal approach. Geoderma, 1999, 88(3): 137-164.

[94] Pia G, Sanna U. An intermingled fractal units model and method to predict permeability in porous rock. International Journal of Engineering Science, 2014, 75: 31-39.

[95] 金毅, 宋慧波, 胡斌, 等. 煤储层分形孔隙结构中流体运移格子 Boltzmann 模拟. 中国科学: 地球科学, 2013, (12): 1984-1995.

[96] 蔡建超, 郁伯铭. 多孔介质自发渗吸研究进展. 力学进展, 2012, 42(6): 735-754.

[97] Yun M J, Yu B M, Cai J C. A fractal model for the starting pressure gradient for Bingham fluids in porous media. International Journal of Heat and Mass Transfer, 2008, 51(5): 1402-1408.

[98] 金毅, 宋慧波, 潘结南, 等. 煤微观结构三维表征及其孔–渗时空演化模式数值分析. 岩石力学与工程学报, 2013, 32(S1): 2632-2641.

[99] 叶桢妮, 侯恩科, 段中会, 等. 不同煤体结构煤的孔隙–裂隙分形特征及其对渗透性的影响. 煤田地质与勘探, 2019, 47(5): 70-78.

[100] Fan N, Wang J R, Deng C B, et al. Quantitative characterization of coal microstructure and visualization seepage of macropores using CT-based 3D reconstruction. Journal of Natural Gas Science and Engineering, 2020, 81: 103384.

[101] 蒋裕强. 陈林, 蒋婵, 等. 致密储层孔隙结构表征技术及发展趋势. 地质科技情报, 2014, 33(3): 63-70.

[102] 戚灵灵, 王兆丰, 杨宏民, 等. 基于低温氮吸附法和压汞法的煤样孔隙研究. 煤炭科学技术, 2012, 40(8): 36-39.

[103] 程国建, 殷娟娟, 刘烨, 等. 基于岩石铸体薄片图像的数字岩心三维重构. 科学技术与工程, 2015, 15(18): 16-21.

[104] 王坤阳, 杜谷, 杨玉杰, 等. 应用扫描电镜与 X 射线能谱仪研究黔北黑色页岩储层孔隙及矿物特征. 岩矿测试, 2014, 33(5): 634-639.

[105] 韩文学, 高长海, 韩霞. 核磁共振及微、纳米 CT 技术在致密储层研究中的应用——以鄂尔多斯盆地长 7 段为例. 断块油气田, 2015, 22(1): 62-66.

[106] Zhao Y X, Zhu G P, Dong Y H, et al. Comparison of low-field NMR and microfocus X-ray computed tomography in fractal characterization of pores in artificial cores. Fuel, 2017, 210: 217-226.

[107] Wang J K, Zhang J L, Shen W L, et al. Comparison of the pore structure of ultralow-permeability reservoirs between the East and West subsags of the Lishui sag using constant-rate mercury injection. Journal of Ocean University of China, 2021, 20(2): 315-328.

[108] 魏博, 赵建斌, 魏彦巍, 等. 福山凹陷白莲流二段储层分类方法. 吉林大学学报 (地球科学版), 2020, 50(6): 1639-1647.

[109] 赵迪斐, 郭英海, 解德录, 等. 基于低温氮吸附实验的页岩储层孔隙分形特征. 东北石油大学学报, 2014, 38(6): 100-108.

[110] Wu H, Zhou Y F, Yao Y B, et al. Imaged based fractal characterization of micro-fracture structure in coal. Fuel, 2019, 239: 53-62.

[111] 刘学锋, 张伟伟, 孙建孟. 三维数字岩心建模方法综述. 地球物理学进展, 2013, 28(6): 3066-3072.

[112] Joshi M Y. A class of stochastic models for porous media. Lawrence: University of Kansas, 1974.

[113] Hazlett R D. Statistical characterization and stochastic modeling of pore networks in relation to fluid flow. Mathematical Geosciences, 1997, 29(6): 801-822.

[114] Strebelle S. Conditional simulation of complex geological structures using multiple-point statistics. Mathematical Geology, 2002, 34(1): 1-21.

[115] 吴胜和, 李文克. 多点地质统计学——理论、应用与展望. 古地理学报, 2005, (1): 137-144.

[116] Xiong Q R, Baychev T G, Jivkov A P. Review of pore network modelling of porous media: Experimental characterisations, network constructions and applications to reactive transport. Journal of Contaminant Hydrology, 2016, 192: 101-117.

[117] Ioannidis M A, Chatzis I. Network modelling of pore structure and transport properties of porous media. Chemical Engineering Science, 1993, 48: 951-972.

[118] Reeves P C, Celia M A. A functional relationship between capillary pressure, saturation, and interfacial area as revealed by a pore-scale network model. Water Resources Research, 1996, 32: 2345-2358.

[119] Zhao M Y, Jin Y, Liu X H, et al. Characterizing the complexity assembly of pore structure in a coal matrix: Principle, methodology, and modeling application. Journal of Geophysical Research: Solid Earth, 2020, 125(12): e2020JB020110.

[120] Adler P M, Thovert J-F. Real porous media: Local geometry and macroscopic properties. Applied Mechanics Reviews, 1998, 51(9): 537-585.

[121] Henderson N L, Brêttas J C, Sacco W. A three-parameter Kozeny-Carman generalized equation for fractal porous media. Chemical Engineering Science, 2010, 65(15): 4432-4442.

[122] Mota M, Teixeira J A, Bowen W R, et al. Binary spherical particle mixed beds: Porosity and

permeability relationship measurement. Transactions of the Faraday Society, 2001, 1(4): 101-106.

[123] Ahmadi M M, Mohammadi S, Hayati A. Analytical derivation of tortuosity and permeability of monosized spheres: A volume averaging approach. Physical Review E, 2011, 83(2): 26312.

[124] Xu P, Yu B M. Developing a new form of permeability and Kozeny-Carman constant for homogeneous porous media by means of fractal geometry. Advances in Water Resources, 2008, 31(1): 74-81.

[125] Costa A. Permeability-porosity relationship: A reexamination of the Kozeny-Carman equation based on a fractal pore-space geometry assumption. Geophysical Research Letters, 2006, 33(2): L238.

[126] Yu B M, Li J H, Li Z H, et al. Permeabilities of unsaturated fractal porous media. International Journal of Multiphase Flow, 2003, 29(10): 1625-1642.

[127] Jin Y, Zhu Y B, Li X, et al. Scaling Invariant effects on the permeability of fractal porous media. Transport in Porous Media, 2015, 109(2): 433-453.

[128] Pitchumani R, Ramakrishnan B. A fractal geometry model for evaluating permeabilities of porous preforms used in liquid composite molding. International Journal of Heat and Mass Transfer, 1999, 42(12): 2219-2232.

[129] Wheatcraft S W, Tyler S W. An explanation of scale-dependent dispersivity in heterogeneous aquifers using concepts of fractal geometry. Water Resources Research, 1988, 24(4): 566-578.

[130] Yun M J, Yu B M, Cai J C. Analysis of seepage characters in fractal porous media. International Journal of Heat and Mass Transfer, 2009, 52(13-14): 3272-3278.

[131] Zheng Q, Yu B M, Wang S F, et al. A diffusivity model for gas diffusion through fractal porous media. Chemical Engineering Science, 2012, 68(1): 650-655.

[132] Keller A A, Auset M. A review of visualization techniques of biocolloid transport processes at the pore scale under saturated and unsaturated conditions. Advances in Water Resources, 2007, 30(6-7): 1392-1407.

[133] Joekar N V, Doster F, Armstrong R, et al. Trapping and hysteresis in two-phase flow in porous media: A pore-network study. Water Resources Research, 2013, 49(7): 4244-4256.

[134] Succi S. The lattice Boltzmann equation for fluid dynamics and beyond. New York: Oxford University Press, 2001.

[135] Eker E, Akin S. Lattice Boltzmann simulation of fluid flow in synthetic fractures. Transport in Porous Media, 2006, 65(3): 363-384.

[136] Yao Y B, Liu D M, Tang D Z, et al. Fractal characterization of seepage-pores of coals from China: An investigation on permeability of coals. Computers & Geosciences, 2009, 35(6): 1159-1166.

[137] 姚艳斌, 刘大锰. 华北重点矿区煤储层吸附特征及其影响因素. 中国矿业大学学报, 2007,

(3): 308-314.

[138] Singh K K, Singh D N, Ranjith P G. Simulating flow through fractures in a rock mass using analog material. International Journal of Geomechanics, 2014, 14(1): 8-19.

[139] Cunningham D, Auradou H, Shojaei-Zadeh S, et al. The effect of fracture roughness on the onset of nonlinear flow. Water Resources Research, 2020, 56(11): e2020WR028049.

[140] Chen C, Horne R N. Two-phase flow in rough-walled fractures: Experiments and a flow structure model. Water Resources Research, 2006, 42(3): W3430.

[141] Murphy J R, Thomson N R. Two-phase flow in a variable aperture fracture. Water Resources Research, 1993, 10(29): 3453-3476.

[142] Jing Y, Armstrong R T, Mostaghimi P. Rough-walled discrete fracture network modelling for coal characterisation. Fuel, 2017, 191: 442-453.

[143] Karimpouli S, Tahmasebi P, Ramandi H L, et al. Stochastic modeling of coal fracture network by direct use of micro-computed tomography images. International Journal of Coal Geology, 2017, 179: 153-163.

[144] Zhao Y L, Wang Z M, Ye J P, et al. Lattice Boltzmann simulation of gas flow and permeability prediction in coal fracture networks. Journal of Natural Gas Science and Engineering, 2018, 53: 153-162.

[145] Dou Z, Chen Z, Zhou Z F, et al. Influence of eddies on conservative solute transport through a 2D single self-affine fracture. International Journal of Heat and Mass Transfer, 2018, 121: 597-606.

[146] Dou Z, Sleep B, Zhan H B, et al. Multiscale roughness influence on conservative solute transport in self-affine fractures. International Journal of Heat and Mass Transfer, 2019, 133: 606-618.

[147] Lee J, Babadagli T. Effect of roughness on fluid flow and solute transport in a single fracture: A review of recent developments, current trends, and future research. Journal of Natural Gas Science and Engineering, 2021, 91: 103971.

[148] Chen Y F, Zhou J Q, Hu S H, et al. Evaluation of Forchheimer equation coefficients for non-Darcy flow in deformable rough-walled fractures. Journal of Hydrology, 2015, (529): 993-1006.

[149] Ma G W, Ma C L, Chen Y. An investigation of nonlinear flow behaviour along rough-walled fractures considering the effects of fractal dimensions and contact areas. Journal of Natural Gas Science and Engineering, 2022, 104: 104675.

[150] Rong G, Tan J, Zhan H B, et al. Quantitative evaluation of fracture geometry influence on nonlinear flow in a single rock fracture. Journal of Hydrology, 2020, 589: 125162.

[151] Wang C S, Liu R C, Jiang Y J, et al. Effect of shear-induced contact area and aperture variations on nonlinear flow behaviors in fractal rock fractures. Journal of Rock Mechanics and

Geotechnical Engineering, 2022, (15): 309-322.

[152] Ju Y, Dong J B, Gao F, et al. Evaluation of water permeability of rough fractures based on a self-affine fractal model and optimized segmentation algorithm. Advances in Water Resources, 2019, 129: 99-111.

[153] Talon L, Auradou H, Hansen A. Permeability estimates of self-affine fracture faults based on generalization of the bottleneck concept. Water Resources Research, 2010, 46(7): W7601.

[154] Wang L C, Cardenas M B, Slottke D T, et al. Modification of the local cubic law of fracture flow for weak inertia, tortuosity, and roughness. Water Resources Research, 2015, 51(4): 2064-2080.

[155] 夏才初, 王伟, 曹诗定. 节理在不同接触状态下的渗流特性. 岩石力学与工程学报, 2010, 29(7): 1297-1306.

[156] 肖维民, 夏才初, 王伟, 等. 考虑曲折效应的粗糙节理渗流计算新公式研究. 岩石力学与工程学报, 2011, (12): 2416-2425.

[157] 肖维民, 夏才初, 王伟, 等. 考虑接触面积影响的粗糙节理渗流分析. 岩土力学, 2013, 34(7): 1913-1922.

[158] 郭红玉, 苏现波. 煤储层启动压力梯度的实验测定及意义. 天然气工业, 2010, 30(6): 52-54.

[159] Bear J. Dynamic of Fluid In Porous Media. New York: Dover Publications, 1972.

[160] Javadi M, Sharifzadeh M, Shahriar K, et al. Critical Reynolds number for nonlinear flow through rough-walled fractures: The role of shear processes. Water Resources Research, 2014, 50(2): 1789-1804.

[161] Yin Q, Ma G W, Jing H W, et al. Hydraulic properties of 3D rough-walled fractures during shearing: An experimental study. Journal of Hydrology, 2017, 555: 169-184.

[162] Zhang Y, Chai J R, Cao C, et al. Investigating Izbash's law on characterizing nonlinear flow in self-affine fractures. Journal of Petroleum Science and Engineering, 2022, 215: 110603.

[163] Zhang Z Y, Nemcik J. Fluid flow regimes and nonlinear flow characteristics in deformable rock fractures. Journal of Hydrology, 2013, 477: 139-151.

[164] 孟如真, 胡少华, 陈益峰, 等. 高渗压条件下基于非达西流的裂隙岩体渗透特性研究. 岩石力学与工程学报, 2014, 33(9): 1756-1764.

[165] 张奇. 平面裂隙接触面积对裂隙渗透性的影响. 河海大学学报, 1994, (2): 57-64.

[166] Xiong F, Jiang Q H, Ye Z Y, et al. Nonlinear flow behavior through rough-walled rock fractures: The effect of contact area. Computers and Geotechnics, 2018, 102: 179-195.

[167] Zimmerman R W, Chen D W, Cook N. The effect of contact area on the permeability of fractures. Journal of Hydrology, 1992, 139(1-4): 79-96.

[168] 傅雪海, 齐琦, 程鸣, 等. 煤储层渗透率测试、模拟与预测研究进展. 煤炭学报, 2022, 47(6): 2369-2385.

[169] 秦勇, 姜波, 王继尧, 等. 沁水盆地煤层气构造动力条件耦合控藏效应. 地质学报, 2008,

(10): 1355-1362.

[170] 孟召平, 张昆, 沈振. 构造煤与原生结构煤中甲烷扩散性能差异性分析. 煤田地质与勘探, 2022, 50(3): 102-109.

[171] Fu X H, Qin Y, Wang G G X, et al. Evaluation of coal structure and permeability with the aid of geophysical logging technology. Fuel, 2009, 88(11): 2278-2285.

[172] Niu Q H, Cao L W, Sang S X, et al. The adsorption-swelling and permeability characteristics of natural and reconstituted anthracite coals. Energy, 2017, 141: 2206-2217.

[173] 鞠杨, 王金波, 高峰, 等. 变形条件下孔隙岩石 CH_4 微细观渗流的 Lattice Boltzmann 模拟. 科学通报, 2014, 59(22): 2127-2136.

[174] 汤达祯, 赵俊龙, 许浩, 等. 中—高煤阶煤层气系统物质能量动态平衡机制. 煤炭学报, 2016, 41(1): 40-48.

[175] 庞雄奇, 贾承造, 宋岩, 等. 全油气系统定量评价: 方法原理与实际应用. 石油学报, 2022, 43(6): 727-759.

[176] He Z L. Integer-dimensional fractals of nonlinear dynamics, control mechanisms, and physical implications. Scientific Reports, 2018, 8(1): 10324.

[177] Ju Y, Gong W B, Zheng J T. Effects of pore topology on immiscible fluid displacement: Pore-scale lattice Boltzmann modelling and experiments using transparent 3D printed models. International Journal of Multiphase Flow, 2022, 152: 104085.

[178] Yu B M, Zou M Q, Feng Y J . Permeability of fractal porous media by Monte Carlo simulations. International Journal of Heat and Mass Transfer, 2005, 48(13): 2787-2794.

[179] 蔡益栋, 杨超, 李倩, 等. 煤层气储层相对渗透率试验及数值模拟技术研究进展. 煤炭科学技术, 2023, 51(S1): 192-205.

[180] 许江, 魏仁忠, 程亮, 等. 煤与瓦斯突出流体多物理参数动态响应试验研究. 煤炭科学技术, 2022, 50(1): 159-168.

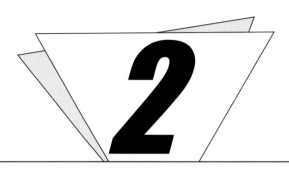

基础理论与方法

2.1 传统分形理论与方法

2.1.1 分形的定义和性质

分形（fractal）这一概念最初是由 Mandelbrot[1] 引入的，他将部分与整体相似的形状定义为分形。分形被广泛用于描述无序、不规则物体中相似几何对象的分形行为，例如英国海岸线[1-3]、自然和人造材料中的分形现象[4-6]、多孔介质[7-9]、生物结构[10] 及粗糙表面[11-13] 等。这些分形体的基本属性是尺度不变性，尺度不变性指的是随着观测尺度的变化，分形体内某一局部区域无论放大还是缩小，其形态特征与原分形对象始终保持相同的性质。

传统的空间几何对象具有整数维数，如一维的线、二维的面、三维的立方体。在分形几何理论中，分形维数扩展了"维数"的概念，它可以是整数也可以是分数，这与欧几里得几何学中用整数维来表示规则有序的空间维正好相反，为自然界中的复杂现象或复杂问题提供了一种更简单的描述方法。目前，分形几何学已成为化学[14,15]、物理学[16-18]、地质学[19-21]、气候和水文[22,23]、生物学[10,24,25]、自然资源和能源[26-28]、非线性动力学[29-31] 等领域的一种有效分析工具，主要通过分形维数来量化尺度不变的行为复杂性。分形的独特之处在于它独立于度量单位，在形式上遵循标度律，服从：

$$M(l) \propto l^{d-D} \tag{2-1}$$

式中，M 为分形缩放体的长度、面积、体积、质量等；l 为分形缩放体的特征长度；D 为分形维数；d 为欧几里得空间维数，二维情况下 $d=2$，三维情况下 $d=3$。

式（2-1）意味着分形维数在一定长度范围 $[l_{min}, l_{max}]$ 内保持不变，暗示了尺度不变性的性质。分形维数越大，意味着分形体的几何结构越复杂；反之，其几何结构越单一。

根据分形对象本身几何结构的复杂性和尺度不变性的类型，分形属性的类别可以概括为三类：自相同/自相似/自仿射分形、精确分形/统计分形，以及单分形/多重分形。三类分形属性在实际应用研究中具体表现为以下特征：

1. 自相同/自相似/自仿射分形

分形体尺度不变性的应用研究主要集中在自相似性和自仿射性。自相似性指的是，从不同空间尺度来看，几何对象某一局部区域的结构与其整体结构大致相似的性质[32]。传统几何学中的自相似表现为标准自相似。根据式（2-1），图 2-1（a）、（b）表明对按照某一尺度等比例剖分的单位长度的直线或者正方形，其形状的相似维数与欧几里得维数是相等的，即 $d = D$。自相似分形即在某种尺度变换下具有几何相似性的分形。图 2-1（c）表明自相似分形随尺度变化得到的子对象形状的相似维数不是一个整数。分形的自仿射性是指某一局部区域经自仿射变换后的结构特征与整体结构相似[33]，表现为局部分形对象在分形迭代的过程中沿不同方向的变形不一致，体现出较强的各向异性特征。图 2-2（a）、（d）说明自相似分形和自仿射分形的差别主要在于分形对象的一部分相对整个图形在不同方向需要放大（缩小）的倍数，即标度因子是否相同[34]。故自相似分形实际上是自仿射分形的一个特例。在地球科学领域，多数地形为自仿射分形，例如，三维地形图某一区域的地形表面相对整个区域的地形通常表现为水平方向与垂直方向的比例尺不同。

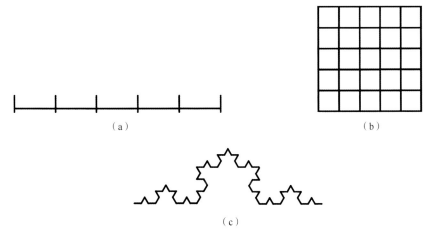

（a）　　　　　　　　　　　　　　（b）

（c）

图 2-1　经典自相似分形对象

（a）$D = \lg5/\lg5 = 1$；（b）$D = \lg25/\lg5 = 2$；（c）$D = \lg4/\lg3$

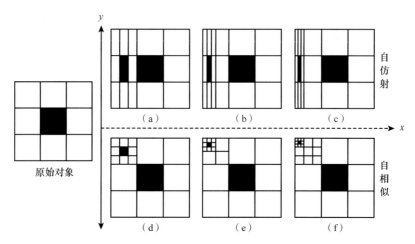

图 2-2　自相似与自仿射对象示意图

（a）～（c）与（d）～（f）沿 x 方向的缩放比分别为 1/3、1/6、1/9，（a）～（c）沿 y 轴的缩放比为 1，（d）～（f）
沿 y 轴缩放比分别为 1/3、1/6、1/9

2. 精确分形/统计分形

分形的自相似性可分为精确自相似和统计自相似，分别对应精确分形与统计分形。自然事物或现象中的分形大多属于统计分形，如海岸线、蕨类植物、雪花片等，表现为局部与整体的几何相似性并非完全相似，且各级子对象的分布是随机的，是统计意义上的自相似性。在许多自然事件中，统计分形更多地表现为在一个事件集中，事件大小 r 与大于或等于 r 的事件数 $N(r)$ 之间大致满足幂律关系。如图 2-3 所示，某一地区内线性构造的分布满足统计分形，表现为线性构造的长

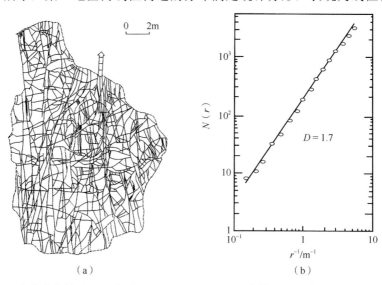

图 2-3　尤卡内华达州山区出露断层和节理图（a）及其统计分形维数的拟合图（b）[4]

度与大于该长度的构造数量之间的双对数曲线具有良好的线性拟合关系。

由数学方法迭代生成的分形集合属于精确分形，如 Cantor 集、Koch 曲线和 Sierpinski 地毯等，具有严格意义上的自相似性。图 2-4 展示了 Koch 雪花与 Sierpinski 地毯这两类精确分形对象的构建过程，可以发现精确分形对象中连续两级尺度对象的数量比和尺度比是固定的，且各级子对象严格按照某一数量均匀分布，即不具有随机性。

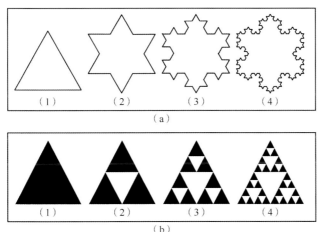

图 2-4　Koch 雪花分形曲线（a）和 Sierpinski 地毯构建过程（b）

3. 单分形/多重分形

单分形（monofractals）指的是分形体内只存在一种具有相同几何结构的子区域或子对象，这通常存在于相对规则的分形几何对象中，如罗马西兰花。而在实际情况中，往往一个分形体内部含有多个具有不同几何形貌或分布特征的区域。因此，多重分形（multifractals）指的是一个由有限几种或大量具有不同缩放行为的子集合叠加而成的非均匀分布的奇异集合[35]。大自然中的地质对象或地质现象通常是在不同地质过程和地质作用下形成的，其分布多表现为多重分形特征。图 2-5

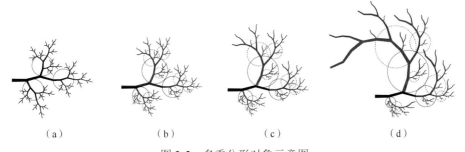

图 2-5　多重分形对象示意图

（a）多重分形的特例，即单分形；（b）～（d）具有不同分形行为的多重分形对象展示了一种具有不同多重分形特征的分形树，从中可以发现各级树权之间的尺度比具有多种类型，且其分布具有随机性。

2.1.2 分形维数的计算和量测方法

1. 从数量–尺寸模型来探讨分形维数

为了获取分形维数的值，经典的数量–尺寸关系（number-size，R_{ns}）[4] 被广泛使用，如式（2-2）所示：

$$N\left[G(l)\right]\propto l^{-D} \tag{2-2}$$

式中，$G(l)$ 为特征长度为 l 的事件或集合；$N[G(l)]$ 为当前事件或集合的数目。分形维数可以由 $\lg l$ 与 $\lg\{N[G(l)]\}$ 关系曲线的斜率得到。

然而，自然界中许多地质现象的尺度不变性满足的是统计自相似特征，因而在具体实践中需要用统计的方法来表征分形的尺度不变性，统计分形的公式 [32] 如下：

$$N\left[G(\geqslant l)\right]\propto l^{-D} \tag{2-3}$$

式中，$N[G(\geqslant l)]$ 为特征长度大于或等于 l 的事件或集合的数目。只有当特征长度足够小时，$N[G(\geqslant l)]$ 与 l 幂律关系的拟合指数才会越接近于真实的分形维数 D。

2. 从储层孔隙结构探讨分形维数的计算方法

在实际应用中，出现了大量 R_{ns} 的变体来量化地质对象或其属性分布的复杂性，如孔隙/颗粒大小 [36,37]、孔固界面面积 [9]、矿物品位 [38,39]、水文弯曲度 [13,40]、孔隙度 [41,42]、非均质性 [43-45] 等。其中，国内外众多学者基于不同的测试技术证明了储层孔隙结构具有分形特征，可用分形维数来量化储层孔隙结构的复杂性 [42,46,47]。

上述这些应用研究根据孔隙结构类型的不同可以归纳为适用于宏孔、介孔和微孔的分形维数计算方法。

1）宏孔分形维数的计算

该类模型通常用于孔径大于 50nm 的渗流孔孔体积分形维数的计算。该类模型以 Menger 海绵和 Sierpinski 地毯等精确自相似分形模型的构建思想为基础，并结合毛细管压力与孔径之间的关系，来模拟储层的微观孔隙结构 [47,48]。其中，受 Menger 海绵模型的启发，Friesen 和 Mikula[36] 提出了压汞数据中体积和压力的分形模型，以确定分形多孔介质中孔隙结构的分形维数，满足：

$$\frac{dV}{dp_c} \propto p_c^{D-4} \tag{2-4}$$

式中，p_c 为进汞压力；dp_c 为压力增量；dV 为孔容增量。

根据相应压力增量 dp_c 与其对应的孔容增量 dV 计算得到 dV/dp_c，然后记 dV/dp_c 与 p_c 的双对数曲线的斜率为 K，则煤孔隙结构的分形维数为 $D = 4+K$。

2）介孔分形维数的计算

该类模型主要用于吸附孔孔体积分形维数的计算，且可进一步分为用于介孔（2～50nm）和微孔（＜50nm）的孔体积分形模型。介孔分形维数的计算通常采用 FHH 分形模型，该模型是 Pfeifer 结合 FHH 理论提出的，用于分形界面上气体吸附体积分形维数的计算[49]，表示为

$$\ln V = K\left\{\ln\left[\ln\left(\frac{p_0}{p}\right)\right]\right\} + C \tag{2-5}$$

式中，p 为平衡压力；V 为平衡压力 p 对应的吸附体积；p_0 为气体饱和压力；C 为常数。当毛细管的吸附机理为毛细管凝聚作用时，$K = D-3$；当吸附机理为范德瓦耳斯作用时，$K = (D-3)/3$。该模型多基于液氮吸附实验来量化不同吸附状态下气体吸附体积的变化。

3）微孔分形维数的计算

微孔分形维数的计算通常采用比表面分形（volume-specific surface area，V-S）模型[50]。V-S 模型利用固体多孔介质的孔体积和比表面积的相关性计算对应孔径孔隙的分形维数，表达式为

$$\ln V = \frac{3}{D}\ln S + C \tag{2-6}$$

式中，C 为常数；V 为累积孔体积；S 为累积比表面积；D 为微孔分形维数。该模型通常基于 CO_2 吸附实验来分析更小孔隙内气体吸附体积的变化。

3. 多重分形对象分形维数的计算方法

多重分形可以概括自然界广泛存在的尺度不变特征[51]，在物理[52,53]、化学[54,55]、生物[56,57]、地球科学[4,58,59]、水文与气候[13,60]以及非线性动力学[31,61]等领域都有广泛应用。在这些应用中，多重分形的分析通常采取以下两个步骤：首先，通过某种确定的剖分技术与统计方法构建多重分形谱（multifractal spectrum，MS）[62,63]来量化尺度不变性的复杂性；其次，将 MS 与静态或动态过程进行比较，联系实际地质背景或储层物性等以给出可靠解释。

当前多重分形分析方法根据数据类型和统计方式的不同，发展有基于空间的矩

量法和直方图方法[64,65]、基于时间序列的多重分形去趋势波动分析法（MDFA）[66]，以及基于小波的小波变换模极大值法（WTMM）[67] 等。这些方法的共同点是引入了奇异性指数 $\alpha(q)$ 和多重分形谱 $f(\alpha)$ 来表征多重分形对象中各尺度下概率子集的分布以及局部特征。

在上述方法中，目前应用中最常见和最有效的方法是矩量法。该方法的最大特点是引入了统计矩，根据统计矩的不同获取不同尺度对象的概率分布来分析其分形特征。基本思路为：根据盒维数的计算原理，将测定空间命名为 J（以二维图像为例），然后将面积为 $L \times L$ 的空间 J 划分成 $N(\varepsilon) = 2^k$ 个尺度为 $\varepsilon = L/2^k$ 的子区域。为了解同一尺度下各子区域测度对整体的影响程度，引入了基于统计矩 q 的分配函数[62]，定义为

$$\chi_q(\varepsilon) = \sum_{i=1}^{N(\varepsilon)} \mu_i^{\,q}(\varepsilon) \tag{2-7}$$

式中，$\chi_q(\varepsilon)$ 为尺度 ε 下第 i 个盒子内某一属性（孔隙或基质等）的测度；q 为统计矩的阶数。当 $q > 0$ 时，$\chi_q(\varepsilon)$ 反映了测度较高的区域对整个区域的性质起统治作用；反之，当 $q < 0$ 时，$\chi_q(\varepsilon)$ 指示测度较低的区域决定了整个区域的性质。当 q 一定时，其概率分布满足：

$$\chi_q \propto \varepsilon^{\tau(q)} \tag{2-8}$$

式中，$\tau(q)$ 为质量函数，可通过不同阶数下 $\chi_q(\varepsilon)$ 与 ε 在双对数图中曲线的斜率来评估。若 $\tau(q)$ 不随 q 变化或呈线性关系，表明统计对象为单分形对象；反之，则说明该对象为多重分形体。

基于上述统计量，奇异性指数 $\alpha(q)$ 和多重分形谱 $f[\alpha(q)]$ 的函数可以通过勒让德（Legendre）变换得到[68]，服从：

$$\alpha(q) = \mathrm{d}\tau(q) / \mathrm{d}q \tag{2-9}$$

$$f[\alpha(q)] = \alpha(q)q - \tau(q) \tag{2-10}$$

式中，$\alpha(q)$ 奇异性指数，该指数可以描述分形体内部各子区域测度的不均一性，而多重分形谱 $f[\alpha(q)]$ 反映了区域中具有相同奇异性指数的子区域组成子集数目分布的不均一程度。

此外，结合统计矩和分配函数的定义，可得不同阶数下分形维数 $D(q)$ 与尺度 ε 之间满足[68]：

$$D(q) = \frac{1}{q-1} \lim_{\varepsilon \to 0} \frac{\lg \sum_{i=1}^{N(\varepsilon)} P_i(\varepsilon)^q}{\lg \varepsilon} \tag{2-11}$$

由式（2-11）可知，当 $q = 0$ 时，$D(0)$ 为容量维数，对应不同尺度下由盒维数

法统计得到的分形维数；当 $q=1$ 时，$D(1)$ 为信息维数，反映不同尺度下每个盒子所占概率的权重分布；当 $q=2$ 时，$D(2)$ 为关联维数，表达的是不同尺度下各统计概率之间的关联性；当 q 为其他值时，容量维数、信息维数以及关联维数是一致的。

2.1.3 当前分形理论存在的局限性

1. 分形维数与分形行为关系不明

传统的数量–尺寸模型 [式（2-2）] 仅是获取分形维数的一种途径，并非其定义。重新审视分形理论，可以发现 D 是由分形体中相似对象（分形缩放体）的分形行为唯一决定的参数，而不是决定分形体的分形行为的参数。当分形行为相同时，不同的分形缩放体可促成相同的分形维数，而相同的分形缩放体在不同的分形行为控制下会产生不同的分形维数。

上述现象和规律可以借助 Sierpinski 地毯的变体演化过程来具体说明。如图 2-6 所示，第 1 列和第 2 列分形由不同的分形缩放体构建，但由于分形行为相同，它们根据式（2-2）可以计算得到相同的分形维数 lg2/lg3。第 2～4 列分形的分形

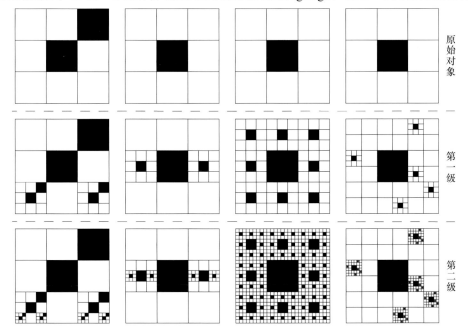

图 2-6　在相同分形行为、不同分形缩放体模式或者相同分形缩放体、不同分形行为模式下的分形集构建过程

从上到下可以看出，分形集在迭代的过程中产生越来越小的精细结构。第一行四幅小图：分形缩放体被缩放至分形集的特征尺度 l_0。第二行四幅小图：按某种分形演化行为构建一个简单的分形。第三行四幅小图：在给定分形生成器的基础上，按某种分形演化行为迭代可得具有尺度不变特性的复杂分形体

缩放体几何结构均是相同的，但它们遵循不同的分形行为，导致分形维数不同（分别为 lg2/lg3、lg8/lg3 和 lg5/lg6）。

这些例子表明，分形行为的定义必须满足三个关键条件：①不依赖于所选择的分形缩放体；②不受分形缩放体的几何结构、空间模式或统计特性影响；③具有尺度不变性。而数量–尺寸之间的幂律关系在定义分形维数时无法保留分形行为的基本信息，这将影响我们对分形特性本质的理解。

2. 分形属性控制机理不清

对于一些常用的孔隙结构测试技术，不论是压汞实验还是气体吸附实验，都可采用基于 R_{ns} 的变体来获取孔隙结构的分形分布特征，从而根据分形曲线的形态和分形维数的大小来描述不同孔径段孔隙结构的复杂程度，分析孔隙表面的粗糙程度、孔隙的连通性和非均质性等，进而评价储层储集性能的好坏。

总体来讲，这些方法的共同特点是用直接或间接得到的 D 来量化分形行为。通常分形维数越大，孔隙结构越复杂，孔隙表面的粗糙程度越高，孔隙连通性越差，孔隙分布的非均质性越强。事实上，由于其一对多关系，单个 D 无法确定分形行为[69,70]。因此，无论是出于静态目的（体积）还是动态目的（传热传质），首先必不可少的一步是明确尺度不变性的控制机制。

3. 多重分形定量研究欠缺

在当前常用的多重分形分析方法中，虽然基于矩量法的多重分形谱能够反映分形体内部各子区域测度的非均质分布情况及子区域分布的相对密集程度，但是该方法在很大程度上受到统计矩的影响，对于多重分形的定义往往是隐晦的，无法进一步揭示分形体内部结构的拓扑特征。

此外，在这些方法中，多重分形的控制参数及其关系没有被很好地识别来定义多重分形中的分形行为，而且多重分形的复杂性类型及其组构机制尚未完全阐明，它们对多重分形的静态或动态行为的影响很难证明是合理的。因此，深入理解多重分形体的构成对复杂分形的定量化描述至关重要。

2.2 分形拓扑理论体系

2.2.1 分形拓扑参数

传统的数量–尺寸模型仅是获取分形维数的一种途径，并非其定义，以致丢失了分形行为的基本信息，阻碍了对分形行为的本质理解，从而严格限制了其应用。因此，为了更好地理解尺度不变性，需提供一个对分形行为的严格数学定义，并满足两个关键点：①独立于原始缩放体；②尺度不变。

根据以上列出的关键点，Jin 等[69,70]通过对严格自相似分形对象的深入研究，提出了如下两个尺度不变参数实现对单分形行为的严格数学定义：

缩放覆盖率（scaling coverage，F）：用于描述子级缩放对象 G_c 与父级缩放对象 G_f 之间数量比的无量纲尺度不变参数，其数学定义为

$$F = \frac{N(G_c)}{N(G_f)} \qquad (2\text{-}12)$$

缩放间隙度（scaling lacunarity，P）：用于描述父级缩放对象 G_f 与子级缩放对象 G_c 在任一方向上缩放比例的无量纲尺度不变参数，即图 2-7 中相邻两级几何对象在任一方向上的尺度比，其数学定义为

$$P = \frac{l(G_f)}{l(G_c)}, \qquad 0 \leqslant l(G_c) \leqslant l(G_f) \qquad (2\text{-}13)$$

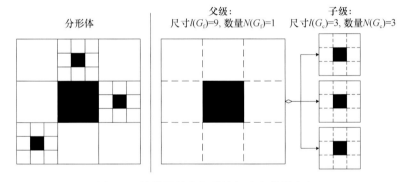

图 2-7　缩放覆盖率与缩放间隙度数学定义

以上参数赋予了狭义和广义分形行为数学定义，但缺乏对多重分形行为与统计分形行为的定量描述。因此，为实现对多重分形、统计分形本质内涵的数学解释，基于对单分形的认识，对尺度不变参数进行了以下扩展：

缩放行为（scaling behavior，B）：用于描述父级缩放对象 G_f 与子级缩放对象 G_c 在所有方向上（以三维空间为例）的缩放间隙度 P 的集合，其数学定义为

$$B = \{P_x, P_y, P_z\} \qquad (2\text{-}14)$$

分形行为（fractal behavior，Ω）：用于描述父级缩放对象 G_f 与其子级缩放对象 G_c 之间所有缩放行为 B 的无量纲集合，其数学定义为

$$\Omega = \{B_1, \cdots, B_F\} \qquad (2\text{-}15)$$

分形拓扑集（fractal topography，Ω_{set}）：用于描述父级缩放对象 G_f 与子级缩放对象 G_c 在同一级迭代中所有分形行为 Ω 的无量纲集合，其数学定义为

$$\Omega_{\mathrm{set}} = \left\{ \Omega_1, \cdots, \Omega_{N_e} \right\}$$

(2-16)

式中，N_e 为分形拓扑的参数，表示缩放事件的数量。

2.2.2 分形拓扑控制体系

综合上述分形拓扑参数的定义，我们假定存在一个 G_f，它的一个子级与它在 x、y、z 方向上的缩放尺度分别满足 P_x、P_y、P_z，这三个分量的集合构成了 G_f 的一种缩放行为 B_1，同样地，G_f 的其余 F–1 个子级的缩放间隙度集合分别构成了缩放行为 $B_2, \cdots, B_F$，继而 G_f 的一系列缩放行为构成了其分形行为 Ω。

然而，若我们假定存在 N_e 个 G_f，那么，每一个 G_f 分别对应一个 Ω，而这些分形拓扑 $\Omega_1, \cdots, \Omega_{N_e}$ 的集合则构成了一系列 G_f 在分形迭代过程中所要遵循的分形拓扑集 Ω_{set}。以上从缩放间隙度扩展至分形拓扑集的过程即为分形拓扑理论体系的形成机制。

分形拓扑理论体系对分形属性的影响机制具体体现在如下三个方面：

（1）统计分形/精确分形：以 $\Omega_{\mathrm{set}}\{\Omega_1, \cdots, \Omega_{N_e}\}$ 为基本单元，若满足 $\exists\, \Omega_i \neq \Omega_j$，则为统计分形；否则，当满足 $\forall\, \Omega_i \equiv \Omega_j\, (i \neq j)$ 时，为精确分形。

（2）多重分形/单分形：以 $\Omega\{B_1, \cdots, B_F\}$ 为基本单元，若满足 $\exists\, B_i \neq B_j$，则为多分形；否则，当满足 $\forall\, B_i \equiv B_j\, (i \neq j)$ 时，为单分形。

（3）自仿射/自相似/自相同：以 $B\{P_x, P_y, P_z\}$ 为基本单元，若满足 $\exists\, P_i \neq P_j$，则为自仿射；否则，当满足 $\forall\, P_i \equiv P_j\, (i \neq j)$ 时，为自相似。在这基础上，以 P_i 为基本单位，当满足 $\forall\, P_i \equiv 1$ 时，为自相同。

综上所述，分形拓扑体系的形成及其对分形属性的控制机制如图 2-8 所示。

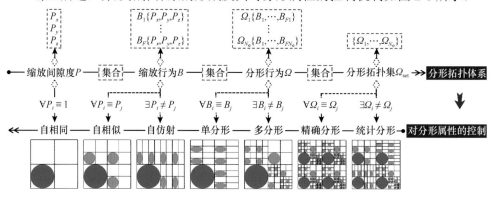

图 2-8　分形拓扑体系的形成及其对分形属性的控制机制（以分形迭代一次为例）

那么，本书中所定义的分形拓扑体系与以往的狭义分形拓扑理论、广义分形拓扑理论的区别与联系是什么？这里我们通过结合缩放间隙度的扩展过程详细阐释分形拓扑集对狭义分形拓扑理论、广义分形拓扑理论以及多重分形拓扑理论的统一表达。

G_f 在各方向上的 P_i 保持一致，即 $B\{P_x, P_y, P_z\}$ 中各要素之间的关系满足 $P_x = P_y = P_z$ 时，分形表现为自相似特征。此时，我们将分形对象的分形行为定义为

$$\Omega\{B\{P\}\} \tag{2-17}$$

式（2-17）用于描述 G_f 与 F 个 G_c 之间具有相同缩放行为且各方向特征尺度比相同的分形特征，与其相对应的分形拓扑集为

$$\Omega_{set}\{\Omega\{B\{P\}\}\} \tag{2-18}$$

其中，当 $P_x = P_y = P_z = +\infty$ 时，即 G_f 与 G_c 的缩放尺度比趋于无穷大，意味着无缩放行为，也无分形概念；当 $P_x = P_y = P_z = 1$ 时，分形对象表现为自相同特征，是一种特殊的自相似分形行为。以上对分形行为 Ω 的定义仅适用于描述 G_f 与 G_c 在各个方向上缩放尺度一致的自相同和自相似分形特征，因此称为"狭义分形拓扑"，其对应的 Ω_{set} 则称为"狭义分形拓扑集"。

当 G_f 在不同方向上具有不同的缩放尺度，即沿着某一方向分形对象呈现出拉伸或压缩状态。换言之，G_f 在不同方向上有不同的缩放间隙度 P_i，也就是满足 $\exists P_i \neq P_j$ 时，分形表现为自仿射特征。此时，将分形对象的分形行为表示为

$$\Omega\{B\{P_x, P_y, P_z\}\} \tag{2-19}$$

式（2-19）用于描述 G_f 与 F 个 G_c 之间具有相同缩放行为但各方向特征尺度比不同的情况。同样地，其对应的分形拓扑集则表示为

$$\Omega_{set}\{\Omega\{B\{P_x, P_y, P_z\}\}\} \tag{2-20}$$

相对狭义分形而言，$\Omega\{B\{P_x, P_y, P_z\}\}$ 和 $\Omega_{set}\{\Omega\{B\{P_x, P_y, P_z\}\}\}$ 突破了方向的限制，实现了自相同、自相似、自仿射分形行为的统一描述，因此称其为"广义分形拓扑"和"广义分形拓扑集"。

在狭义分形拓扑和广义分形拓扑中，G_f 与 G_c 之间只存在一种缩放行为，即满足 $\forall B_i \equiv B_j$，均属于单分形范畴。那么，多重分形是如何定义呢？

理解多重分形的本质内涵重点在"多"，即相较于单分形而言，在多重分形的分形行为中缩放行为是一种类型多样的组合，而且这种组合模式在分形迭代过程中保持统计相同以满足尺度不变属性的基本要求。

结合基本分形拓扑参数，给出了多重分形的严格数学定义。当 G_f 与 G_c 之间的继承关系为一对多时，即满足 $\exists B_i \neq B_j$ 时，意味着 G_f 与 F 个 G_c 之间存在多种的缩放行为，此时将分形行为的定义拓展为

$$\Omega\{B_1\{P_x, P_y, P_z\}, \cdots, B_F\{P_x, P_y, P_z\}\} \tag{2-21}$$

相对应的分形拓扑集则表示为

$$\Omega_{set}\{\Omega\{B_1\{P_x, P_y, P_z\}, \cdots, B_F\{P_x, P_y, P_z\}\}\} \tag{2-22}$$

$\Omega\{B_1\{P_x, P_y, P_z\}, \cdots, B_F\{P_x, P_y, P_z\}\}$ 与 $\Omega_{\text{set}}\{\Omega\{B_1\{P_x, P_y, P_z\}, \cdots, B_F\{P_x, P_y, P_z\}\}\}$ 的定义涵盖了狭义、广义、多重分形行为，实现了对自相同/自相似/自仿射、单分形/多分形尺度不变特征的统一描述。

然而，上述对分形拓扑集的定义均建立在分形行为唯一的基础上，隶属于精确分形行为。若分形对象的分形拓扑集中存在不同的分形行为，即满足 $\exists\, \Omega_i \neq \Omega_j$ 时，则表现出统计分形特征，那么其相应的分形拓扑集的定义可扩展为

$$\Omega_{\text{set}}\{\Omega_1\{B_1\{P_x, P_y, P_z\}, \cdots, B_{F1}\{P_x, P_y, P_z\}\}, \cdots, \Omega_{N_e}\{B_1\{P_x, P_y, P_z\}, \cdots, B_{FN_e}\{P_x, P_y, P_z\}\}\} \tag{2-23}$$

分形拓扑集 Ω_{set} 定义的提出解决了传统分形几何，以及以往的狭义分形拓扑和广义分形拓扑的局限性，兼顾了统计分形/精确分形、多分形/单分形、自仿射/自相似/自相同分形特征，从本质上阐释了分形拓扑形成体系及其对分形属性的控制机制，实现了对分形对象任意尺度不变类型的统一描述。

2.2.3　尺度不变属性控制参数

1. 缩放间隙度的统一数学表达

据式（2-13），已知 P_i 是控制在 i 方向上缩放尺度的无量纲参数，因此当分形对象满足单分形自相似特征时，其缩放尺度参数可直接用 P 表示。

而当分形对象符合单分形自仿射特征时，即 B 中 P_i 取值不唯一时，为统一描述 G_f 与 G_c 在各方向上的 P_i，我们引入缩放行为 B 的等效缩放间隙度，记为 $\overline{P}$，其满足：

$$\overline{P} = \left(\prod_{i=1}^{d} P_i \right)^{1/d} \tag{2-24}$$

$\overline{P}$ 的提出弥补了单一方向变量 P_i 不足以描述分形对象在整体上的尺度不变属性的问题，实现了所有方向上缩放尺度的迭代规则的统一表达。

与此同时，当分形对象为多重分形体时，即 Ω 中 B_i 的耦合形式为多类型时，为了统一 G_f 与多个 G_c 之间的 B_i，结合以上讨论和 $\overline{P}$ 概念，定义 $\mathcal{P}$ 为整合所有 $\overline{P_i}$ 的均值缩放间隙度，并满足：

$$\mathcal{P} = \prod_{i=1}^{F} \overline{P_i}^{1/F} \tag{2-25}$$

同样地，$\mathcal{P}$ 这一数学定义的提出进一步完善了单一子级缩放变量 $\overline{P}$ 不足以描述多重分形对象在整体上的尺度不变属性的问题，实现了对不同迭代规则下产生的所有子级的缩放尺度的统一描述。

2. 缩放覆盖率的统一数学表达

为便于描述分形迭代时的随机性和非均质性，需将缩放覆盖率 F 扩展为连续的 $\{F_1, \cdots, F_{N_e}\}$ 集合，表示为 F_{set}，其中 F_j 为分形行为 Ω_j 的缩放覆盖率，并满足 $F_j \in [0, \prod_{i=1}^{d} P_i]$。考虑到统计尺度不变性的要求，需将总的缩放覆盖率 F 固定为一个常数，并满足：

$$F = \sum_{j=1}^{N_e} Pr_j \times F_j \tag{2-26}$$

其中，Pr_j 表示满足 $\sum_{j=1}^{N_e} Pr_j = 1$ 的 Ω_j 在 $[0, 1)$ 内发生的概率。

2.2.4　尺度不变属性表象参数

1. 赫斯特指数

首先，以二维空间中的自仿射分形缩放体为例，将其表示为 $G(\zeta x, \zeta^H x)$，其中 ζ 代表缩放因子，H 代表赫斯特指数，则结合式（2-13）中缩放间隙度 P 的定义，有

$$P_x = \frac{1}{\zeta}, \quad P_y = \frac{1}{\zeta^H} \tag{2-27}$$

式中，P_x 和 P_y 分别为 x 方向和 y 方向上的缩放间隙度。因此，在二维空间中，满足尺度不变特征的赫斯特指数可表示为

$$H_{yx} = \frac{\ln P_y}{\ln P_x} \tag{2-28}$$

式中，H_{yx} 为二维空间下的赫斯特指数，由此，在三维尺度不变空间中任意两方向的赫斯特指数可表示为

$$H_{ij} = \frac{\ln P_i}{\ln P_j} \tag{2-29}$$

其中，P_i 和 P_j 分别为 i 方向和 j 方向的缩放间隙度。

此处的 H_{ij} 与分形行为 $\Omega(B, F)$ 保持一致，均具有广义性，因此与前人研究所得的 H 取值范围 $[0, 1]$ 不一致，为明确这一区别，将式中的 H 称为广义的赫斯特指数，是用于描述分形对象各向同性、各向异性特征的无量纲参数。

由行为复杂性控制下的缩放间隙度 P_i 的耦合类型是控制孔隙结构各向异性程度的重要因素，可通过计算 H 对其定量化，如图 2-9 所示。

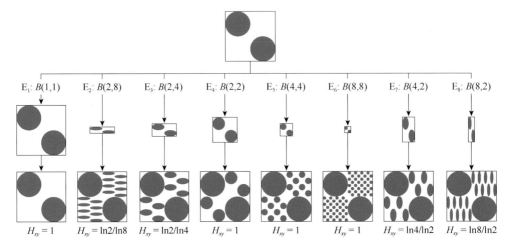

图 2-9　缩放间隙度耦合机制对分形对象各向异性的控制

当缩放尺度无方向差别，即满足 $H_{xy} = 1$ 时，分形对象呈现出各向同性，尺度不变类型为自相似，且存在以下特征：

（1）当 $P = 1$ 时，分形对象的尺度不变类型为自相同（图 2-9 中的事件 E_1）。

（2）P 越大，G_f 与 G_c 之间跨越的数量级越大，则分形对象所涵盖的尺度范围就越大 [如图 2-9 中的事件 $E_4 \sim E_6$，它们的缩放行为依次是 $B(2, 2)$、$B(4, 4)$、$B(8, 8)$]，当然，P 趋近于 $+\infty$ 时，缩放尺度趋于无穷，无缩放行为。

反之，当各方向上的缩放尺度之间存在差异时，有 $H_{xy} \neq 1$，分形对象呈现出各向异性特征。除满足以上两个特征外，其各向异性程度还满足：

（1）$H_{xy} < 1$ 时，分形对象在 x 方向上表现出相对拉伸特征或 y 方向上表现出相对压缩特征，即 x 方向上的延展性强于 y 方向，如图 2-9 中的事件 E_2 和 E_3，其缩放行为分别为 $B(2, 8)$、$B(2, 4)$。

（2）$H_{xy} > 1$ 时，则在 x 方向上表现出相对压缩特征或 y 方向上表现出相对拉伸特征，即 y 方向上的延展性强于 x 方向，如图 2-9 中的事件 E_7 和 E_8，其缩放行为分别为 $B(4, 2)$、$B(8, 2)$。

（3）$|H_{xy} - 1|$ 越大，各向异性特征越显著，且当 $\lim H_{xy} \to 0_+$ 或 $\lim H_{xy} \to +\infty$ 时，各向异性强度趋于无穷大，如图 2-9 中的事件 $E_2 \sim E_8$。

2. 奇异指数

在同一级别中各个缩放事件的尺寸分布会变得越来越不均匀，即为奇异性。为了量化这一参数，结合式（2-24）和式（2-25），参考式（2-29）对广义赫斯特指数的定义，得到奇异指数的数学定义，即

$$\alpha = \frac{\ln \overline{P}}{\ln \mathcal{P}} \tag{2-30}$$

式中，α 为用于描述等效缩放间隙度 $\overline{P}$ 和均值缩放间隙度 $\mathcal{P}$ 之间幂律关系的无量纲参数，体现分形拓扑中各缩放行为之间的差异性，用于描述分形对象局部与局部间、局部与整体间的聚集程度和分散程度：

（1）在 $\{\alpha_1, \cdots, \alpha_F\}$ 中，$\forall \alpha_i \equiv 1$ 意味着无奇异性，$\exists \alpha_i \neq 1$ 意味着有奇异性。

（2）$\alpha_i < 1$，分布特征表现出相对分散；相反，$\alpha_i > 1$，分布特征表现出相对聚集，且 α_i 越大，聚集速度越快。

同时，分形结构分布的非均质性特征受控于行为复杂性范畴内的缩放行为耦合形式，α 是衡量非均质强度的重要指标。

由于单重分形结构中缩放行为耦合类型单一，即有 $\forall \alpha_i \equiv 1$，各元素的聚集速度相同，如图 2-10 中的事件 $E_1 \sim E_3$，分形结构表现为出均质特征。

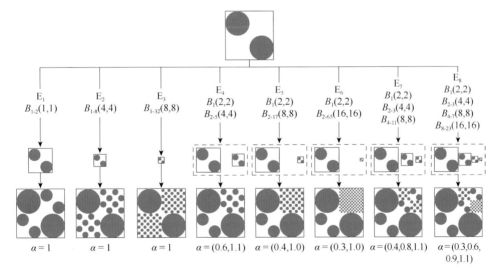

图 2-10　缩放行为耦合类型对分形对象非均质性的控制

在多重分形结构中，缩放行为 B 的耦合形式多样化，不同的组合方式对分形对象的非均质性有着不同程度的影响，如图 2-10 中的事件 $E_4 \sim E_6$，它们的分形行为依次为 $\Omega_4\{B_1(2,2), B_{2\text{-}5}(4,4)\}$、$\Omega_5\{B_1(2,2), B_{2\text{-}17}(8,8)\}$、$\Omega_6\{B_1(2,2), B_{2\text{-}65}(16,16)\}$，奇异指数分别为（0.6, 1.1）、（0.4, 1.0）、（0.3, 1.0），显然，在各缩放事件中：

（1）缩放行为之间的差异越小，则 α 越集中，分形对象的非均质性就越弱。

（2）缩放行为之间的差异越大，$\overline{P}$ 值的差异就越大，α 分布也越离散，分形对象的非均质性越强。

此外，构成多重分形的各分形行为中缩放行为的种类数也是影响多孔介质非均质特征的原因之一，如图2-10中的事件 $E_6 \sim E_8$，它们的分形行为依次为 $\Omega_6\{B_1(2, 2), B_{2\text{-}65}(16, 16)\}$、$\Omega_7\{B_1(2, 2), B_{2\text{-}3}(4, 4), B_{4\text{-}11}(8, 8)\}$、$\Omega_8\{B_1(2, 2), B_{2\text{-}3}(4, 4), B_{4\text{-}7}(8, 8), B_{8\text{-}23}(16, 16)\}$，奇异性指数分别为（0.3, 1.0）、（0.4, 0.8, 1.1）、（0.3, 0.6, 0.9, 1.1），发现：

（1）随着缩放行为种类数的增多，α 取值增多，分形对象局部与局部之间的聚集速度多样，在一定程度上中和了缩放行为的极端性，非均质性也随着减弱。

（2）缩放行为种类数减少，若 α 取值减少且聚集，分形对象局部与局部之间的聚集速度趋于单一，非均质性也随之减弱，若 α 取值减少且分散，分形对象局部与局部之间的聚集速度差加大，非均质性随之增强。

3. 分形维数

上述广义赫斯特指数 H_{ij} 和奇异性指数 α 是定量描述分形对象各向同性/各向异性和均质性/非均质性程度的单一指标，但无法实现对分形对象中由分形行为致使的复杂性程度的整体描述。

与此同时，基于经典数量–尺度关系 R_{ns} 仅是获取分形维数的一种方法，不具备严格的数学定义，致使其难以真实反演复杂对象的分形演化过程。因此，Jin等[69] 引入 F 和 P 推导了分形维数的尺度不变定义，即

$$D = \frac{\lg F}{\lg P} \tag{2-31}$$

式（2-31）表明，D 为 P 和 F 之间幂律关系的指数，并由 P 和 F 唯一决定。由于式（2-31）是在狭义分形行为的范畴内进行推导得到的，因此 D 又称为"狭义分形维数"。基于这两个尺度不变参数计算得到的分形维数蕴含缩放对象的分形行为信息，有利于从本质上探究分形行为对分形对象复杂性程度的影响。

狭义分形维数 D 与方向无关，仅适用于对自相似的描述。因此，针对自仿射分形，结合式（2-24）、式（2-29）和式（2-31）对 D 进行扩展得到了：

$$\overline{D} = \frac{\lg F}{\lg \overline{P}} = \frac{d \times D_i}{\sum\limits_{j=1}^{d} H_{ji}} \tag{2-32}$$

分形维数 $\overline{D}$ 实现了对自相似和自仿射分形行为复杂性的定量描述，因此称其为"广义分形维数"。显然，当 $\forall H_{ij} \equiv 1$ 时，$\overline{D}$ 可化简为狭义分形维数 D。

但是，若要兼容对多重分形行为复杂性的定量描述，还需进一步引入均值缩放间隙度 $\mathcal{P}$，结合式（2-31）对分形维数的定义，多重分形拓扑的分形维数 $\mathcal{D}$ 满足：

$$\mathcal{P}^{\mathcal{D}} = F \tag{2-33}$$

同时，结合式（2-30）和式（2-33），得整体分形维数与局部分形维数及奇异指数的关系：

$$\mathcal{D} = \alpha_i \overline{D_i} \tag{2-34}$$

基于上述关系可知，当多重分形退化为自仿射分形时，$\forall \alpha_i \equiv 1$，则有 $\mathcal{D}=\overline{D}$；再进一步退化为自相似分形时，则有 $\mathcal{D}=\overline{D}=D$。

分形结构的破碎化程度以及复杂程度受 P 和 F 的共同制约。由图 2-11 定义的 8 个缩放事件发现：

（1）在维持 P 取值统一时，随着 F 的增大，对应的 D 值也逐渐增大，孔隙结构呈现出的复杂性越强，如事件 $E_1 \sim E_3$。

（2）当保持 F 恒定的情况下，D 随着 P 的减小而逐渐增大，孔隙结构也变得越复杂，如事件 $E_4 \sim E_6$。

（3）同时改变 P 和 F 取值时，令二者对数的幂律关系一致，即 D 不变，可以发现随着 P 和 F 的同步增大，孔隙结构的破碎化程度越大，但孔隙结构的整体复杂程度保持一致，如事件 $E_6 \sim E_8$。

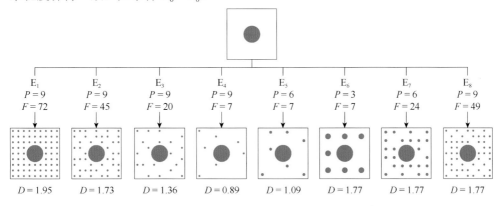

图 2-11　P、F 对分形对象孔隙结构破碎程度及复杂程度的控制

自然分形事件的分形维数通常会随着时间、空间而发生变化。从空间角度出发，一方面要保证事件所在空间范围足够大以满足统计数据量的要求，同时要保证空间范围足够小以确保统计结果的空间分辨率高。

显然，应用简单分形理论缺乏严格逻辑关系与数学定义，难以兼顾复杂空间变化上的要求。而分形拓扑理论体系的提出，涵盖了对精确分形/统计分形、自相似/自仿射/多重分形等尺度不变特征在内的层级关系的定量表征，使得分形维数的提取不受空间变化的限制，可以很好地表征复杂事件形成过程及对随之而来的破坏过程的预测。

2.3 储层复杂类型组构模式

2.3.1 复杂组构概念

在分形拓扑理论体系的基础上，我们进一步提出了复杂组构的概念，即分形集是由相互独立的原始复杂性（original complexity，$\mathcal{C}_O$）和行为复杂性（behavioral complexity，$\mathcal{C}_B$）两种复杂类型组成，用 $\mathcal{F}(\mathcal{C}_O,\mathcal{C}_B)$ 表示。其中，前者是指包裹在原始缩放对象中的复杂元素，用 G_0 表示，它决定了分形集的缩放类型，即单类型缩放集或多类型缩放集；而后者指的是父级缩放对象 G_f 与其子级缩放对象 G_c 之间的唯一继承规则。同时，由于原始复杂性和行为复杂性控制的尺度范畴不同，显然原始复杂性为"领"，行为复杂性为"纲"，二者之间存在着特定的"纲领关系"。

通过以上认识，结合随机概率事件的广义包含，通过综合考虑原始构型类别、尺度不变特征、随机性，明确界定了任意分形对象中的复杂类型及其控制机制，如图 2-12 所示。

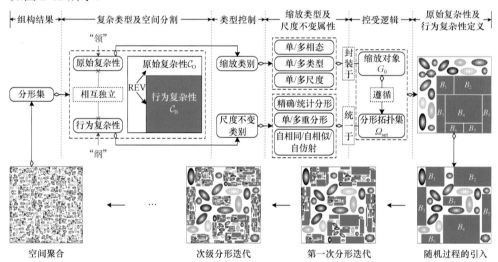

图 2-12 分形集复杂类型组构机制及其表征

REV 表示事件

该模式表明分形集是由相互独立的原始复杂性和行为复杂性组构而成。具体来说，原始复杂性控制原始构型类别，包括：①单相态/多相态，其中"相"和"态"分别指气相、液相和固相，以及吸附态、凝聚态、游离态和溶解态；②单类型/多类型，即构成原始缩放对象的几何元素可以是圆、矩形、不规则多边形等任意形状或其集合体；③单尺度/多尺度，即构成原始缩放对象的各个几何元素可以取任意尺寸。这三者进行耦合构成原始复杂性，并封装于缩放对象 G_0 中。行为复杂性决定尺度分布特征，主要包括精确/统计分形、单/多重分形、自相同/自相似/自仿射三种尺度不变类型，统一于分形拓扑集 Ω_{set}。行为复杂性与原始复杂性遵循"纲领关系"，即缩放对象 G_0 遵循于分形拓扑集 Ω_{set}，二者共同组构成为分形集，并有不确定性、非均质性和不可预测性伴随在整个分形迭代过程的始末。

因此，复杂类型组构机制为分形对象的精细描述提供了开放的数学框架。其表征步骤为：①定义事件 REV，确认其复杂类型并进行空间分割；②定义原始复杂性和行为复杂性；③引入随机过程；④进行分形迭代；⑤分形聚合，构成分形集 $\mathcal{F}(\mathcal{C}_{\text{O}}, \mathcal{C}_{\text{B}})$。

2.3.2 多孔介质中复杂类型的等效提取

1. 背景描述及存在的问题

分形孔隙结构在自然储层中普遍存在，对储层的物理和输运属性起着主导作用[71-74]。因此，越来越多的研究工作致力于探究复杂多尺度系统中质量传递的控制机制，其中，定量表征分形孔隙结构是前提。然而，自然分形孔隙结构通常表现出形态复杂、分布随机、结构分形的特征[75]，使其定量表征异常困难。

而复杂组构概念指出，分形对象中有且仅有两类复杂类型，即原始复杂性和行为复杂性，两者相互独立。作为双复杂系统的一种典型类型[69]，基于分形拓扑理论，多孔介质孔隙类型的几何结构可归属于原始复杂性，分形中的尺度不变拓扑结构则可归属于行为复杂性[76]。

显然，复杂组构为自然分形多孔介质的定量表征提供了开放的框架，而等效提取两类复杂类型又是实现其定量表征的关键。目前，对自然储层中孔隙结构特征的研究主要可以归类为三种：①利用成像技术结合传统测试实验进行定性和定量分析；②基于成像技术或实验测试进行孔隙结构分形维数计算；③基于定性、定量分析结果进行孔隙空间数值重构。

在众多传统实验测试手段中，压汞法（mercury intrusion porosimetry，MIP）是研究储层孔隙结构较常用的方法之一，主要依据进退汞饱和度和施加的排驱压力关系获取孔隙大小及孔径分布特征等信息，是定量分析储层微观孔隙结构的一种可靠手段[77]。而成像技术[78]则是通过特定方法获取多孔介质图像，便于直接观察储层微观孔隙结构中孔隙类型、大小、形状和连通程度等静态属性，适用于对多孔介质孔隙结构的可视化研究。二者结合可实现有限尺度范围内孔隙结构的定性分析和定量描述。

分形理论的出现为孔隙结构的定量表征提供了新的理论与方法。在成像技术或实验测试的基础上，采用特定方法或模型提取可表征孔隙结构复杂性的分形维数，从而实现对多孔介质孔隙结构尺度不变属性的定量描述[79]。其中，基于成像技术提取分形维数的方法有盒维数法、Hausdorff 维数法、信息维数法、容量维数法等，其中盒维数法是计算孔隙表面分形维数的常用方法之一。此外，热力学模型、FHH 模型及分形 FHH 模型、毛细管压力曲线方法等也已被广泛应用于基于实验测试结果的分形维数提取。

然而，储层最小孔径和最大孔径之间往往跨越多个数量级，且传统实验和成像法的联合表征结果受技术、成本、环境以及主观因素的影响明显，难以真实有效地获取储层孔隙结构复杂信息。因此，如今更多的努力转向了数值重构以实现储层复杂性控制机制的广域研究。

数值重构法因成本低、可控性强，且不受尺度和人为操作的影响，在模拟多孔介质孔隙形态方面深受青睐。一方面，以传统测试技术获取的孔隙特征信息为基础，出现了一系列数值模拟方法，例如球体沉降法、四参数随机生长算法（quartet structure generation set，QSGS）。另一方面，以扫描图像为基础提出了一系列模拟方法，例如过程模拟法。除此之外，高斯模拟法、多点地质统计法、模拟退火法、序贯指数模拟法、马尔科夫链蒙卡洛罗算法、Vorinoi 算法等也被广泛应用于构建多孔介质孔隙网络模型。

另外，也有学者结合由物理实验得到的孔隙结构图像或依据孔径分布、孔隙度等统计特征对复杂孔隙结构进行数值模拟，或将其简化为毛细管束、Menger 海绵体、Sierpinski 地毯等精确自相似分形模型，或依据特定算法建立其细化图像，以提取储层孔隙结构的分形维数，并参照分形曲线形态和分形维的大小判断储层的孔喉连通性、颗粒分选性和孔隙大小分布情况，进而评价储层各向异性、非均质性的强弱和储集性能的优劣。

然而，无论是实验测试、成像技术，还是数值重构，均侧重对储层孔隙形态、孔径分布、孔隙连通程度等特征的描述，适用于对多孔介质复杂孔隙结构的统计分析和储层孔隙类型的界定，仅隶属于原始复杂性判识范畴。也就是说，上述方法忽略了对孔隙结构分形特征的描述，即行为复杂性的精准定义和表征。

2. 等效提取方法

1）创建数据集及配置训练环境

卷积神经网络（convolutional neural network，CNN）是迅速发展起来的信息处理技术之一，在非常规储层领域具有广泛的应用前景[80]。作为 CNN 的一种类型，UNeXt 网络是基于 UNet 网络的改进分割模型，旨在解决分割任务[81]。UNeXt 网络遵循编码–解码结构（图 2-13），包括两个阶段：卷积阶段和 Tok-MLP（tokenized MLP）阶段。编码器由三个卷积块和两个 Tok-MLP 块组成，与编码器相反。同样，每个编码器块将特征分辨率降低 50%，而每个解码器块将特征分辨率增加 2 倍。在编码器和解码器之间建立了跳跃连接，通道数设置为 $C_1 = 32$，$C_2 = 64$，$C_3 = 128$，$C_4 = 160$，$C_5 = 256$。

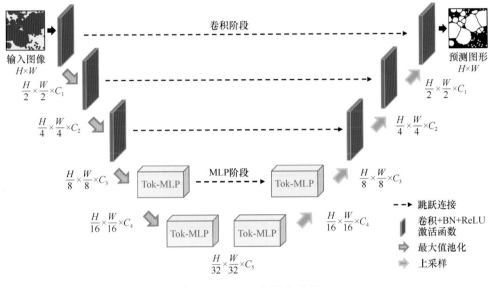

图 2-13 UNeXt 网络架构图

卷积阶段仅包括一个卷积层，结合了归一化和修正线性单元激活函数。卷积核大小设置为 3×3，步长为 1，填充为 1。编码器块使用 2×2 的最大池化窗口，而解码器块使用双线性插值进行特征图采样。在 Tok-MLP 块中，将特征进行转换处理后投影到 Token 中，进行 3×3 卷积，此时道数变为嵌入维度，也是 Token 的数目。随后，Token 进入 Shifted MLP width，其中超参数是 MLP 的隐藏维度，并通过深度卷积和层归一化将结果注入到下一个模块中[81]。

总体而言，UNeXt 网络具有更少的参数和更低的计算复杂性，且其更专注于分割性能[82]，这显著提高了颗粒填充型多孔介质中孔隙相与固相的分割精度，为后续的智能提取工作奠定了基础。基于此，为了实现复杂性类型的提取，我们采用了 UNeXt 网络分割方法来获取分形多孔介质中不同尺度对应的固相数量，以期为后续的原始复杂性和行为复杂性的提取提供数据支持。

相关证据表明，四参数随机生长算法（QSGS）可被用于构建随机、多耦合和已知孔隙度的颗粒填充型多孔介质。为了描述重构过程中孔隙结构的尺度不变性，基于分形拓扑理论，学者对 QSGS 算法进行了优化，并在此基础上进一步探究了两种复杂性类型对分形孔隙结构各向异性、破碎程度、边界粗糙度等特性的影响，从而有效地建立了行为复杂性和原始复杂性的控制系统。基于前人研究，优化后的 QSGS 算法在此用于生成颗粒填充型多孔介质，以进行 UNeXt 网络的分割训练。

结合分形拓扑理论可知：颗粒填充型多孔介质中固相的高黏附性是行为复杂性导致的结果（图 2-14）。因此，分割具有黏附性的固相，获取不同尺度级别（例如第一级、第二级、第三级）中的固相数量，从而计算缩放间隙度 P 和缩放覆盖率 F 是提取复杂性类型的关键。

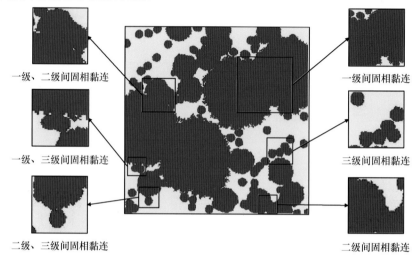

一级、二级间固相黏连
一级、三级间固相黏连
二级、三级间固相黏连
一级间固相黏连
三级间固相黏连
二级间固相黏连

图 2-14　颗粒填充型多孔介质固相黏连图
蓝色为固相，黄色为孔隙相

在上述过程中，建立数据集，包括分形多孔介质的原始图像和标签，是训练 UNeXt 网络进行图像分割的基础。为此，这里构建了五种不同孔隙度、P 和 F 的颗粒填充型分形多孔介质数据集，总共包括 5382 张图像，其中举例如图 2-15 所示。

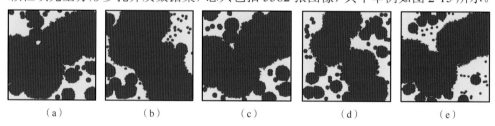

（a）　　　　　（b）　　　　　（c）　　　　　（d）　　　　　（e）

图 2-15　颗粒填充型分形多孔介质测试图像
（a）～（e）的孔隙度 φ 及分形行为参数 P、F 分别为 0.2、3、2，0.2、4、3，0.2、3、2，0.3、3、3 及 0.3、4、3

为了生成用于训练 UNeXt 网络的标签，使用 Label-me 标注软件手动对多孔介质图像中的固相进行分割。然后，在 Python 编程语言的基础上，使用 Cv2.Split 函数的分离通道来区分黄色和蓝色，从而完成标签的二值化，如图 2-16 所示。

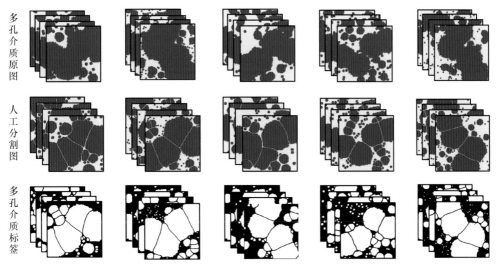

图 2-16 用于 UNeXt 网络训练的颗粒填充型分形多孔介质数据集

白色表示固相，黑色表示孔隙相

在训练环境的参数配置上，UNeXt 网络中 Adam 优化器中的学习率、动量和 Batchsize 分别设置为 0.0001、0.9 和 8。同时，所有实验都是使用单个 Nvidia GeForce RTX 3060 12G GPU 进行的，UNeXt 网络总共训练了 400 个 Epoch。用于预测结果 y^* 和标签 y 之间的损失函数 L 的表达式为

$$L = 0.5\mathrm{Bce}(y^*, y) + \mathrm{Dice}(y^*, y) \qquad (2\text{-}35)$$

式中，Bce 为三元交叉熵损失函数；Dice 为 Sørensen-Dice 损失系数。

此外，用于 UNeXt 网络的训练集和验证集分别占数据集的 80% 和 20%。具体而言，训练集包含 4305 张图像，而验证集包含 1077 张图像。

2）复杂类型的判识

基于以上建立的数据集和训练环境，颗粒填充型分形多孔介质中复杂性类型的识别可以分为五个步骤：

（1）固相分割：将颗粒填充型分形多孔介质的图像输入完成训练的 UNeXt 网络，分割黏附的固相并获取独立封闭区域。

（2）固相信息提取：通过边缘提取代码读取分割后的图像，并将其转化为 0 和 1 的矩阵（即将图像二值化），然后使用 "Find Contours" 函数和 "Contour Area" 函数提取值为 1 的边缘，获取封闭区域内像素的数量和封闭区域的数量。

（3）固相智能分类：采用 K-均值聚类分析算法来识别和分类不同尺度级别的固相。

（4）行为复杂性和孔隙度计算：假设第一级、第二级和第三级固相的数量分别为 M_1、M_2 和 M_3，每个级别的像素数量分别为 S_1、S_2 和 S_3，所有固相的像素总数为 S_0，分形多孔介质图像的像素总数为 S，则分形行为参数 P、F 及孔隙度 φ 可

通过式（2-36）～式（2-38）计算：

$$P = \frac{S_3\sqrt{S_1 S_2} + S_2\sqrt{S_2 S_3}}{2 S_2 S_3} \tag{2-36}$$

$$F = \frac{M_1\sqrt{M_2 M_3} + M_2\sqrt{M_1 M_2}}{2 M_1 M_2} \tag{2-37}$$

$$\varphi = 1 - \frac{S_0}{S} \tag{2-38}$$

（5）原始复杂性提取：通过设置固相像素的阈值，筛选出第二级和第三级固相的边缘信息，采用"Draw Contours"函数将第二级和第三级固相连接区域内的所有像素分配为 0，仅保留第一级固相图像信息并输出，从而完成原始复杂性的提取。

3）智能提取框架的建立

如前所述，分形多孔介质中原始复杂性和行为复杂性的提取可以通过结合分形拓扑理论、QSGS 算法和 UNeXt 网络分割方法在数学层面实现。基于此，我们进一步建立了颗粒填充型分形多孔介质复杂类型的智能提取框架，如图 2-17 所示。在这个框架中，包含六个模块，分别为输入模块、深度学习模块、预测输出模块、信息提取模块、原始复杂性提取模块和行为复杂性提取模块。

图 2-17 表明以 $\varphi = 0.3$、$F=3$ 和 $P=3$ 的颗粒填充型分形多孔介质为例，根据建

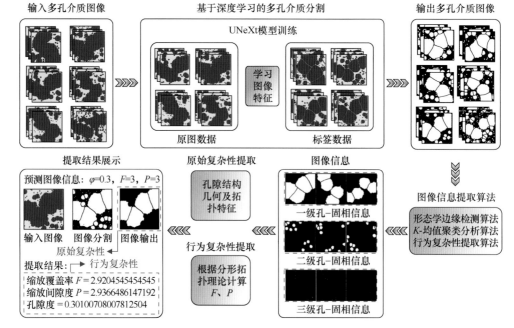

图 2-17 颗粒填充型分形多孔介质智能提取框架

立的智能提取框架，可以获得 P、F 和 φ 的预测值。输入值和预测值之间良好的一致性初步验证了该智能提取框架的准确性。

3. 提取结果

1）图像分割精度

Iou（Intersection of union）和 Dice（Sørensen-Dice coefficient）系数是评价 UNeXt 网络分割精度的两个指标。Iou 是基于类别计算的，即通过累计和平均每个类别的 Iou 来获得全局评估 [式（2-39）]。Dice 表示标签中真实区域和预测图像区域重合的部分占两者之和的百分比，是一种几何相似度度量的指标 [式（2-40）]：

$$Iou = \frac{T_p}{T_p + F_p + F_n} \tag{2-39}$$

$$Dice = \frac{2T_p}{2T_p + F_p + F_n} \tag{2-40}$$

式中，T_p 为被预测为正例的样本，且真实标签为正例；F_n 为被预测为反例的样本，但是真实标签为正例；F_p 为被预测为正例，但是真实标签为反例。这些参数可用于计算 Iou 和 Dice 系数，以评估分割准确性。

根据式（2-39）和式（2-40），计算了图 2-15 中五种图像的 Iou 和 Dice 系数值，并获得了分割图像，分别如表 2-1 及图 2-18 所示。高 Iou 和 Dice 值的结果证实了 UNeXt 网络分割的准确性。

表 2-1 Iou 和 Dice 分割性能指标参数表

序号	孔隙度	缩放覆盖率	缩放间隙度	Iou	Dice
（a）	0.2	2	3	0.9861	0.9930
（b）	0.2	3	4	0.9842	0.9927
（c）	0.3	2	3	0.9859	0.9929
（d）	0.3	3	3	0.9801	0.9900
（e）	0.3	3	4	0.9843	0.9921

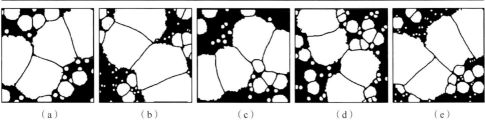

（a）　　　（b）　　　（c）　　　（d）　　　（e）

图 2-18 颗粒填充型分形多孔介质图像的分割预测图

2）行为复杂性的划分

使用提出的智能提取算法计算了图 2-15 中五种多孔介质图像的行为复杂性 φ、P 和 F，如表 2-2 所示。通过比较，我们发现 φ、P 和 F 的预测值与图 2-15 中的预设值一致，这表明该智能提取算法具有良好的准确性。

表 2-2　颗粒填充型分形多孔介质复杂类型提取结果

序号	孔隙度	缩放覆盖率	缩放间隙度
（a）	0.2137	2.0625	3.2906
（b）	0.2157	3.1303	3.9721
（c）	0.2962	1.8750	3.1759
（d）	0.3010	2.9204	2.9366
（e）	0.2994	2.7916	4.1189

基于 φ、P 和 F 的提取结果，使用 QSGS 算法进一步重构分形多孔介质，如图 2-19 所示。为了与用于训练分割网络的多孔介质图像区分开，重构图像中的白色代表孔隙相，而黑色代表固相。结果表明，重构的多孔介质很好地展现了孔隙结构的微观特征，并与图 2-15 中的原始图像非常相似。

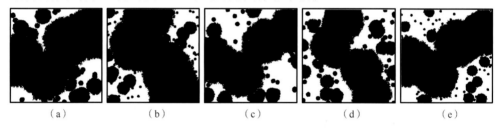

| （a） | （b） | （c） | （d） | （e） |

图 2-19　颗粒填充型分形多孔介质重构图

（a）～（e）的孔隙度 φ 及分形行为参数 P、F 分别为 0.2137、3.2906、2.0625，0.2157、3.9721、3.1303，0.2962、3.1759、1.8750，0.3010、2.9366、2.9204 及 0.2994、4.1189、2.7916

3）原始复杂性的提取

根据上述关于行为复杂性的提取结果，我们进一步提取了图 2-15 中五种分形多孔介质图像的原始复杂性，如图 2-20 所示。可以发现，提取结果直观地反映了第一级孔隙结构的大小、数量、分布特征和互连程度的信息。因此，颗粒填充型分形多孔介质的原始复杂性特征得到了准确的表征。

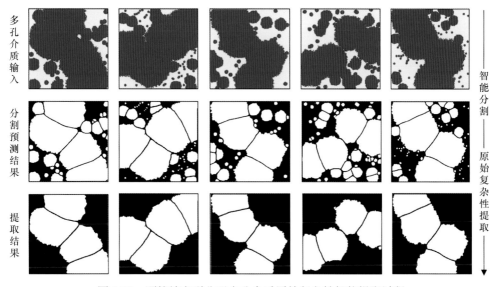

图 2-20　颗粒填充型分形多孔介质原始复杂性智能提取过程

4. 有效性验证

1）智能提取框架有效性验证

　　研究表明，孔隙度和分形维数是验证提取方法有效性的关键指标。基于此，可以通过将真实孔隙度与智能模拟孔隙度进行比较来评估孔隙度提取的准确性。为此，我们选择了一组具有不同孔隙度（标记为真实孔隙度）从 0.1 到 0.8 的颗粒填充型分形多孔介质图像，通过智能提取算法来获取模拟孔隙度。同时，还计算了相对于真实孔隙度的模拟孔隙度的绝对误差，相关参数如表 2-3 所示。

表 2-3　模拟孔隙度与真实孔隙度对比

实验序号	真实孔隙度	模拟孔隙度	绝对误差
a	0.1	0.113	−0.0130
b	0.15	0.1611	−0.0111
c	0.2	0.2137	−0.0137
d	0.25	0.2583	−0.0083
e	0.3	0.3074	−0.0074
f	0.35	0.362	−0.0120
g	0.4	0.4111	−0.0111
h	0.45	0.4597	−0.0097
i	0.5	0.5132	−0.0132

续表

实验序号	真实孔隙度	模拟孔隙度	绝对误差
j	0.55	0.5521	−0.0021
k	0.6	0.6034	−0.0034
l	0.65	0.6501	−0.0001
m	0.7	0.7001	−0.0001
n	0.75	0.7502	−0.0002
o	0.8	0.8001	−0.0001

观察表 2-3 中数据可以发现，模拟孔隙度与真实孔隙度几乎相同，最小误差为 0.0125%，最大误差为 3.6%，少许误差来自智能分割过程中和神经网络卷积过程中造成边缘像素点的丢失。

另外，为了验证提取的行为复杂性的有效性，我们使用盒计数法统计了分形维数 D_2 及基于式（2-31）计算了分形维度 D_1，统计结果及绝对误差如表 2-4 所示。通过比较，我们发现这两种维数高度一致，且绝对误差不超过 0.06。因此，以上提出的行为复杂性提取方法是有效的。

表 2-4　分形维数对照表

缩放间隙度	缩放覆盖率	分形维数 D_1	分形维数 D_2	绝对误差
2	3	1.58	1.57	+0.01
3	5	1.46	1.52	−0.06
3	6	1.63	1.66	−0.03
3	7	1.77	1.72	+0.05
4	7	1.42	1.48	−0.06
4	8	1.50	1.56	−0.06

2）复杂类型等效提取的意义

（1）原始复杂性对多孔介质孔隙类型的影响

根据分形拓扑理论，原始复杂性的控制要素被封装在原始缩放对象中，并通过遵循分形拓扑的继承规则完成分形迭代。因此，原始复杂性决定了多孔介质的类型。为了阐明这种影响，我们构建了一系列具有相同统计特性但不同原始复杂性的分形多孔介质，如图 2-21 所示。显然，具有不同原始复杂性的多孔介质孔隙结构差异巨大。

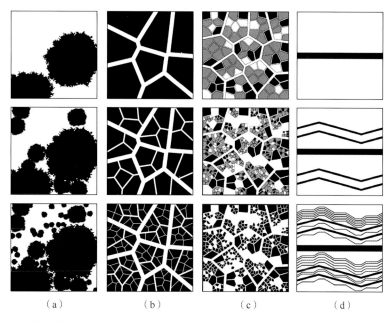

（a）　　　　　　（b）　　　　　　（c）　　　　　　（d）

图 2-21　统计特性相同（$F = 4$、$P = 3$、$\varphi = 0.3$）、原始复杂性不同的分形多孔介质

（a）颗粒填充型分形多孔介质；（b）裂隙网络分形多孔介质模型；（c）孔-裂隙二元分形多孔介质；（d）分形毛细管束

为了研究原始复杂性对渗透率的影响，采用格子 Boltzmann 方法模拟分形多孔介质中流体的流动行为，计算其渗透率。实验过程中，在固液界面处近似设置了无滑移边界条件，在流场模拟中采用完全反弹方案，并采用远小于 1 的雷诺数来保证流场符合达西定律。此外，为了保障基于 LBM 的数值模拟方法具有良好的稳定性，将裂隙（即左侧和右侧）的输入和输出边界之间的压力梯度 Δp 设定为 10^{-5}Pa/m，并将无量纲的松弛时间设置为 1.0。对于无量纲数值渗透率 K 的计算，可由 $\Delta p = \nu U/K$ 求得，其中 U 为流体的平均速度，ν 为流体的动力黏度。

相应的流体流场如图 2-22 所示，在相同统计属性下（$F = 4$，$P = 3$，$\varphi = 0.3$），

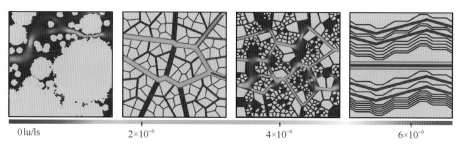

0lu/ls　　　　　　2×10^{-6}　　　　　　4×10^{-6}　　　　　　6×10^{-6}

图 2-22　不同原始复杂性下构建的分形多孔介质渗流模拟图

lu 和 ls 分别代表格子单位和格子时间单位

研究不同原始复杂模型下构建的分形多孔介质孔隙结构特征对流体渗流的影响。结果显示，巨大的孔隙空间组构差异能直接影响分形多孔介质模型的渗透率。不同的原始复杂性导致不同的流动路径，从而导致不同的流体输送能力。

渗流结果如表 2-5 所示，结果表明，尽管在相同的统计属性下，不同原始复杂性迭代出的分形多孔介质其渗透率方面表现出巨大的差异。因此，提取分形多孔介质中的原始复杂性尤为重要，它对储层中流体的运移有着重要的制约作用，能确保在相同的统计属性下，构建更准确的多孔介质模型，简化复杂系统的描述。

表 2-5   不同原始复杂性下构建的分形多孔介质渗透率

多孔介质模型	渗透率/lu²
颗粒填充型分形多孔介质	0.4437
裂隙网络分形多孔介质	4.4686
孔–裂隙二元分形多孔介质	2.1588
分形毛细管束	9.4752

（2）行为复杂性唯一反演对分形孔隙结构等效表征的意义

如前所述，传统方法（如压汞法、液氮吸附法、氢气渗透法等）可以为表征孔隙结构提供基础数据（如孔隙度、分形维数）。然而，由于分形维数与分形行为之间一对多的关系，使得分形维数只是行为复杂性的量化指标，而无法捕捉实际分形行为实现其唯一表征，如图 2-23 所示。

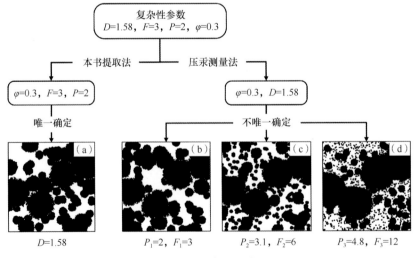

图 2-23   多孔介质反演对比

具体而言，即使分形维数（$D = 1.58$）和孔隙度（$\varphi = 0.3$）一定，P、F 及 φ

不同也会产生具有不同行为复杂性的多孔介质。显然，这不能保证对分形多孔介质等效表征的唯一性。相比之下，当 F、P 和 φ 唯一确定时，分形多孔介质也将被唯一表征。因此，唯一反演行为复杂性对分形多孔介质的等效表征至关重要。

2.4　多孔介质传质重构理论与方法

储层多孔介质的结构极其复杂，其不同相态组分间拥有众多界面，这使多相态传质过程牵涉复杂的界面动力学和显著的非均质性。这一特点在煤层气开采、油藏采油等实际应用中构成了巨大的挑战。因此，对储层介质中的多相态传质过程进行细观重构，对深入理解传质过程的内在机制和改进实际工程策略至关重要。

数值模拟作为研究多孔介质中多相态传质过程细观重构的关键工具，能够准确揭示界面动力学和关键隐含变量（如能量和界面区域），进而有助于阐明其背后的机制。目前，多种细观尺度数值方法可以重构储层多相态传质过程，这些方法涉及界面跟踪技术、表面张力诱导的相分离和固体边界的润湿条件。

基于其处理几何特征的不同，这些方法可分为两大类（图 2-24）：一类是直接模拟孔隙空间的方法，如流体体积法（volume of fluid method，VOF）、相场法（phase field method，PFM）和格子玻尔兹曼法（lattice Boltzmann method，LBM）；另一类是简化储层孔隙空间为拓扑网络的方法，即孔隙网络法（pore network

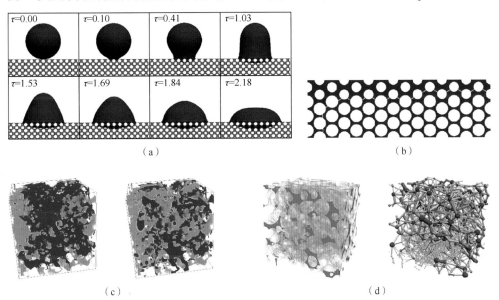

图 2-24　储层多相态传质过程细观尺度重构方法

(a) VOF[83]；(b) PFM[84]；(c) LBM[85]；(d) PNM[86]

method，PNM）。

与基于 N-S 方程的数值方法不同，LBM 起源于玻尔兹曼动力学，可被视为用于解决玻尔兹曼输运方程（Boltzmann transport equation，BTE）的显式离散方案[87]。除了继承自 BTE 的微观动力学原理外，格子玻尔兹曼方案还可以通过特定的多尺度工具恢复宏观流体动力学。LBM 的这种跨尺度特性导致出现了以下特点：

（1）宏观量（如速度和压力）都可以在流体粒子群中恢复，无需像在 N-S 方程中那样进行单独求解。

（2）在入口或出口处难以应用精确的开放边界，需要复杂的过程将宏观量转换为粒子群。

（3）由于主要操作（碰撞和流动）具有局部性，因此 LBM 非常适用于并行计算。

（4）易于处理固体边界，可以将固体节点视为特殊的格点并分配相应的值。

（5）由于空间离散化受到离散速度设置的限制，处理曲面边界较为困难。

由于 LBM 具有高效的计算性能和便利的编程特性，它已经成为计算流体力学（computational fluid dynamics，CFD）领域的一个重要仿真工具。在过去三十年的发展中，已提出多种基于 LBM 的多相流模型，主要分为颜色梯度（也称为 RK）模型[88-90]、伪势（也称为 Shan-Chen）模型[91,92]、自由能模型[93] 和相场耦合模型[94] 四大类。

颜色梯度模型最初由 Rothman 和 Keller[95] 提出，其中不同的流体通过"颜色"来区分，即红色和蓝色流体，并由两个分布函数 $f_i^r(x, t)$ 和 $f_i^b(x, t)$ 来描述。为了解决数值扩散问题，该模型在碰撞后引入了重新上色步骤。因此，一个好的颜色梯度模型的标准循环基本上包括原始碰撞、扰动碰撞、重新上色和流动。

在目前的研究文献中，颜色梯度模型主要用于处理两种密度相近或相同的流体共存的情景，如油水置换、微流体装置中液滴的运动与变形等[96]。然而，对于高密度比的情况，使用颜色梯度模型可能不太合适。在这些情况下，宏观流体动力学方程的恢复可能包含非必要项，这在密度差异较大的两种流体中可能导致显著误差。虽然有研究报告称某些方法可适用于高密度比情况，但这方面的应用仍需谨慎。

伪势模型具有概念上的简单和高效性，该模型采用所谓的"自下而上"的构建方法，即细观尺度的流体粒子相互作用通过伪势能来模拟，这一伪势能受局部密度的影响。在宏观尺度上，非理想压力张量在某种程度上相应地恢复。伪势模型的一个显著特点是，通过伪势能实现相/组分的自动分离和界面迁移，无需额外使用颜色梯度模型或 VOF 方法中的界面追踪技术。

此外，与 VOF[97] 相比，LBM 具有并行计算的便利性，能够模拟表征体元尺度的多相流动，并在地下储层工程中得到广泛应用。

2.4.1 LBM 模拟理论

1. 基本理论

He 和 Luo 研究指出[98,99]，LBM 方程主要包括速度离散、时间离散和空间离散，是 Boltzmann-BGK 方程的一种特殊离散形式。其基本流程如下：①速度离散 Boltzmann 方程；②对粒子的速度 v 进行简化，最终为有限维的速度空间 $\{e_0,e_1,e_2,\cdots,e_n\}$。相应地，连续分布函数 f 则为 $\{f_0,f_1,f_2,\cdots,f_n\}$，其中 $f_n = f_n(r,e_n,t)$ 这里 r 为空间，e_n 为粒子速度，t 为时刻，据此可得 Boltzmann 方程：

$$\frac{\partial f_n}{\partial t} + e_n \cdot \nabla f_n = -\frac{1}{\tau_0}\left(f_n - f_n^{eq}\right) + F_n \tag{2-41}$$

式中，f_n^{eq} 为局部平衡态分布函数；F_n 为外力项。

具体来讲，离散速度模型、平衡分布函数以及相应的演化方程共同构成 LB 模型。其中离散速度模型可通过以下过程建立：对流体进行离散化，成为大量的粒子，而流场则离散为大小均一的格子，时间按照一个时间步长离散为一个时间序列。基于此，流体粒子将沿流场离散后的网格线于一个时间步长内，从一个格点移动到下一个格点，然后与另一个到达同一个格点的粒子发生碰撞。以此类推，大量粒子的这种迁移与碰撞过程将循环进行。因此，整体上 LB 方程（lattice Boltzmann equation）主要由碰撞方程和迁移方程组成：

碰撞：

$$f_i^+(x,t) = f_i(x,t) + \Omega_i\left[f(x,t)\right] \tag{2-42a}$$

迁移：

$$f_i^+(x+e_i\Delta t,t+\Delta t) = f_i^+(x,t) \tag{2-42b}$$

式中，$i = 0, 1, 2, \cdots, M$；f_i 为 i 方向的速度分布函数；$\Omega_i[f(x,t)]$ 为碰撞算子，即粒子碰撞后 f_i 的变化率，Ω_i 仅与局部分布函数有关，且须满足以下守恒条件：

$$\sum_{i=0}^{M} i\Omega_i = 0 \tag{2-43}$$

此后，Chen 等[100]以及 Qian 等[101]提出了单松弛时间下的 LB 模型来实现对碰撞函数的简化，即 LBGK 模型。BGK 碰撞算子如下：

$$\Omega_i\left[f(x,t)\right] = \frac{f_i^{eq}(x,t) - f_i(x,t)}{\tau} \tag{2-44}$$

式中，f_i^{eq} 为 f_i 平衡态分布函数。如此一来，含 BGK 模式的 LB 方程为

$$\underbrace{f_i\left(x+e_i\Delta t,t+\Delta t\right)=f_i\left(x,t\right)}_{\text{迁移}}+\underbrace{\frac{f_i^{eq}\left(x,t\right)-f_i\left(x,t\right)}{\tau_{\text{lbm}}}}_{\text{碰撞}},\quad i=0,1,2,\cdots,M \tag{2-45}$$

式中，τ_{lbm} 为单一松弛时间。

为得到 N-S 宏观方程[102]，可通过格子 BGK 模型及合适平衡分布函数来获取。在应用方面，陆秋琴[103] 采用 LBM 数值模拟方法对煤储层多孔介质中流体运移行为进行了模拟分析。

2. 格子模型

目前广泛应用于多孔介质中流体运移模拟的 LB 计算模型是 Qian 等[101] 提出的 DnQb 系列模型，其中 n 代表空间维数，b 代表离散速度的数量。其中，二维空间下的 D2Q9 格子模型和三维空间下的 D3Q15、D3Q19 格子模型最具代表性，主要介绍如下：

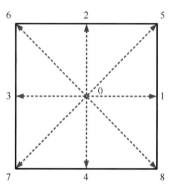

图 2-25　D2Q9 格子模型

1）D2Q9 格子模型

D2Q9 模型表示二维空间下正方形网格，共有九个速度离散方向，中间格点和周围的八个格点相邻。在每个格点上分别部署静止粒子、速率为 1 的粒子和速率为 $\sqrt{2}$ 的粒子。其中，速率为 1 的粒子于水平或垂直方向进行迁移，速率为 $\sqrt{2}$ 的粒子于对角线方向进行迁移，其模型示意图如图 2-25 所示。

D2Q9 格子模型所对应的每个格点上粒子速度表示如下：

$$e_i=\begin{cases}(0,0), & i=0\\ \left(\cos\alpha_i,\sin\alpha_i\right)c, & \alpha_i=(i-1)\pi/2,i=1,2,3,4\\ \sqrt{2}\left(\cos\alpha_i,\sin\alpha_i\right)c, & \alpha_i=(i-5)\pi/2+\pi/4,i=5,6,7,8\end{cases} \tag{2-46}$$

对应的平衡态分布函数表示为

$$f_i^{eq}=\zeta_i\rho\left[1+\frac{e_i\cdot u}{c_s^2}+\frac{\left(e_i\cdot u\right)^2}{2c_s^4}-\frac{u^2}{2c_s^2}\right] \tag{2-47}$$

式中，f_i^{eq} 为 i 方向平衡态粒子分布函数；ζ_i 为权重系数，分别为 4/9（$i=0$）、1/9（$i=1,2,3,4$）和 1/36（$i=5,6,7,8$）；ρ 为格点密度；u 为粒子速度；c_s 为声速。

2）D3Q15 格子模型

D3Q15 模型是一个三维十五点立方形网格，每个格点有一个静止粒子和周围的十四个邻居格点。粒子在格点碰撞后沿图 2-26 所示的方向迁移向邻居格点。

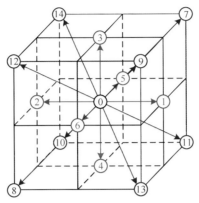

图 2-26　D3Q15 格子模型

D3Q15 模型粒子运动的方向 e_i（$i=1, 2, \cdots, 14$）所组成的速度矩阵 E 如下：

$$E = [e_0, e_1, e_2, \cdots, e_{13}, e_{14}]$$

$$= \begin{bmatrix} 0 & 1 & -1 & 0 & 0 & 0 & 0 & 1 & -1 & 1 & -1 & 1 & -1 & 1 & -1 \\ 0 & 0 & 0 & 1 & -1 & 0 & 0 & 1 & -1 & 1 & -1 & -1 & 1 & -1 & 1 \\ 0 & 0 & 0 & 0 & 0 & 1 & -1 & 1 & -1 & -1 & 1 & 1 & -1 & -1 & 1 \end{bmatrix} \tag{2-48}$$

D3Q15 的平衡分布函数为

$$f_i^{\text{eq}} = \omega_i \rho \left[1 + \frac{3(e_i \cdot u)}{c_s^2} + \frac{9(e_i \cdot u)^2}{2c_s^4} - \frac{3u^2}{c_s^2} \right] \tag{2-49}$$

式中，ω_i 为权重系数，分别为 2/9（$i = 0$）、1/9（$i = 1, 2, \cdots, 6$）和 1/72（$i = 7, 8, \cdots, 14$）；c_s 为声速，$c_s^2 = \Theta = c^2/3$；其他参数的性质和定义同 D2Q9。

3）D3Q19 格子模型

D3Q19 模型表示三维空间下正方形网格，共有 19 个速度离散方向。粒子在格点碰撞后沿图 2-27 所示的方向迁移向相邻格点。

D3Q19 格子模型所对应的每个格点上粒子速度为

$$e_i = \begin{cases} (0,0,0), & i = 0 \\ (\pm 1,0,0), (0,\pm 1,0), (0,0,\pm 1), & i = 1,2,\cdots,6 \\ (\pm 1,\pm 1,0), (\pm 1,0\pm 1), (0,\pm 1,\pm 1), & i = 7,8,\cdots,18 \end{cases} \tag{2-50}$$

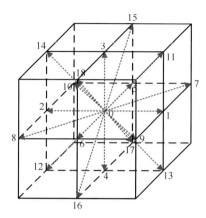

图 2-27　D3Q19 格子模型

对应的平衡态分布函数表示如下：

$$f_i^{\text{eq}} = \zeta_i \rho \left[1 + \frac{\boldsymbol{e}_i \cdot \boldsymbol{u}}{c_s^2} + \frac{\left(\boldsymbol{e}_i \cdot \boldsymbol{u}\right)^2}{2c_s^4} - \frac{\boldsymbol{u}^2}{2c_s^2} \right] \tag{2-51}$$

式中，ζ_i 为权重系数，分别为 1/3（$i = 0$）、1/18（$i = 1, 2, \cdots, 6$）和 1/36（$i = 7, 8, \cdots,$ 18），其他参数意义与 D2Q9 格子模型相同。

3. 固液/固气边界条件

在采用格子玻尔兹曼方法对流体运移行为进行模拟时，其中关键工作就是对边界格点进行边界条件处理。确定边界节点上的分布函数是进行下一时步计算的首要前提。尤其重要的是，边界条件影响计算结果的精确性与效率。主要的边界条件处理格式有启发式格式、Chen 外推格式、非平衡外推格式[102-104]，并简单介绍如下：

1）启发式格式

启发式格式又分为对称格式、周期格式和反弹格式。当流场在某个方向无穷大或在空间呈现周期性变化时，则常选取周期性单元作为模拟区域，此时应在相应边界上启用周期边界格式，即当粒子从一侧边界离开流场时，在下一时步从流场的另一侧边界进入流场：

$$f_i\left(x_0, t + \Delta t\right) = f_i^+\left(x_N, t\right) \tag{2-52}$$

式中，$x_0 = (x_N + e_i\Delta t)\text{mod}L$，其中 L 为周期；f_i^+ 为碰撞后的分布函数。此时常在流场的出入口采用该操作方法。

周期边界格式如图 2-28 所示，在图中的流场入口和出口位置分别有两个待碰撞粒子（黑色实心圆），粒子在入口位置发生碰撞后迅速迁移到流场出口（黑色空心圆），而在出口位置发生碰撞后的粒子则迅速迁移到流场入口（黑色空心圆）。

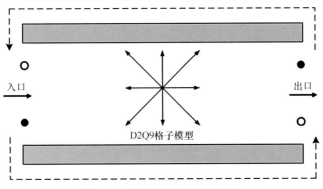

图 2-28 周期边界格式示意图

对于对称模型，为了节省计算资源，可选取物理模型的一半作为模拟区域，采用对称边界条件来处理流场边界。

图 2-29 为对称边界格式示意图，对流场进行一分为二，其中空心圆代表虚拟流体粒子，黑色实心圆代表真实流体粒子，中间的点划线作为对称边界。考虑到流场的对称性，边界处理格式可以表示如下：

$$f_{虚}(i) = f_{实}(j) \tag{2-53}$$

式中，j 为真实流体粒子；f 为碰撞函数；i 为虚拟流体粒子。

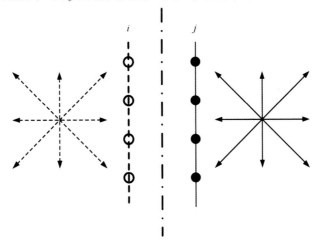

图 2-29 对称边界格式示意图

而反弹边界处理格式则主要用于孔固边界，标准反弹格式被定义如下：一个格点上的粒子沿格网方向流动并到达边界格点，那么该粒子将沿原方向进行反弹并返回原格点，如图 2-30 中的①所示。反弹边界格式可以确保质量守恒和能量守恒，但缺点在于模拟精度较低。

为此，就诞生了半步长反弹格式，同时出现了计算边界的概念[105]。如图 2-30 中的②所示，粒子在位置 b 处碰撞之后，迁移速度指向物理边界的粒子经过 $\Delta t/2$ 时间后到达边界，与边界发生碰撞后又进行反向迁移，经 $\Delta t/2$ 时间沿原路返回至初始碰撞位置 b 处，则有

$$f_1(a) = f_{1e}(e), f_2(b) = f_{2e}(e), f_3(c) = f_{3e}(e) \qquad (2\text{-}54)$$

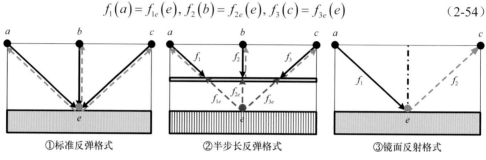

①标准反弹格式　②半步长反弹格式　③镜面反射格式

图 2-30　反弹边界格式示意图

灰色填充区域为物理边界，格子填充区域为计算边界

然而，标准反弹边界格式和半步长反弹边界格式仅适用于无滑移边界。我们可采用镜面反弹格式来实现自由滑移边界的处理。如图 2-30 中的③所示，粒子从格点 a 处迁移到镜面节点 e 处后将沿镜面法线的对称方向反弹至 c 处，即

$$f_1(a,e) = f_2(e,c) \qquad (2\text{-}55)$$

2）Chen 外推格式

一些特定的边界条件虽然可由启发式格式进行处理，但使用启发式格式具有较大的局限性。因此，在传统计算流体力学的基础上又有多种外推格式被相继提出，现以 Chen 等[106] 提出的外推格式为例作简要陈述（图 2-31）。

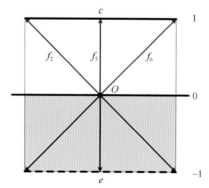

图 2-31　Chen 外推格式示意图

1、0、−1 分别表示流体层、物理边界、虚拟边界

图 2-31 即为 Chen 外推格式示意图，假定在物理边界 0 外存在一虚拟边界，且物理边界和虚拟边界上的粒子均发生迁移和碰撞，虚拟边界上格点的分布函数由物理边界及流体边界的分布函数确定：

$$f_{2,5,6}(e) = 2f_{2,5,6}(O) - f_{2,5,6}(a) \qquad (2\text{-}56)$$

然而，Chen 外推格式也有其自身的缺点，即经过 Chen 外推格式的应用，可能会产生数值的不稳定。

3）非平衡外推格式

非平衡外推格式是由 Guo 等[107] 提出，旨在将分布函数剖分为平衡态和非平衡态，进而可由边界条件的定义来确定平衡态部分，由非平衡外推确定非平衡态部分。

图 2-32 为非平衡外推格式示意图，位于流场中的节点分别为 a、b 和 c，位于边界上的节点则分别为节点 d、e 和 f，e 节点的分布函数 $f(e,t)$ 可由下述式子来进一步计算求得

$$f(e,t) = f^{\text{eq}}(e,t) + f^{\text{neq}}(e,t) \qquad (2\text{-}57)$$

采用式（2-58）可代替平衡态部分

$$f^{\text{eq}}(e,t) = \overline{f}^{\text{eq}}(e,t) \qquad (2\text{-}58)$$

式（2-59）则可代替非平衡态部分

$$f^{\text{neq}}(e,t) = f^{\text{neq}}(b,t) = f(b,t) - f^{\text{eq}}(b,t) \qquad (2\text{-}59)$$

大量实验研究表明，非平衡外推格式相比于其他边界条件处理格式，在时间和空间上都具有二阶精度且具有很好的数值稳定性，优势明显。

4. 不同系统间的转换

针对实际物理问题，可采用两种不同的思路进行模拟分析[103,104]：①借助实际物理单位；②对实际流场的物理单位进行转化，改为格子单位，经 LBM 方法模拟计算后，再将其变换为物理单位。思路②是我们比较常用的模拟分析方法。需要明确的是，思路方法不同，系统间的转

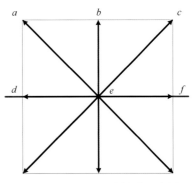

图 2-32 非平衡外推格式示意图

换方法也会相应的有所区别，但整体还需遵循一定的转换原则：一是模拟前后的系统必须具有可代替性；二是计算结果必须一定程度上可真实反映现实情况。基于上述说明，我们在本节中的研究则采用无量纲转换方法。

具体的无量纲单位转换方法如下：

（1）根据特定参数实施模拟前后系统的转换。

（2）基于离散空间步长和离散时间步长的选取，将无量纲系统转换成时空离散系统。

具体的转换方法，共分为两个步骤：

1）模拟前后系统的变换

首先定义特征长度 l_p，同时定义在特征长度内流体运移所需花费的时间为特征时间 t_p，最后作无量纲处理：

$$t_d = \frac{t}{t_p}, \quad l_d = \frac{l}{l_p} \tag{2-60}$$

式中，t 和 l 分别为时间和长度；t_d 和 l_d 分别为无量纲系统对应的时间和长度。

2）无量纲系统向时空离散系统的转换

由离散单元个数 N 决定作为参考长度的离散空间步长 Δx，$\Delta x = 1/N$；而由迭代次数 N_{iter} 决定作为参考时间的离散时间步长 Δt，$\Delta t = 1/N_{iter}$。

2.4.2　溶质对流–扩散过程的 LBM 模拟方法

溶质在孔隙、裂隙空间的扩散为分子扩散与对流诱导下弥散的结合，即对流–扩散耦合。因此，为实现溶质对流–扩散过程的有效模拟与再现，前人基于上述 LBM 理论通过建立两套独立的格子系统（渗流系统和扩散系统）发展了相应的溶质对流–扩散过程 LBM 模拟方法，具体如下：

当不考虑分子的吸附/解吸作用时，溶质在裂隙空间的输运过程模拟，可采用格子玻尔兹曼方法对对流–扩散方程进行求解：

$$\frac{\partial C(x,t)}{\partial t} + \nabla \cdot \left[C(x,t)u(x,t) \right] = D\nabla^2 C(x,t) \tag{2-61}$$

式中，$C(x, t)$ 为时间为 t 时位置 x 处溶质的浓度；D 为溶质有效弥散系数；$u(x, t)$ 为位置 x 处的流体流速。

采用 Chapman-Enskog 理论对其展开，可得二阶精度下的 N-S 方程：

$$\frac{\partial u(x,t)}{\partial t} + \nabla \cdot \left[u(x,t)u(x,t) \right] = -\frac{1}{\rho(x,t)}\nabla p(x,t) + \mu\nabla^2 u(x,t) + a(x,t) \tag{2-62}$$

式中，$p(x, t)$ 为流体压力；$\rho(x, t)$ 为流体密度；μ 为流体运动黏度系数；$a(x, t)$ 为流体加速度。

在 LBM 模拟框架下，为真实模拟分子运动过程，将物理系统有效转换为格子系统，将物理空间 D_p 离散为步长为 δ_x 的规则格子，将时间 t 离散为步长为 δ_t

的序列，将速度分解为向量集 $\{\vec{c}_i\}$，且 $\vec{c}_i\delta_t$ 等于相邻两格点的距离以确保分子在一个时间步长内可准确达到下一个相邻格点。在采用 LBM 方法模拟溶质对流–扩散过程时，采用两组偏微分方程：一组用来求解流体动力学行为；另一组描述溶质扩散浓度的变化特征。二者的演化过程满足具有单一松弛时间的格子玻尔兹曼方程：

$$J_i\left(x+\vec{c}_i\delta_t,t+\delta_t\right)-J_i\left(x,t\right)=-\frac{1}{\tau_J}\left[J_i\left(x,t\right)-J_i^{eq}\left(x,t\right)\right] \tag{2-63}$$

式（2-63）可作为渗流场和溶质扩散浓度场在不同时间和位置处的格子演化方程，此时 J 可分别取 f 或 g（其中，f 表示流体的平衡分布函数，g 表示气体的平衡分布函数）。依据式（2-63）中无量纲松弛时间 τ_J 所对应的渗流场无量纲松弛时间 τ_f 和浓度扩散场无量纲松弛时间 τ_g，可分别得到宏观流体运动黏滞系数 ϖ 和有效分子扩散系数 D_m 如下：

$$\varpi=\left(\tau_f-0.5\right)\frac{\delta_x^2}{3\delta_t},\quad D_m=\left(\tau_g-0.5\right)\frac{\delta_x^2}{3\delta_t} \tag{2-64}$$

为获取流体渗流和溶质扩散的控制方程，将渗流场的 D2Q9 格子模型离散速度 $\vec{c}_i$ 和浓度场中的 D2Q5 格子模型离散速度 $\vec{c}_j$ 分别定义为

$$\vec{c}_i=c\times\begin{cases}(0,0),&i=0\\(\cos\theta,\sin\theta),&i=1,2,3,4\\\sqrt{2}(\cos\theta,\sin\theta),&i=5,6,7,8\end{cases}\quad\vec{c}_j=c\times\begin{cases}(0,0),&j=0\\(\cos\theta,\sin\theta),&j=1,2,3,4\end{cases} \tag{2-65}$$

式中，$c=\delta_x/\delta_t$。

依据格子 Boltzmann-BGK 模型，式（2-63）中的平衡分布函数 $J_i^{eq}\left(\vec{x},t\right)$ 可由式（2-66）和式（2-67）构建：

$$f_i^{eq}\left(\vec{x},t\right)=\omega_i\rho\left(x,t\right)\left[1+3\frac{\vec{c}_i\vec{u}}{c^2}+\frac{9\left(\vec{c}_i\vec{u}\right)^2}{2c^4}-\frac{3u^2}{2c^2}\right] \tag{2-66}$$

$$g_j^{eq}\left(x,t\right)=\omega_jC\left(x,t\right)\left(1+\frac{\vec{e}_ju_g}{c_s^2}\right) \tag{2-67}$$

式中，ω_i 为格子模型权重系数。对于本书采用的 D2Q9 格子模型，由于对称原因，权重分配遵循 $\omega_0=4/9$，$\omega_{1-4}=1/9$，$\omega_{5-8}=1/36$，而 D2Q5 格子模型的权重分配需要遵循 $\omega_0=1/3$，$\omega_{1-4}=1/6$，且两者均要满足 $\sum\omega_i=\sum\omega_j=1$。$i$ 和 j 不同，表示该质点在模型中向其他几个离散方向运移的质量密度与浓度不同（图 2-33）。

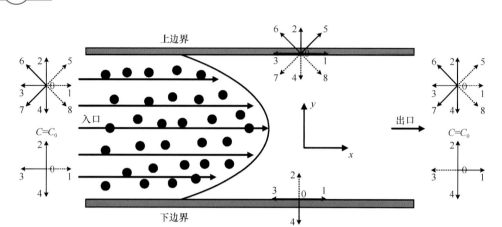

图 2-33 耦合对流–弥散方程的格子玻尔兹曼模型示意图及边界处理

那么，流体局部速度函数 u_f、溶质扩散速度函数 u_g、溶质浓度 C 和流体密度 ρ 可由下式计算得到：

$$\rho(x,t)=\sum_{i=0}^{8}f_i, \quad u_f=\frac{\sum\limits_{i=0}^{8}f_i\vec{e}_i}{\rho}, \quad C(x,t)=\sum_{j=0}^{4}g_j, \quad u_g=\frac{\sum\limits_{j=0}^{4}g_j\vec{e}_j}{C} \tag{2-68}$$

由于裂隙几何形状的高度不规则性，几乎不存在流体的净运动。因此，在固体空隙界面处的边界条件可以采用物理上近似无滑移边界条件。为了简单且不失一般性，我们在流动模拟中使用了完整的反弹方案，与上下两个固体边界相接触的粒子直接做反弹处理：

$$g_2(x,t+\delta_t)=g_4(x,t)$$
$$f_{4,7,8}(x,t+\delta_t)=f_{2,5,6}(x,t) \tag{2-69}$$

在本次数值模拟中，$Re<1$ 以保证层流，它与 Pe 数之间满足 $Re=Pe\times D_m/\mu$，对于裂隙介质模型，考虑到数值精度，我们将程序的收敛判定条件设定为

$$\frac{\left|\langle C(x,t)\rangle-\langle C(x,t-50\delta_t)\rangle\right|}{\langle C(x,t)\rangle}\leq 10^{-10} \tag{2-70}$$

式中，$\langle\cdots\rangle$ 表示期望；$C(x,t)$ 为出口处溶质的浓度。当满足以上条件时，即可认为达到溶质对流–弥散过程达到了稳定状态并终止迭代。

基于上述 LBM 数值模拟理论与方法，并结合相应研究内容，我们在 Palabos 开放源代码（开源软件）的基础上进行了 C++ 语言二次开发，从而实现了相应研究内容的数值模拟研究工作。

2.4.3 分子动力学模拟方法

近些年,随着科学技术的发展及计算机软硬件的提升,数值模拟技术成为研究微尺度下甲烷吸附的主要技术手段。而分子动力学(molecular dynamics,MD)凭借其直观性和易操作性被广泛应用于煤中瓦斯吸附和解吸动力学研究中[108,109],极大推进了煤中瓦斯吸附机理的研究。

1. 力场简述

分子的总能量为动能与势能的和,分子的势能通常可表示为简单的几何坐标的函数[110]。例如,可将双原子分子 AB 的振动势能表示为 A 与 B 间键长的函数,即

$$U(r) = \frac{1}{2}k(r - r^0)^2 \tag{2-71}$$

式中,k 为弹力常数;r 为键长;r^0 为 AB 的平衡键长。这样以简单数学形式表示的势能函数成为力场(force field)。经典力学的计算以力场为依据,力场的完备与否决定计算的正确程度。复杂分子的总势能一般可分为各类势能的和,这些类型包括:总势能 = 非键结势能 + 键伸缩势能 + 键角弯曲势能 + 二面角扭曲势能 + 离平面振动势能 + 库仑静电势能。

势能项习惯上以符号表示为

$$U = U_{\text{nb}} + U_{\text{b}} + U_{\theta} + U_{\phi} + U_{\chi} + U_{\text{el}} \tag{2-72}$$

2. 力场一般式

计算非键结作用,通常将原子视为位于其原子核坐标的一点。一般力场中最常见的非键结势能形式为 Lennard-Jones(L-J)势能。此种势能又称为 12-6 势能,其数学式为[111]

$$U(r) = 4\varepsilon \left[\left(\frac{\sigma}{r} \right)^{12} - \left(\frac{\sigma}{r} \right)^{6} \right] \tag{2-73}$$

式中,r 为原子对间的距离;ε 与 σ 为势能参数,因原子的种类而异。

图 2-34 为 L-J 势能曲线,其势能的最低点位于 $r = 2^{1/6}\sigma$ 处,ε 为由最低点至势能为 0 的差。故 σ 的大小反映原子间的平衡距离,而 ε 的大小则反映出势能曲线的深度。L-J 势能中,r^{-12} 项为排斥项,r^{-6} 项为吸引项,当 r 很大时,L-J 势能趋于零,这表示当原子对距离很远时,彼此间已无非键结作用。通常两种不同原子间的 L-J 作用常数采用式(2-74)计算[112]:

$$\sigma_{AB} = \frac{1}{2}(\sigma_A + \sigma_B) \qquad (2\text{-}74)$$

$$\varepsilon = \sqrt{\varepsilon_A \varepsilon} \qquad (2\text{-}75)$$

式中，A、B 表示两种不同的原子。

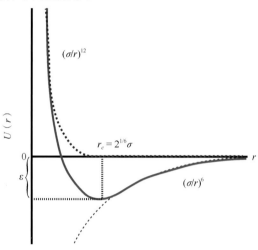

图 2-34　L-J 势能曲线

3. 蒙特卡罗模拟方法

分子模拟技术中的蒙特卡罗模拟方法又被称为统计模拟方法，是一种以概率统计理论为核心的数值计算方法。巨正则蒙特卡罗模拟方法是指在巨正则系综（grand canonical ensemble）的前提下进行的蒙特卡罗吸附模拟，即在模拟过程中保证系统的温度（T）、化学势（μ）和体积（V）均不变[113,114]。该方法允许系统内吸附质分子的浓度有涨落，即吸附质分子个数不是守恒量，吸附过程对吸附剂孔隙中的吸附质分子来说为一敞开系统，孔内的吸附质分子可以进行物质和能量的交换。据统计力学理论，巨正则系综的巨配分函数为[115]

$$E(\mu, V, T) = \sum_{N=0}^{\infty} \frac{\exp(\mu N / k_B T) V^N}{\Lambda^{3N} N!} \int \exp\left[-U(s^N)/k_s T\right] \mathrm{d}s^N \qquad (2\text{-}76)$$

式中，N 为体系中的粒子数；Λ 为粒子的德布罗意（de Broglie）波长；k_B 为玻尔兹曼常数；s 为体系中的分子的位置矢量；μ 为化学势；U 为体系中吸附质分子间的总势能，其相应的概率密度为

$$N_{\mu VT}\left(s^N; N\right) \propto \frac{\exp(\beta \mu N) V^N}{\Lambda^{3N} N!} \exp\left[-\beta U\left(s^N\right)\right] \qquad (2\text{-}77)$$

式中，β 为扩散系数随时间的衰减系数，s^{-1}。

在巨正则蒙特卡罗模拟时，对体系内粒子进行抽样，判断粒子每次移动、插入或者删除的过程中，体系内的分子构型是否可以被接受[116]。

（1）粒子移动后新体系（s'）被接受的概率：

$$P(s \rightarrow s') = \min\left(1, \exp\left\{-\beta\left[U(s'^N) - U(s^N)\right]\right\}\right) \qquad (2\text{-}78)$$

（2）粒子插入后新体系被接受的概率：

$$P(N \rightarrow N+1) = \min\left(1, \frac{V}{\Lambda^3(N+1)}\exp\left\{\beta\left[\mu - U(N+1) + U\right)\right]\right\}\right) \qquad (2\text{-}79)$$

（3）粒子删除后新体系被接受的概率：

$$P(N \rightarrow N-1) = \min\left(1, \frac{\Lambda^3 N}{V}\exp\left\{-\beta\left[\mu + U(N-1) - U(N)\right]\right\}\right) \qquad (2\text{-}80)$$

在巨正则蒙特卡罗模拟时，判断新构型是否被接受是计算的核心部分，在模拟气体在煤储层孔隙结构中的吸附行为时，根据尝试移动气体分子后体系的能量变化，判断该状态下体系中粒子移动、插入和删除的接受情况。在经过足够多次数的移动、插入和删除尝试后，当体系能量达到最低时，统计体系内的粒子数和能量等，即可获得气体的吸附特性[117]。

2.5　流体渗流基本理论

作为表征多孔介质传导流体能力的物理参数，渗透率常被用于评价煤储层渗透性强弱的关键指标。因此，有效预测渗透率对精确描述煤储层中煤层气运移行为具有重要的实际意义。

2.5.1　达西定律

通过分析大量实验资料，法国工程师达西发现渗流量 q 与垂直于水流方向的截面积 A 及水头差 Δh 是一种正比关系，而与断面间距 l 形成了一种反比关系，具体如式（2-81）所示：

$$q = kA\frac{\Delta h}{l} = kAi \qquad (2\text{-}81)$$

式中，i 为水力梯度，$i = \Delta h/l$；k 为渗透系数。

与此同时，又有研究表明，达西定律成立的条件是流体流动必须为层流，即雷诺数 $Re \leqslant 1$。基于这一认识，达西定律现已广泛应用于煤储层渗透率的预测工作中[118-121]。

2.5.2　立方定律及其衍生模型

鉴于单条裂隙的基础性及代表性作用，同时为了简化而不失一般性，学者们最初以单裂隙为研究对象，基于水流行为实验研究，提出了平行板模型的立方定律，如式（2-82）所示：

$$Q = \frac{\rho g \delta^3 W}{12v} \cdot \frac{\Delta H}{L} \tag{2-82}$$

式中，ρ 为密度；g 为重力加速度；δ 为裂隙开度；v 为黏滞系数；L 为裂隙长度；ΔH 为平行板模型的外包高度；W 为平行板厚度。

在具体应用中发现，立方定律无法有效预测自然粗糙裂隙的渗透率，其主要原因为基于光滑直管裂隙假设的立方定律未考虑端面粗糙几何对流体运移的削弱效应。

经研究表明，端面粗糙几何形貌除了对开度产生影响外，还会引入曲折流现象，这种曲折效应对微裂隙流来说阻碍作用巨大，进而导致经典立方定律无法准确预测裂隙渗透率。为此，学者们开始致力于经典立方定律的修正研究或新预测模型的构建研究。Zhang 等[122] 研究发现，粗糙裂隙的有效渗透率满足 $K \sim \langle \delta \rangle^\beta$ 的幂率关系，其中 β 为描述端面粗糙度的一个独立参数，在 2 到 6 之间变化。German 和 Joel[123] 基于对有效开度的新定义提出了一种渗透率的渐近表达式。随后，Madadi 等[124] 对比研究结果表明，对于粗糙裂隙来说，仅仅通过一个单一的平均开度来预测渗透率并非值得完全信赖。同时，Murata 和 Saito[125] 指出，水文弯曲度研究影响粗糙裂隙的流动性能。Talon 等[126] 通过扩展瓶颈效应提出了一种有效渗透率模型，随后通过研究认为基于粗糙度与最小开度的比，在不同观测区域渗透率应由不同的缩放定律来定量描述。

以上研究表明，自仿射粗糙裂隙的渗透率可被表示为一种平均开度的幂律模型，其中幂指数为依赖于赫斯特指数的函数[127]。然而，关于幂指数的明确定义表达式并没有被提出，主要原因则归结于裂隙端面几何对流体运移实际影响的认识缺失。

基于这一认知，Jin 等[13] 系统分析了端面几何粗糙效应，并将其剖分为局部稳态粗糙效应、端面曲折效应以及水文弯曲效应三类。基于此，立方定律被修正为三重效应模型。随后，依据自仿射端面几何的尺度效应，三重效应模型被进一步改写为分形尺度形式，即分形三重效应裂–渗方程。同时，理论分析结果表明三重效应模型可实现对现有模型的广义概化，其有效性经一系列的数值模拟研究也被得到了进一步证实[128-131]。

然而，如前所述，开度的非均一分布将引发流体运移的曲折及绕流现象[132-135]，这严重影响裂隙的输运属性[126]。尽管前人先后提出了不同的渗透率预测模型，但均未从储层物性结构本身对裂隙流的控制机理入手，因而造成煤层气运移规律认识不清的尴尬局面，导致理论解析结果与实验测试结果产生较大的偏差。

此外，也有学者[136-144]为了避开端面几何对流体运移的多重影响，采用了局部立方定律的方法对裂隙渗透率进行了预测。如前所述，因开度在裂隙走向上并非一固定值，故立方定律无法有效预测粗糙裂隙的渗透率。基于这一认识，如果采取某种方式来获取可用于立方定律的平均开度，那么在此基础上将仍可借助立方定律来计算通过裂隙模型的流量[139]。然而，这种开度量测的方法众多，大致可分为四类（图2-35）：①将竖直方向上裂隙上下端面的距离作为开度的量测结果；②量取流体发生局部流动的法线方向上裂隙壁面间的距离[137]；③以上下端面的中线点为圆心，作与上下表面相切的圆，圆的直径即为裂隙开度[145]；④量取裂隙上下局部趋势面间的垂直距离[138]。

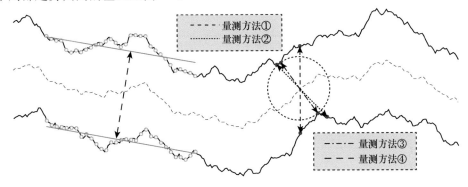

图 2-35　开度量测方法示意图

尽管局部立方定律的发展扩展了立方定律的应用，但同时也引入了一些不确定性，如裂隙测量尺寸的确定以及裂隙开度的选择等[146]，这就导致了局部立方定律在预测裂隙渗透率方面的操作复杂性及由参数获取方法的差异所产生的精度误差。

2.5.3　局部立方定律

立方定律及其相关修正模型基于开度沿整个裂隙上是相近的假设基础上，可以采用一个值代表整体裂隙的开度。实际上，由于长期地质作用的影响，裂隙在不同位置处的开度可能存在差异，如果继续采用统一的裂隙开度评估裂隙渗透率则可能使评估结果产生偏差。为解决开度不同的裂隙的渗透率的估算难题，学者提出将裂隙分割成首尾相接的裂隙片段，在每片段上应用立方定律，根据以下关系可以计算裂隙的渗透率：首先，对于二维裂隙根据质量守恒可得流经各片段的流量相同。各片段裂隙的长度相加等于裂隙的整体长度。其次，各片段两端的压力差的和等于裂隙整体的压力差，结合这些关系可以推导出裂隙的等效水力隙宽 b_e（等效水力隙宽也称等效水力开度）如下：

$$b_e = \frac{l}{\sqrt[3]{\sum_{i=1}^{n}\frac{l_i}{b_i^3}}}$$ (2-83)

式中，l_i、b_i 分别为第 i 段裂隙的长度和开度；l 为整个裂隙长度；n 为裂隙被划分的片段数量，通过等效水力隙宽结合立方定律可计算裂隙的渗透率。该方法通过在每个裂隙片段上应用立方定律，进而计算裂隙整体的渗透率，因此被称为局部立方定律[99,140,144,147]。

局部立方定律的一个使用局限也就是使用的假设条件，即分段裂隙被视为一个平板模型。然而由于粗糙和流体惯性的原因，流体粒子的局部速度会偏离假设的抛物线形状[13]。因此学者采用大量的研究来探寻局部立方的使用条件和范围，主要包含了粗糙裂隙的形貌条件以及流体动力学的条件，即开度与长度的比值远小于1[48,148]，雷诺数要小于1以保证流体运移过程中可以忽略惯性力的影响[100]。

2.5.4　Kozeny-Carman 方程

在众多评估多孔材料渗透率的计算模型中，最为著名的是由 Kozeny[149] 于 1927 年首次提出，并由 Carman[150,151] 修正的 Kozeny-Carman（K-C）方程，如式（2-84）所示。K-C 方程不仅在地下渗流、油气田开采等众多领域广泛应用，也是很多渗透率修正模型的基本参考依据[120,152-154]。K-C 方程中影响渗透率的主要参数有多孔介质的孔隙度、比表面积和弯曲度，K-C 方程直接建立了渗透率与孔隙度的关系，为渗透率的计算提供了简便的方法。K-C 方程中 K-C 常数是一个半经验常数，众多学者[153,155,156] 虽对 K-C 常数进行了具体的研究和修正，但对多孔介质材料渗流特性的认识还远远不够。渗透率和多孔介质物性参数之间的关系以及 K-C 常数的确定仍然需要更为深入的研究。

$$K = \frac{1}{C} \cdot \frac{\phi^3}{S^2 \tau^2}$$ (2-84)

式中，K 为多孔介质的渗透率；C 为孔渗常数；S 为比表面积；τ 为水文弯曲度；ϕ 为多孔介质的孔隙度。从该式可以直观发现多孔介质的渗透率与孔隙度的三次方成正比关系。

2.6　小结

本节主要介绍了分形现象的本质内涵以及在传统分形理论局限性上发展起来

的分形拓扑理论体系，该体系基于以往提出的"狭义分形拓扑"和"广义分形拓扑"，重新对尺度不变参数进行了扩展并赋予其严格数学定义，包括缩放覆盖率 F、缩放间隙度 P、缩放行为 B、分形行为 Ω、分形拓扑集 Ω_{set}。在此基础上，厘清了统计分形/精确分形、多分形/单分形、自仿射/自相似/自相同三种尺度不变类型的本质内涵，甄别了它们之间的内在联系与递进关系，实现了分形从定性层面向定量层面的过渡。与此同时，以分形拓扑理论体系为依托，提出分形集的概念 $\mathcal{F}(\mathcal{C}_O, \mathcal{C}_B)$，厘清原始复杂性 $\mathcal{C}_O$ 和行为复杂性 $\mathcal{C}_B$ 之间的"纲领"关系，明确界定了任意分形对象中的复杂类型及其组构机制，并提出多孔介质中复杂类型的等效提取方法，目的是将自然界中看似无序的现象转化为有秩的系统，为后续对其的精细描述提供开放数学框架。在此基础上，详细介绍了 VOF、PFM、LBM、PNM 四种多相态传质过程细观重构方法，以及达西定律、立方定律、K-C 方程等有效预测渗透率的数值模型。

参考文献

[1] Mandelbrot B B. How long is the coast of Britain? Statistical self-similarity and fractional dimension. Science, 1967, 156(3775): 636-638.

[2] Mandelbrot B B. The fractal geometry of nature. New York: William Hazen Freeman and Company, 1983.

[3] Mandelbrot B B. Stochastic models for the Earth's relief, the shape and the fractal dimension of the coastlines, and the number-area rule for islands. Proceedings of the National Academy of Sciences of the United States of America, 1975, 72(10): 3825-3828.

[4] Turcotte D L. Fractals and Chaos in Geology and Geophysics. Cambridge: Cambridge University Press, 1997.

[5] Bejan A, Lorente S. Constructal theory of generation of configuration in nature and engineering. Journal of Applied Physics, 2006, 100(4): 041301.

[6] Cheng Q M. Singularity theory and methods for mapping geochemical anomalies caused by buried sources and for predicting undiscovered mineral deposits in covered areas. Journal of Geochemical Exploration, 2012, 122: 55-70.

[7] Krohn C E, Thompson A H. Fractal sandstone pores: Automated measurements using scanning-electron-microscope images. Physical Review B, 1986, 33(9): 6366-6374.

[8] Smidt J M, Monro D M. Fractal modeling applied to reservoir characterization and flow simulation. Fractals, 1998, 6(4): 401-408.

[9] Jin Y, Zhu Y B, Li X, et al. Scaling invariant effects on the permeability of fractal porous media. Transport in Porous Media, 2015, 109(2): 433-453.

[10] West G B, Brown J H, Enquist B J. A general model for the origin of allometric scaling laws in biology. Science, 1997, 276(5309): 122-126.

[11] Brown S R, Scholz C H. Broad bandwidth study of the topography of natural rock surfaces. Journal of Geophysical Research, 1985, 90(B14): 12512-12575.

[12] Buzio R, Boragno C, Biscarini F, et al. The contact mechanics of fractal surfaces. Nature Materials, 2003, 2(4): 233-236.

[13] Jin Y, Dong J B, Zhang X Y, et al. Scale and size effects on fluid flow through self-affine rough fractures. International Journal of Heat and Mass Transfer, 2017, 105: 443-451.

[14] Stanley H E, Meakin P. Multifractal phenomena in physics and chemistry. Nature, 1988, 335(6189): 405-409.

[15] Zhang X, Li N, Gu G C, et al. Controlling molecular growth between fractals and crystals on surfaces. ACS Nano, 2015, 9(12): 11909-11915.

[16] Mandelbrot B B, Passoja D E, Paullay A J. Fractal character of fracture surfaces of metals. Nature, 1984, 308(5961): 721-722.

[17] Jonkers A R T. Long-range dependence in the Cenozoic reversal record. Physics of the Earth & Planetary Interiors, 2003, 135(4): 253-266.

[18] Gneiting T, Schlather M. Stochastic models that separate fractal dimension and the Hurst effect. SIAM Review, 2004, 46(2): 269-282.

[19] Schlager W. Fractal nature of stratigraphic sequences. Geology, 2004, 32(3): 185-188.

[20] Dubuc B, Quiniou J F, Roques-Carmes C, et al. Evaluating the fractal dimension of profiles. Physical Review A, 1989, 39(3): 1500-1512.

[21] Bailey R J, Smith D G. Quantitative evidence for the fractal nature of the stratigraphie record: Results and implications. Proceedings of the Geologists' Association, 2005, 116(2): 129-138.

[22] Koutsoyiannis D. Climate change, the Hurst phenomenon, and hydrological statistics. International Association of Scientific Hydrology Bulletin, 2003, 48(1): 3-24.

[23] Montanari A, Rosso R, Taqqu M S. A seasonal fractional ARIMA model applied to the Nile River monthly flows at Aswan. Water Resources Research, 2000, 36(5): 1249-1259.

[24] Ashkenazy Y, Ivanov P C, Havlin S, et al. Magnitude and sign correlations in heartbeat fluctuations. Physical Review Letters, 2001, 86(9): 1900-1903.

[25] Popescu D P, Flueraru C, Mao Y, et al. Signal attenuation and box-counting fractal analysis of optical coherence tomography images of arterial tissue. Biomedical Optics Express, 2010, 1(1): 268-277.

[26] Adler P M, Thovert J. Real porous media: Local geometry and macroscopic properties. Applied Mechanics Review, 1998, 51(9): 537-585.

[27] Bonnet E, Bour O, Odling N E, et al. Scaling of fracture systems in geological media. Reviews of Geophysics, 2001, 39(3): 347-383.

[28] Cheng Q M. Non-linear theory and power-law models for information integration and mineral resources quantitative assessments. Mathematical Geosciences, 2008, 40(5): 503-532.

[29] Thovert J F, Wary F, Adler P M. Thermal conductivity of random media and regular fractals. Journal of Applied Physics, 1990, 68(8): 3872-3883.

[30] Li G X, Moon F C. Fractal basin boundaries in a two-degree-of-freedom nonlinear system. Nonlinear Dynamics, 1990, 1(3): 209-219.

[31] He Z L. Integer-dimensional fractals of nonlinear dynamics, control mechanisms, and physical implications. Scientific Reports, 2018, 8: 10324.

[32] 陈颙, 陈凌. 分形几何学. 2 版. 北京: 地震出版社, 2005.

[33] Mandelbrot B B. Self-affine fractals and fractal dimension. Physica Scripta, 1985, 32(4): 257-260.

[34] 陈颙. 分形几何学. 北京: 地震出版社, 1998.

[35] Mandelbrot B B. Multifractal measures, especially for the geophysicist. Fractals in Geophysics, 1989, 131(1-2): 5-42.

[36] Friesen W I, Mikula R J. Fractal dimensions of coal particles. Journal of Colloid and Interface Science, 1987, 120(1): 263-271.

[37] Tyler S W, Wheatcraft S W. Fractal processes in soil water retention. Water Resources Research, 1990, 26(5): 1047-1054.

[38] Cheng Q M, Agterberg F P. Singularity analysis of ore-mineral and toxic trace elements in stream sediments. Computers & Geosciences, 2009, 35(2): 234-244.

[39] Zuo R G, Agterberg F P, Cheng Q M, et al. Fractal characterization of the spatial distribution of geological point processes. International Journal of Applied Earth Observation and Geoinformation, 2009, 11(6): 394-402.

[40] Wheatcraft S W, Tyler S W. An explanation of scale-dependent dispersivity in heterogeneous aquifers using concepts of fractal geometry. Water Resources Research, 1988, 24(4): 566-578.

[41] Yu B M, Li J H. Some fractal characters of porous media. Fractals, 2001, 9(3): 365-372.

[42] Katz A J, Thompson A H. Fractal sandstone pores: Implications for conductivity and pore formation. Physics Review Letters, 1985, 54(12): 1325-1328.

[43] Wheatcraft S W, Cushman J H. Hierarchical approaches to transport in heterogeneous porous media. Reviews of Geophysics, 1991, 29(S1): 263-269.

[44] Molz F J, Rajaram H, Lu S L. Stochastic fractal-based models of heterogeneity in subsurface hydrology: Origins, applications, limitations, and future research questions. Reviews of Geophysics, 2004, 42(1): RG1002.

[45] Gaci S. A new method for characterizing heterogeneities from a core image using local Hölder exponents. Arabian Journal of Geosciences, 2013, 6(8): 2719-2726.

[46] Yao Y B, Liu D M, Tang D Z, et al. Fractal characterization of adsorption-pores of coals from North China: An investigation on CH_4 adsorption capacity of coals. International Journal of Coal Geology, 2008, 73(1): 27-42.

[47] Angulo R F, Alvarado V, Gonzalez H. Fractal dimensions from mercury intrusion capillary tests// SPE LatinAmerica and Caribbean Petroleum Engineering Conference, Caracas, 1992.

[48] 傅雪海, 秦勇, 张万红, 等. 基于煤层气运移的煤孔隙分形分类及自然分类研究. 科学通报, 2005, 50(S1): 51-55.

[49] Pfeifer P, Wu Y J, Cole M W, et al. Multilayer adsorption on a fractally rough surface. Physical Review Letters, 1989, 62(17): 1997-2000.

[50] 谢卫东, 王猛, 王华, 等. 海陆过渡相页岩气储层孔隙多尺度分形特征. 天然气地球科学, 2022, 33(3): 451-460.

[51] Peitgen H O, Jürgens H, Saupe D, et al. Chaos and Fractals: New Frontiers of Science. Berlin: Springer, 2004.

[52] Cardenas N, Kumar S, Mohanty S. Dynamics of cellular response to hypotonic stimulation revealed by quantitative phase microscopy and multi-fractal detrended fluctuation analysis. Applied Physics Letters, 2012, 101(20): 203702.

[53] Xu P. A discussion on fractal models for transport physics of porous media. Fractals, 2015, 23(3): 1530001.

[54] Li T L, Park K. Fractal analysis of pharmaceutical particles by atomic force microscopy. Pharmaceutical Research, 1998, 15(8): 1222-1232.

[55] Arneodo A, Vaillant C, Audit B, et al. Multi-scale coding of genomic information: From DNA sequence to genome structure and function. Physics Reports, 2011, 498(2-3): 45-188.

[56] Bhaduri A, Ghosh D. Quantitative assessment of heart rate dynamics during meditation: An ECG based study with multi-fractality and visibility graph. Frontiers in Physiology, 2016, 7: 44.

[57] Song H B, Nie S S, Jin Y, et al. Characterization of behavioral complexity in marine trace fossils and its paleoenvironmental significance: A case study of Zoophycos. Fractals, 2021, 29(5): 2150119.

[58] Li W, Liu H F, Song X X. Multifractal analysis of Hg pore size distributions of tectonically deformed coals. International Journal of Coal Geology, 2015, 144-145: 138-152.

[59] Xie S Y, Cheng Q M, Xing X T, et al. Geochemical multifractal distribution patterns in sediments from ordered streams. Geoderma, 2010, 160(1): 36-46.

[60] Guadagnini A, Neuman S P, Riva M. Numerical investigation of apparent multifractality of samples from processes subordinated to truncated fBm. Hydrological Processes, 2012, 26(19): 2894-2908.

[61] Eke A, Herman P, Bassingthwaighte J, et al. Physiological time series: Distinguishing fractal noises from motions. Pflügers Archiv-European Journal of Physiology, 2000, 439(4): 403-415.

[62] Halsey T C, Jensen M H, Kadanoff L P, et al. Fractal measures and their singularities: The characterization of strange sets. Physical Review A, 1986, 33(2): 1141-1151.

[63] Cheng Q M. Multifractality and spatial statistics. Computers & Geosciences, 1999, 25(9): 949-961.

[64] Chhabra A B, Meneveau C, Jensen R V, et al. Direct determination of the $f(\alpha)$ singularity spectrum and its application to fully developed turbulence. Physical Review A, 1989, 40(9): 5284-5294.

[65] Benzi R, Paladin G, Parisi G, et al. On the multifractal nature of fully developed turbulence and chaotic systems. Journal of Physics A: Mathematical and General, 1984, 17(18): 3521-3531.

[66] Kantelhardt J W, Zschiegner S A, Koscielny-Bunde E, et al. Multifractal detrended fluctuation analysis of nonstationary time series. Physica A: Statistical Mechanics and its Applications, 2002, 316(1-4): 87-114.

[67] Muzy J, Bacry E, Arneodo A. Wavelets and multifractal formalism for singular signals: Application to turbulence data. Physical Review Letters, 1991, 67(25): 3515-3518.

[68] Evertsz C J G, Mandelbrot B B. Multifractal measures//Saupe D, Peitgen, H O, Jurgenr H. Chaos and Fractals, New York: Springer Verlag, 1992: 922-953.

[69] Jin Y, Liu X H, Song H B, et al. General fractal topography: An open mathematical framework to characterize and model mono-scale-invariances. Nonlinear Dynamics, 2019, 96(4): 2413-2436.

[70] Jin Y, Wu Y, Li H, et al. Definition of fractal topography to essential understanding of scale-invariance. Scientific Reports, 2017, 7: 46672.

[71] Kumari W G P, Ranjith P G. Sustainable development of enhanced geothermal systems based on geotechnical research-A review. Earth Science Reviews, 2019, 199: 102955.

[72] Ross N, Villemur R, Deschênes L, et al. Clogging of a limestone fracture by stimulating groundwater microbes. Water Research, 2001, 35(8): 2029-2037.

[73] Hadgu T, Karra S, Kalinina E, et al. A comparative study of discrete fracture network and equivalent continuum models for simulating flow and transport in the far field of a hypothetical nuclear waste repository in crystalline host rock. Journal of Hydrology, 2017, 553: 59-70.

[74] Wang L, Tian Y, Yu X Y, et al. Advances in improved/enhanced oil recovery technologies for tight and shale reservoirs. Fuel, 2017, 210: 425-445.

[75] Jin Y, Song H B, Hu B, et al. Lattice Boltzmann simulation of fluid flow through coal reservoir's fractal pore structure. Science China Earth Sciences, 2013, 56(9): 1519-1530.

[76] Zhao M Y, Jin Y, Liu X H, et al. Characterizing the complexity assembly of pore structure in a coal matrix: Principle, methodology, and modeling application. Journal of Geophysical Research: Solid Earth, 2020, 125(12): e2020JB020110.

[77] 魏博, 赵建斌, 魏彦巍, 等. 福山凹陷白莲流二段储层分类方法. 吉林大学学报（地球科学版）, 2020, 50(6): 1639-1647.

[78] Chandra D, Vishal V. A critical review on pore to continuum scale imaging techniques for enhanced shale gas recovery. Earth Science Reviews, 2021, 217: 103638.

[79] Wang Z Y, Jin X, Wang X Q, et al. Pore-scale geometry effects on gas permeability in shale. Journal of Natural Gas Science and Engineering, 2016, 34: 948-957.

[80] Liang J B, Sun Y Y, Lebedev M, et al. Multi-mineral segmentation of micro-tomographic images

using a convolutional neural network. Computers & Geosciences, 2022, 168: 105217.

[81] Yuc K, Yang L, Li R R, et al. TreeUNet: Adaptive tree convolutional neural networks for subdecimeter aerial image segmentation. ISPRS Journal of Photogrammetry and Remote Sensing, 2019, 156: 1-13.

[82] Wang Y D, Blunt M J, Armstrong R T, et al. Deep learning in pore scale imaging and modeling. Earth-Science Reviews, 2021, 215: 103555.

[83] Das S, Patel H V, Milacic E, et al. Droplet spreading and capillary imbibition in a porous medium: A coupled IB-VOF method based numerical study. Physics of Fluids, 2018, 30(1): 012112.

[84] Amiri H A A, Hamouda A A. Evaluation of level set and phase field methods in modeling two phase flow with viscosity contrast through dual-permeability porous medium. International Journal of Multiphase Flow, 2013, 52: 22-34.

[85] Akai T, Blunt M J, Bijeljic B. Pore-scale numerical simulation of low salinity water flooding using the lattice Boltzmann method. Journal of Colloid and Interface Science, 2020, 566: 444-453.

[86] Raeini A Q, Bijeljic B, Blunt M J. Generalized network modeling: Network extraction as a coarse-scale discretization of the void space of porous media. Physical Review E, 2017, 96(1): 013312.

[87] Yin X, Zarikos I, Karadimitriou N K, et al. Direct simulations of twophase flow experiments of different geometry complexities using Volume-of-Fluid (VOF) method. Chemical Engineering Science, 2019, 195: 820-827.

[88] Raeini A Q, Bijeljic B, Blunt M J. Numerical modelling of sub-pore scale events in two-phase flow through porous media. Transport in Porous Media, 2014, 101(2): 191-213.

[89] Welch S W J, Wilson J. A volume of fluid based method for fluid flows with phase change. Journal of Computational Physics, 2000, 160(2): 662-682.

[90] Hirt C W, Nichols B D. Volume of fluid (VOF) method for the dynamics of free boundaries. Journal of Computational Physics, 1981, 39(1): 201-225.

[91] Rackbill J U, Kothe D B, Zemach C. A continuum method for modeling surface tension. Journal of Computational Physics, 1992, 100(2): 333-354.

[92] Scardovelli R, Zaleski S. Direct numerical simulation of free-surface and interfacial flow. Annual Review of Fluid Mechanics, 1999, 31: 567-603.

[93] Gopala V R, Van Wachem B G M. Volume of fluid methods for immiscible-fluid and freesurface flows. Chemical Engineering Journal, 2008, 141(1-3): 204-221.

[94] So K K, Hu X Y, Adams N A. Anti-diffusion method for interface steepening in two-phase incompressible flow. Journal of Computational Physics, 2011, 230(13): 5155-5177.

[95] Rothman D H, Keller J M. Immiscible cellular-automaton fluids. Journal of Statistical Physics,

1988, 52(3/4): 1119-1127.

[96] Ubbink O, Issa R I. A method for capturing sharp fluid interfaces on arbitrary meshes. Journal of Computational Physics, 1999, 153(1): 26-50.

[97] Hong Z J, Viswanathan V. Open-sourcing phase-field simulations for accelerating energy materials design and optimization. ACS Energy Letters, 2020, 5(10): 3254-3259.

[98] He X Y, Luo L S. A priori derivation of the lattice Boltzmann equation. Physical Review E, 1997, 55(6): R6333.

[99] He X Y, Luo L S. Theory of the lattice Boltzmann method: From the Boltzmann equation to the lattice Boltzmann equation. Physical Review E, 1997, 56(6): 6811-6817.

[100] Chen H D, Chen S Y, Matthaeus W H. Recovery of the Navier-Stokes equations using a lattice-gas Boltzmann method. Physical Review A, 1992, 45(8): R5339-R5342.

[101] Qian Y H, d'Humières D, Lallemand P. Lattice BGK models for Navier-Stokes equation. Europhysics Letters, 1992, 17(6): 479-484.

[102] 郭照立, 郑楚光. 格子 Boltzmann 方法的原理及应用. 北京: 科学出版社, 2009.

[103] 陆秋琴. 地下煤矿瓦斯运移数值模拟及积聚危险性评价研究. 西安: 西安建筑科技大学, 2010.

[104] 何雅玲, 王勇, 李庆. 格子 Boltzmann 方法的理论及应用. 北京: 科学出版社, 2009.

[105] Ziegler D P. Boundary conditions for lattice Boltzmann simulations. Journal of Statistical Physics, 1993, 71(5-6): 1171-1177.

[106] Chen S Y, Martinez D, Mei R W. On boundary conditions in lattice Boltzmann methods. Physics of Fluids, 1996, 8(9): 2257-2536.

[107] Guo Z L, Zheng C G, Shi B C. Non-equilibrium extrapolation method for velocity and pressure boundary conditions in the lattice Boltzmann method. Chinese Physics, 2002, 11(4): 366-374.

[108] Kurniawan Y, Bhatia S K, Rudolph V. Simulation of binary mixture adsorption of methane and CO_2 at supercritical conditions in carbons. AIChE Journal, 2006, 52(3): 957-967.

[109] Tolmachev A M, Fomenkov P E, Gumerov M R, et al. Numerical simulation of adsorption equilibria of gases on microporous active carbons. Protection of Metals and Physical Chemistry of Surfaces, 2020, 56(1): 6-9.

[110] 陈正隆, 徐为人, 汤立达. 分子模拟的理论与实践. 北京: 化学工业出版社, 2007.

[111] Yang Y H, Jin Y, Dong J B, et al. Theoretical analysis and numerical simulation of methane adsorption behavior on rough surfaces featuring fractal property. Fuel, 2024, 362: 130884.

[112] 郜世才, 任中俊. 基于蒙特卡洛法的页岩气吸附特性研究. 应用力学学报, 2020, 37(3): 1314-1320.

[113] Adams D J. Grand canonical ensemble Monte Carlo for a Lennard-Jones fluid. Molecular Physics, 1975, 29(1): 307-311.

[114] Gupta A, Chempath S, Sanborn M J, et al. Object-oriented programming paradigms for

molecular modeling. Molecular Simulation, 2003, 29(1): 29-46.

[115] 胡彪. 煤中多尺度孔隙结构的甲烷吸附行为特征及其微观影响机制. 徐州: 中国矿业大学, 2022.

[116] Griebel M, Knapek S, Zumbusch G. Numerical Simulation in Molecular Dynamics: Numerics, Algorithms, Parallelization, Applications. Berlin: Springer, 2010.

[117] 张蒙蒙. 基于巨正则蒙特卡罗统计方法研究石墨烯氢气吸附. 南京: 南京邮电大学, 2023.

[118] 金毅, 宋慧波, 胡斌, 等. 煤储层分形孔隙结构中流体运移格子 Boltzmann 模拟. 中国科学: 地球科学, 2013, 43(12): 1984-1995.

[119] 金毅, 宋慧波, 潘结南, 等. 煤微观结构三维表征及其孔–渗时空演化模式数值分析. 岩石力学工程学报, 2013, 32(S1): 2632-2641.

[120] 金毅, 祝一搏, 吴影, 等. 煤储层粗糙割理中煤层气运移机理数值分析. 煤炭学报, 2014, 39(9): 1826-1834.

[121] Liu W, He C, Qin Y P, et al. Inversion of gas permeability coefficient of coal particle based on Darcy's permeation model. Journal of Natural Gas Science and Engineering, 2018, 50: 240-249.

[122] Zhang X D, Knackstedt M A, Sahimi M. Fluid flow across mass fractals and self-affine surfaces. Physica A: Statistical Mechanics and its Applications, 1996, 233(3-4): 835-847.

[123] German D, Joel K. Permeability of self-affine rough fractures. Physical Review E, 2000, 62(6): 8076-8085.

[124] Madadi M, Vansiclen C D, Sahimi M. Fluid flow and conduction in two-dimensional fractures with rough, self-affine surfaces: A comparative study. Journal of Geophysical Research-Solid Earth, 2003, 108(B8): 2396.

[125] Murata S, Saito T. Estimation of tortuosity of fluid flow through a single fracture. Journal of Canadian Petroleum Technology, 2003, 42(12): 39-45.

[126] Talon L, Auradou H, Hansen A. Permeability estimates of self-affine fracture faults based on generalization of the bottleneck concept. Water Resources Research, 2010, 46(7): W07601.

[127] Madadi M, Sahimi M. Lattice Boltzmann simulation of fluid flow in fracture networks with rough, self-affine surfaces. Physical Review E, 2003, 67(2 Pt 2): 026309.

[128] 金毅, 郑军领, 董佳斌, 等. 自仿射粗糙割理中流体渗流的分形定律. 科学通报, 2015, 60(21): 2036-2047.

[129] Zhu J T, Cheng Y Y. Effective permeability of fractal fracture rocks: Significance of turbulent flow and fractal scaling. International Journal of Heat and Mass Transfer, 2018, 116: 549-556.

[130] Jin Y, Zheng J L, Liu X H, et al. Control mechanisms of self-affine, rough cleat networks on flow dynamics in coal reservoir. Energy, 2019, 189: 116146.

[131] Roslin A, Pokrajac D, Zhou Y F. Permeability upscaling using the cubic law based on the analysis of multiresolution micro computed tomography images of intermediate rank coal.

Energy & Fuels, 2019, 33(9): 8215-8221.

[132] Ahmadi M M, Mohammadi S, Hayati A N. Analytical derivation of tortuosity and permeability of monosized spheres: A volume averaging approach. Physical Review E, 2011, 83(2 Pt 2): 026312.

[133] Cai J C, Yu B M. A discussion of the effect of tortuosity on the capillary imbibition in porous media. Transport in Porous Media, 2011, 89(2): 251-263.

[134] Duda A, Koza Z, Matyka M. Hydraulic tortuosity in arbitrary porous media flow. Physical Review E, 2011, 84(3 Pt 2): 036319.

[135] Matyka M, Khalili A, Koza Z. Tortuosity-porosity relation in porous media flow. Physical Review E, 2008, 78(2 Pt 2): 026306.

[136] Ju Y, Dong J B, Gao F, et al. Evaluation of water permeability of rough fractures based on a self- affine fractal model and optimized segmentation algorithm. Advances in Water Resources, 2019, 129: 99-111.

[137] Ge S M. A governing equation for fluid flow in rough fractures. Water Resources Research, 1997, 33(1): 53-61.

[138] Oron A P, Berkowitz B. Flow in rock fractures: The local cubic law assumption reexamined. Water Resources Research, 1998, 34(11): 2811-2825.

[139] Waite M E, Ge S M, Spetzler H. A new conceptual model for fluid flow in discrete fractures: An experimental and numerical study. Journal of Geophysical Research: Solid Earth, 1999, 104(B6): 13049-13059.

[140] Brush D J, Thomson N R. Fluid flow in synthetic rough-walled fractures: Navier-Stokes, Stokes, and local cubic law simulations. Water Resources Research, 2003, 39(4): 1085.

[141] Nazridoust K, Ahmadi G, Smith D H. A new friction factor correlation for laminar, single-phase flows through rock fractures. Journal of Hydrology, 2006, 329(1-2): 315-328.

[142] Qian J Z, Chen Z, Zhan H B, et al. Experimental study of the effect of roughness and Reynolds number on fluid flow in rough-walled single fractures: A check of local cubic law. Hydrological Processes, 2011, 25(4): 614-622.

[143] 朱红光, 谢和平, 易成, 等. 破断岩体裂隙的流体流动特性分析. 岩石力学与工程学报, 2013, 32(4): 657-663.

[144] Wang L C, Cardenas M B, Slottke D T, et al. Modification of the local cubic law of fracture flow for weak inertia, tortuosity, and roughness. Water Resources Research, 2015, 51(4): 2064-2080.

[145] Mourzenko V V, Thovert J F, Adler P M. Permeability of a single fracture; validity of the reynolds equation. Journal De Physiquee Ⅱ, 1995, 5(3): 465-482.

[146] Berkowitz B. Characterizing flow and transport in fractured geological media: A review. Advances in Water Resources, 2002, 25(8-12): 861-884.

[147] Fischer H B. Mixing in Inland and Coastal Waters. New York: Academic Press, 1979.

[148] Mcnamara G R, Zanctti G. Use of the Boltzmann equation to simulate lattice gas automata. Physical Review Letters, 1988, 61(20): 2332-2335.

[149] Kozeny J. Über kapillare Leitung des Wassers im Boden. Sitzungsberichte der Akademie der Wissenschaften in Wien, 1927, 136: 271.

[150] Carman P C. Fluid flow through granular beds. Transactions-Institution of Chemical Engineeres, 1937, 15: 150-166.

[151] Carman P C. Flow of Gases through Porous Media. London: Butterworths Scientific Publications, 1956.

[152] Kaviany M. Principles of Heat Transfer in Porous Media. New York: Springer-Verlag, 1991.

[153] Cho S H, Colin F, Sardin M, et al. Settling velocity model of activated sludge. Water Research, 1993, 27(7): 1237-1242.

[154] Xu P, Yu B M. Developing a new form of permeability and Kozeny-Carman constant for homogeneous porous media by means of fractal geometry. Advances in Water Resources, 2008, 31(1): 74-81.

[155] Scharifker B, Hills G. Theoretical and experimental studies of multiple nucleation. Electrochimica Acta, 1983, 28(7): 879-889.

[156] Costa A. Permeability-porosity relationship: A reexamination of the Kozeny-Carman equation based on a fractal pore-space geometry assumption. Geophysical Research Letters, 2006, 33(2): L02318.

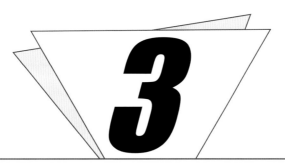

储层孔–裂隙结构表征

3.1 孔隙类型及其界定规则

原始复杂性对孔隙类型的控制在储层定量表征中起着关键作用。首先使用图 3-1所示的一些分形对象来讨论其类型控制，经过仔细研究，我们将缩放对象

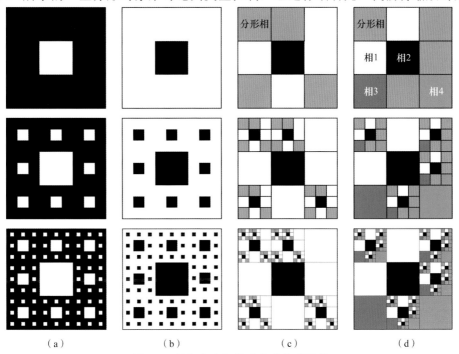

（a）　　　　　　（b）　　　　　　（c）　　　　　　（d）

图 3-1　单相和多相分形多孔介质模型

（a）固相分形模型；（b）孔隙相分形模型；（c）和（d）孔–固多相分形模型

G_0 分解为两部分：① G_+，即父级缩放对象 G_f 中确定相或几何形状的组成区域；② G_-，即父级缩放对象 G_f 中的不确定相或分形相区域。

通过以上讨论发现，原始复杂性主导缩放对象 $G_0(G_+, G_-)$ 的孔隙类型，控制着缩放的相、尺度和类型，但不依赖于分形行为，具体来说：

（1）单相/多相：其中单相分形包括固相分形、孔隙相分形，二者的区别即前者的确定相中仅包含孔隙相，在迭代过程中固体和孔隙尺寸逐渐减小，最后分形区域消失，仅剩孔隙相，此时分形维数为质量分形维 [图 3-1（a）]；反之，后者的确定相中仅存在固相，固体和孔隙尺寸随迭代次数的增加而逐渐减小，最后迭代区域消失，仅剩固相，此时分形维数为孔隙分形维 [图 3-1（b）]。而多相分形的确定相中包含至少两种类型的相 [图 3-1（c）、（d）]。

（2）单尺度/多尺度：确定相中仅包含唯一尺度为单尺度分形，反之为多尺度分形。图 3-2（a）中仅存唯一尺度 l_1，表现为单尺度分形；图 3-2（b）中的分形对象是一种多尺度分形，存在两种不同的尺度，分别为 $l_{1,1}$ 和 $l_{1,2}$。

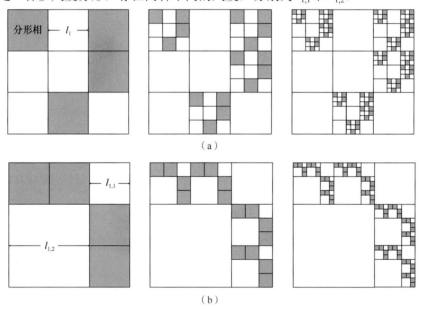

图 3-2　单尺度和多尺度分形多孔介质模型
（a）单尺度分形模型；（b）多尺度分形模型

（3）单类型/多类型：当确定相中同一类型相的几何形态保持一致时表现为单类型分形，如图 3-3（a）所示；反之，当同类型的相呈现出多种不同形态特征时为多类型分形，如图 3-3（b）中的分形即为一种多类型分形对象。

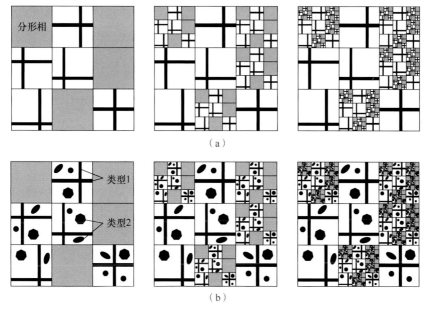

图 3-3 单类型和多类型分形多孔介质模型

（a）单类型分形模型；（b）多类型分形模型

　　当然，缩放对象 $G_0(G_+,G_-)$ 的孔隙类型并非由单一因素所致，而是上述三类因素耦合作用的结果，图 3-4 展示了多相、多尺度、多类型耦合的多孔介质孔隙类型。

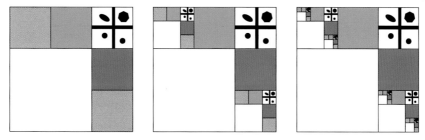

图 3-4 多相、多尺度、多类型分形多孔介质模型

3.2 储层孔-裂隙结构的表征方法

　　多孔介质孔隙分布具有随机性，孔隙形状具有复杂性，准确建立孔隙模型存在很大难度。近年来，随着研究的深入和观测技术手段的发展，单孔隙模型、孔隙网络模型、三维图像重构模型等相继被用于描述多孔介质的孔隙结构以及物理和化学特征。根据目前国内外对储层岩石结构细观重构方法的研究，可将

储层岩石结构的细观重构方法归结为三大类，即概念模型、统计模型和图像重构模型。

概念模型主要用于定性或半定量解释多孔介质的物理和化学特征，常见的有单孔隙模型、毛细管模型等。统计模型与真实孔隙具有良好的相似性，能够半定量或定量解释多孔介质的物理和化学特征，但是服从相同统计规律时可存在多个不同的孔隙模型，即统计模型具有多解性。图像重构模型是最接近实际孔隙结构的一类模型，具有高精度的特点。

3.2.1　概念模型的建立及应用

概念模型是指从多孔介质中抽象出来具有一定代表性的孔隙大小、形状及其分布模型，主要用于定性或半定量解释多孔介质的物理和化学特征。建立概念模型时，根据研究的对象和侧重点不同，将骨架颗粒抽象成圆球状、椭球状等，或将孔喉抽象成管束（管网）状、圆球状等，或以图形学为基础将骨架颗粒和孔隙抽象成不规则形状。

典型的概念模型有单孔隙模型、管束（管网）模型、球状颗粒模型等，如图 3-5 所示。以孔隙空间为描述对象的模型等能够较好地解释扩散、渗流机理，如单孔隙模型和管束（管网）模型。Kozeny[1] 和 Carman[2] 采用毛细管束模型推导出 Kozeny-Carman 方程解释了孔隙度、比表面积和渗透率之间的关系。Civan[3] 运用单孔隙模型描述了多相流和单相流过程中，微粒在孔隙和喉道中的吸附、滞留等行为。Bennion 等 [4] 运用单孔隙模型阐述了低渗透多孔介质两相流过程中饱和度随时间的变化及非润湿相在孔隙中的空间分布。Civan[5] 建立了具有渗透壁的毛细管（束）模型，毛细管之间可以相互渗流，并推导出更合理的孔隙度、水文弯曲度等参数与渗透率之间的关系式。

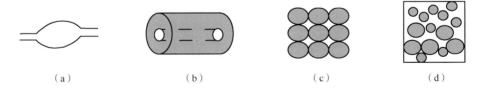

（a）　　　　　　　（b）　　　　　　　（c）　　　　　　　（d）

图 3-5　典型孔隙结构概念模型

（a）单孔隙模型；（b）单管束模型；（c）等径球状颗粒模型；（d）不等径球状颗粒模型

以骨架颗粒为描述对象的概念模型能够解释多孔介质的力学、比表面、吸附行为等物理化学性质，其中最典型的是球状颗粒模型。李传亮等 [6] 采用球状颗粒模型解释了多孔介质双重有效应力原理，认为多孔介质变形存在结构变形和本体变形两种变形机制。Yasuhara 等 [7] 以球状颗粒模型为基础，阐述了在有效应力、流体压力和温度作用下，颗粒的压溶以及溶解物的再沉淀过程。Suri 和 Sharma[8]采用球状颗粒模型解释了在正压差钻完井过程中，钻井完井液中不同粒径粒子的侵入深度，以及内外滤饼粒子的分布情况。

3.2.2 统计模型的建立及应用

在概念模型的指导下，统计模型可以根据少量的二维薄片图像或实验数据，通过分析提取孔隙结构的统计参数，并利用数学与统计方法建立多孔介质模型。孔隙结构参数和骨架颗粒参数可通过薄片观察、压汞法、吸附法、筛析法和沉降法等方法获得。而多孔介质的重构方法有高斯场法[9,10]、模拟退火法[11,12]、序贯指示模拟法[13,14]、过程模拟法[15]、多点地质统计法[16,17]、马尔科夫链蒙特卡罗（Markov Chain Monte Carlo，MCMC）方法[18,19]、机器学习方法[20,21]和几种组合方法[22-24]。相比物理实验法，数值重建法的优点是成本低效率高，而且能够重建不同类型的储层数字岩心。根据建立方法可将统计模型分为三类：统计模拟模型、过程模拟模型和统计分形模型。

1. 统计模拟模型

统计模拟模型是以孔隙结构或骨架颗粒统计规律为基础建立的模型，这类模型与真实孔隙具有良好的相似性。此类模拟方法大多来源于储层建模的地质统计学方法，种类较多，包括高斯场法、模拟退火法、多点地质统计法和 MCMC 方法等。1974 年，Joshi[10] 提出了利用高斯场法建立多孔介质的孔隙模型，该方法采用岩石薄片资料，以孔隙度和相关函数作为约束条件，通过高斯场变换获取孔隙结构模型。1997 年，Hazlett[12] 提出了采用模拟退火算法建立多孔介质的孔隙模型，该算法能够反映更多的岩石信息，从而使所建立的模型与真实多孔介质更接近。Strebelle[25] 提出了利用多点地质统计法（MPS）来进行复杂储层构造的模拟，该方法以岩心切片图像作为训练图像，通过设定模板扫描训练图像获取的条件概率分布确定数据事件，然后再提取这些含有结构特征的数据事件建立数字岩心。

统计模拟模型的建立可分为两步：①获取多孔介质的孔隙结构参数，如孔隙半径、间距、数量、颗粒直径及其统计分布；②以统计参数为约束值采用统计算法建模，如模拟退火法、高斯模拟法等。以模拟退火法为例，首先通过多孔介质图像获取相函数 $z(\vec{r})$ [式（3-1）]、自相关函数 $s(r)$[式（3-3）]、线性路径函数 $L(r)$[式（3-4）]。之后采用模拟退火法使生成的孔隙模型统计参数 (s', L') 逼近图像所得统计参数 (s, L)，直至满足判定条件。

$$z(\vec{r}) = \begin{cases} 1, & \vec{r} \in 孔隙 \\ 0, & \vec{r} \notin 孔隙 \end{cases} \tag{3-1}$$

$$\varphi = z(\vec{r}) \tag{3-2}$$

$$s(r) = z(\vec{r}) \times z(\vec{r} + r) \tag{3-3}$$

$$L(r) = p(\vec{r}, \vec{r} + r) \tag{3-4}$$

$$p(\vec{r}, \vec{r} + r) = \begin{cases} 1, & r_x \in 孔隙 \\ 0, & r_x \notin 孔隙 \end{cases} \tag{3-5}$$

式中，$\vec{r}$ 为任意一点的位置；φ 为孔隙度；r_x 为线段 $(\vec{r}, \vec{r} + r)$ 上任意一点。

2. 过程模拟模型

岩石是一系列复杂地质作用和水动力作用的产物，其孔隙结构性质与这些作用过程有着紧密联系。过程模拟模型是以多孔介质骨架颗粒的统计参数为基础，结合孔隙结构信息，通过模拟岩石的沉积、压实和胶结作用而形成的多孔介质模型。过程模拟模型由 Bakke 和 Øren[26] 于 1997 年提出并且在成岩过程中考虑了石英胶结和黏土矿物充填作用。过程模拟模型的建立可以分为四步：①根据薄片观察筛析法或沉降法获取岩石的粒径分布曲线；②在粒径累积分布曲线上随机选取当前沉积颗粒直径，根据沉积环境能量的高低选取颗粒的稳定位置，直至沉积完成；③通过调节颗粒垂向坐标 Z 来模拟压实过程，压实程度可用压实系数 β 衡量[式（3-6）]，压实系数越大，颗粒之间排列越紧密（图 3-6）；④模拟石英胶结和自生黏土矿物生长（图 3-7）。

$$Z = Z_0(1 - \beta_z) \tag{3-6}$$

式中，Z 为压实后颗粒的垂向坐标；Z_0 为压实前颗粒的垂向坐标；β_z 为压实系数。

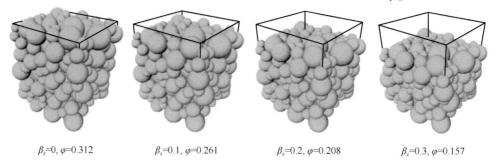

$\beta_z=0, \varphi=0.312$ $\beta_z=0.1, \varphi=0.261$ $\beta_z=0.2, \varphi=0.208$ $\beta_z=0.3, \varphi=0.157$

图 3-6 压实过程中孔隙结构的变化[15]

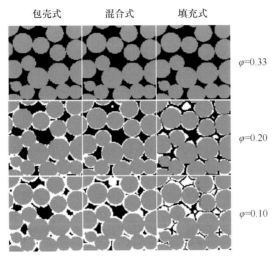

图 3-7   黏土矿物在成岩过程中对孔隙结构的影响 [15]

3. 统计分形模型

研究表明，多孔介质孔隙结构非常复杂，当多孔介质的孔隙结构具有分形特征时，可根据孔隙空间和骨架颗粒分布的统计自相似性，运用分形几何理论建立分形多孔介质模型。Perrier 等 [27] 同时考虑骨架颗粒粒度分布和孔隙大小分布，建立了多孔介质统计分形模型。袁越锦等 [28] 提出了一种运用分形几何学构建多孔介质结构特征的分形孔隙模型。宫英振等 [29] 对比了模型与实际多孔介质的相关参数，认为分形统计模型参数能够很好地反映多孔介质的微观结构特征。

根据前述分析可知，多孔介质的原始复杂性和行为复杂性共同影响着储层孔隙结构的整体复杂程度。因此，在前人研究工作的基础上，人们开始将工作重点逐渐转向对原始复杂性和行为复杂性组构模式的表征研究。针对分形多孔介质的表征研究将在下一节进行详细阐述。

3.2.3   图像重构模型的建立及应用

图像重构模型是最接近实际孔隙结构的一种模型，具有精度高、可视化效果好等特点，也是孔隙模型发展的一个主要方向。图像重构模型利用高倍光学显微镜或 X 射线扫描仪等各类实验仪器对岩心样品进行平面信息采集，然后通过软件或建模算法（如阈值分割法、基于边缘的图像分割法、基于区域的图像分割方法、标映射分割方法和图像滤波等）将二维图像信息叠加重构为三维模型。常用的物理实验法主要包括序列切片成像法、激光共聚焦显微镜扫描法和 X 射线 CT 扫描法。

1. 序列切片成像法

序列切片成像法（serial sections tomography method，SSTM）[30] 是早期用于构建储层孔–裂隙结构模型的方法，其实施受到实验条件的严格约束。该方法先将待检测的岩样按预定厚度切割成薄片，并对每个切片进行表面抛光以获得平滑的岩样面。随后，使用扫描电子显微镜等高分辨率设备对这些平滑表面进行扫描，以获取微观层面的图像。该过程涉及对样本的持续切割、抛光和成像，直至收集到足够数量的薄片图像。最终，这些二维图像经过图像处理技术的排序和叠加，实现三维储层孔–裂隙结构的重构（图 3-8）。

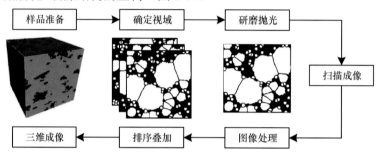

图 3-8 序列切片成像法构建储层数字岩心流程图

聚焦离子束电子显微镜扫描法（focused ion beam-scanning electron microscope，FIB-SEM）[31] 是聚焦离子束（FIB）和电子显微镜（SEM）技术的结合，极大地拓展了序列成像技术的应用范围。在 FIB-SEM 过程中，首先利用聚焦离子束精确切割岩样的薄层，然后用电子显微镜对每一层进行二维成像。通过这种方式，逐层收集的二维图像最终组合形成了高分辨率的三维储层数字岩心。相较于传统的 CT 技术，FIB-SEM 更适合用于尺寸较小的岩石样本，提供了更高的成像分辨率，但仅能实现较小尺寸的三维储层孔–裂隙结构的重构（图 3-9）。

2. X 射线计算机断层扫描法

X 射线计算机断层扫描法（X-ray computed tomography scanning method，XRCTSM）[32] 是将 X 射线作为辐射源，当其穿透储层岩心时不同组分（如颗粒与孔–裂隙）时，射线强度会因为物质组分的不同吸收而产生衰减。检波器随后捕捉到这些衰减后的射线强度差异，这些数据经由计算机上特定重建算法处理，将检测到的射线强度转换为图像灰度值。通过软件将这些灰度值与岩样各组分空间位置相对应，从而重构出储层结构的三维形态。在 X 射线 CT 扫描成像中，常见的重建算法包括代数重建法、反投影法和卷积–反投影法。

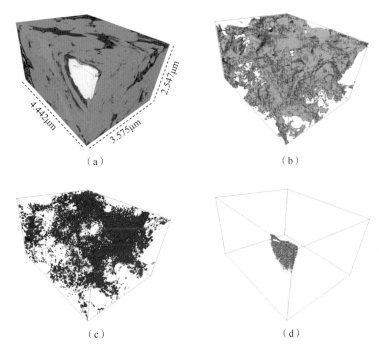

图 3-9 Curtis 等 [33] 利用 FIB-SEM 扫描获得的页岩三维图像

（a）三维页岩重构岩心；（b）干酪根；（c）孔隙；（d）黄铁矿

3.3 分形多孔介质的定量表征方法

为了等效表征分形多孔介质复杂的孔隙结构特征，一系列模型被相继提出，如颗粒填充型分形（pore solid fractal，PSF）模型 [27]、VmSqLnRd 型 [V 表示空间实体中的孔隙（相）；m 表示初始空间实体被剖分后下一级空间实体的数量（连续两级空间实体剖分数）；S 表示空间实体固相；q 表示空间实体中固相单元的边长；L 表示级数（level）；n 表示剖分级数，指示第几级；R 表示初始空间实体的边长；d 表示各级实体的边长] 多孔介质模型 [34]、混合分形单元（intermingled fractal units，IFU）模型 [35]、分形毛细管束模型 [36] 以及基于 Voronoi 算法的裂隙分形多孔介质 [37]、孔–裂隙分形多孔介质 [38]、孔隙–孔喉分形多孔介质 [39] 等网络模型。这些模型为孔隙结构的各向异性及非均质性定量表征以及煤储层流体运移规律研究提供了理论依据。下面主要对其中一些代表性模型的构建原理进行详细介绍。

3.3.1 颗粒填充型分形多孔介质

在单一孔隙类型的多孔介质表征研究方面，颗粒填充型多孔介质广泛发育于自然储层中，且常常表现出复杂的颗粒形貌、随机的空间分布以及分形的尺度结构等

特征 [40,41]。因此，本节主要聚焦于颗粒填充型分形多孔介质复杂组构的定量表征。

1. 基于 Sierpinski 地毯和 Menger 海绵体的方法

Sierpinski 地毯、Menger 海绵体的出现为模拟分形多孔介质双重复杂性提供了新思路，但其原始缩放对象单一，且具有确定分形维数，不能代表任意孔隙结构的分形分布特征 [图 3-10（a）]。Perfect 等 [42] 在 Sierpinski 地毯的基础上，以孔隙度和孔径分布作为约束条件相继发展了随机多重分形多孔介质模型 [图 3-10（b）、（c）]。Jin 等 [34,43] 通过分析经典分形体在分形行为上的局限性，定义了孔隙增长频率比、孔隙尺寸缩放比两个尺度不变参数，提出了具有任意分形维数的 SmVq 型 Menger 海绵体算法和 VmSqLnRd 型 Sierpinski 地毯算法 [图 3-10（d）、（e）]。以上分形多孔介质模型在原始缩放对象中唯一包含固相或孔隙相，且分形迭代过程中各个方向的缩放比一致，因此仅适用于单相、单类型自相似颗粒填充型多孔介质的模拟。

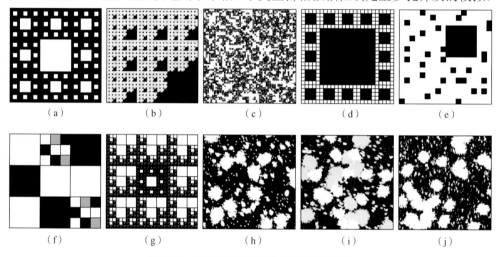

图 3-10　颗粒填充型多孔介质表征模型

（a）Sierpinski 垫片；（b）多重分形 Siepinski 多孔介质模型；（c）随机多重分形 Siepinski 多孔介质模型；（d）VmSqLnRd 型分形多孔介质；（e）随机 VmSqLnRd 型分形多孔介质；（f）PSF 模型；（g）IFU 模型；（h）自相似分形 QSGS 模型；（i）多相分形 QSGS 模型；（j）自仿射分形 QSGS 模型

1）PSF 模型

为此，有学者基于孔隙质量分形模型、固体质量分形模型发展了能够同时表征孔隙和固体分形分布特征的孔隙–固体多相型分形多孔介质模型，如 PSF 模型 [图 3-10（f）]。与 Sierpinski 地毯、Menger 海绵体及其衍生模型相比，PSF 模型结合了分形孔隙数量–尺寸分布和分形固相数量–尺寸分布双重特征，能够表现出孔隙–固体的分形分布，为多相分形多孔介质的研究提供了基础模型支撑。基于 PSF 模型的构建原理（图 3-11），Perrier 等 [27] 提出了一个通用的孔隙度模型为

$$\varphi_{per} = \frac{x_p}{x_p + x_s} \left[1 - x_f \left(\frac{l_{min}}{l_{max}} \right)^{d-D} \right] \tag{3-7}$$

式中，x_p、x_s、x_f分别为缩放对象 G 中孔隙相（p）、固相（s）、分形相（f）三者所占空间的比例。它们满足 $x_p + x_s + x_f = 1$。

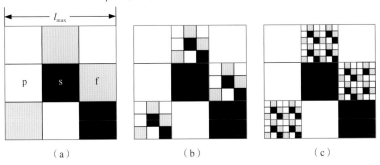

图 3-11 PSF 模型的基本构建过程

图中白色代表孔隙相，黑色代表固相，灰色代表分形相。（a）分形缩放体；（b）和（c）分别为采用 PSF 建模算法缩放一次和缩放两次得到的分形，其分形拓扑为 Ω（6,12）

在此基础上，Pia 和 Sanna[35] 对经典 Siepinski 地毯质量分形模型进行了改造，并提出了一种全新的混合单元分形模型 IFU[图 3-10（g）]，类属多相、多类型自相似颗粒填充型多孔介质模型，适用于模拟非分形多孔介质孔隙结构的几何形状、孔径分布和孔隙体积等特征。

2）基于 Menger 海绵体的多孔介质模拟

在实际应用中，Menger 海绵体常被用来模拟煤岩的微观结构[44]，其构造过程如下：①将边长为 R 的初始立方体剖分成 m^3 个等大的小立方体，按一定规则去掉一部分这样的小立方体，剩余小立方体数量记为 N_{b1}；②对剩余的小立方体重复步骤①的操作，如此无限迭代。随着迭代的进行，剩余立方体的尺寸不断地减少，而数目不断增大。k 次迭代后，剩余立方体边长为 $r_k = R/m^k$，而其总数为 $N_{bk} = N_{b1}^k$，如式（3-8）所示：

$$N_{bk} = \left(\frac{R}{r_k} \right)^{D_b} = \frac{R^{D_b}}{r_k^{D_b}} = \frac{C}{r_k^{D_b}} = Cr_k^{-D_b} \tag{3-8}$$

式中，$D_b = \lg N_{b1} / \lg m$，为孔隙体积分形维数。由式（3-8）可以推导出多孔介质孔隙体积 V_k 与孔隙半径 r_k 的关系满足 $V_k \propto r_k^{3-D_b}$，进而得式（3-9）的孔隙结构关系：

$$\frac{dV_k}{dr_k} \propto r_k^{2-D_b} \tag{3-9}$$

通过以上论述，在各向均质假设的前提下，为了研究孔隙尺寸及结构对渗

透性能的影响，完全可以采用 Menger 海绵分形体来构建各向同性的煤岩多孔介

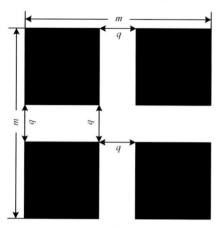

质。为了全面探索分形参数对多孔介质输运属性的控制作用，同时避免盲孔形成，金毅等[45] 采用体、面中心去除子块的方法来构建 Menger 海绵体，将其命名为 SmVq 海绵体构建模型。其构造过程如下：①将初始实体（solid）剖分为 m^3 个等大的正方体，并在实体面、体中心空化（void）q 个剖分单元；②对剩余的小立方体重复步骤①的操作，如此无限迭代。其二维情形如图 3-12 所示，黑色表示固相，白色表示孔隙相。

图 3-12   SmVq 模型结构示意图

由 SmVq 构造过程可得 N_{b1} 及 D_b 的计算公式（3-10）：

$$N_{b1} = m^3 - \left(3mq^2 - 2q^3\right) \tag{3-10}$$

$$D_b = \frac{\lg N_{b1}}{\lg m} = \frac{\lg\left(m^3 - 3mq^2 + 2q^3\right)}{\lg m} \tag{3-11}$$

然而，由于煤岩孔隙的孔径分布只能在一定范围内，结合文献[46]及式（3-11）可得孔径范围在 $[r_{\min}, r_{\max}]$ 内的分形体孔隙度 φ 的计算公式（3-12）：

$$\varphi = 1 - \left(\frac{N_{b1}}{m^d}\right)1 + \frac{\lg r_{\max} - \lg r_{\min}}{\lg m} = 1 - \left(\frac{r_{\min}}{mr_{\max}}\right)^{d-D_b} \tag{3-12}$$

式中，d 为欧几里得空间维数，二维 $d = 2$，三维 $d = 3$。

式（3-12）表明，孔径分布呈分形特征的多孔介质，孔隙度 φ 与 D_b 及 $\lg_m(r_{\max}/r_{\min})$ 直接相关。当孔隙结构相同时，$r_{\min}/r_{\max}$ 越小，则孔隙度越小；孔隙结构特征不同时，孔隙结构越复杂（D_b 越大），其孔隙度越小[46,47]。通过该方法构建的具有不同分形维、尺寸范围的模拟结果如图 3-13 所示。

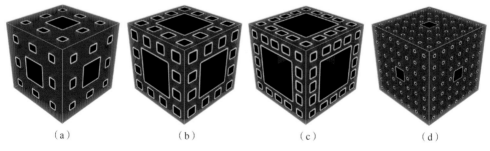

（a）   （b）   （c）   （d）

图 3-13   Menger 海绵分形体样例

其中剖分的等级都为 2 级。（a）$m = 3^3$，$N_{b1} = 20$；（b）$m = 4^3$，$N_{b1} = 36$；（c）$m = 5^3$，$N_{b1} = 44$；（d）$m = 7^3$，$N_{b1} = 324$

2. 基于 QSGS 的广义分形多孔介质模型

随机生长四参数生成法（quartet structure generation set，QSGS）是由 Wang 等[48]提出的模拟随机、多相耦合、各向异性的多孔介质建模方法。结合分形拓扑理论，Jin 等[49,50] 着重分析了 QSGS 参数在分形拓扑空间下的物理意义，并在原有算法的基础上构建了广义随机分形多孔介质模型，实现了单相与多相、自相似与自仿射、随机相与确定相统一的多孔介质表征，从分形行为本质角度呈现了储层微观孔隙结构的尺度不变特征 [图 3-10（h）、（i）、（j）]。

为了便于描述，本节以孔隙-固体两相多孔介质为例简单介绍利用 QSGS 表征原始复杂性的基本原理与过程。令固体颗粒为生长相，孔隙为非生长相，初始相全为孔隙，基本构建过程如下：

（1）在构造区域内随机分布固相生长核，固相生长核的分布概率为 P_{cd}，P_{cd} 不能大于最终构造出的多孔介质结构中固相所占体积分数（即孔隙度 φ）。对区域内每个网格节点在 [0,1] 区间内生成平均分布随机数，随机数不大于 P_{cd} 的节点为生长核。

（2）按照不同方向上给定的生长概率 P_{di}（i 代表方向），固相生长核向周围邻点生长。生长方向如图 3-14（a）所示，生长核可向周围 8 个方向的邻点生长，即 $i = 1, 2, \cdots, 8$。其中，4 个主要方向增长的概率为 $P_{d(1-4)}$，4 个角方向增长的概率为 $P_{d(5-8)}$，通过设定增长的概率比 $P_{d(1-4)} : P_{d(5-8)} = 4$，可以获得各向同性结构。对 8 个不同方向上的邻点重新生成随机数，当 i 方向邻点的随机数小于 D_i 时，该点成为生长相（固相）。

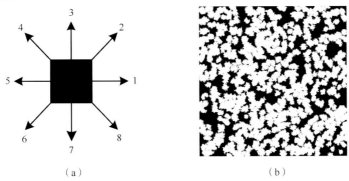

（a）　　　　　　　　　（b）

图 3-14　固体颗粒生长方向（a）和 QSGS 模型（b）

（3）重复步骤（2），直到非生长相（孔隙）达到给定的孔隙度 φ。经过反复的随机生长过程，生成了由固体颗粒和孔隙构成的多孔介质，如图 3-14（b）所示。对于三相及以上构成的多相多孔介质，当相与相之间不存在相互影响时，每种生长相的构造过程同上；当构造过程需要考虑不同相之间的相互影响时，引入概率密度 $I_i^{m,n}$ 来表征，代表 i 方向上 m 相和 n 相之间的相互影响。根据 QSGS 方法构造多孔介质，通过给定不同方向上的生长概率，可以方便地控制多孔介质的各向同性或异性，通过 $I_i^{m,n}$ 表征不同相之间的相互影响。

QSGS 方法通过 4 个参数（P_{cd}、P_{di}、n 和 $I_i^{m,n}$）可以控制多孔介质微观结构的生成，这 4 个参数可以通过对实测数据进行统计分析获得。与传统的方法相比，QSGS 有如下优点：①生成过程与自然多孔介质中颗粒由内核逐渐向外的生成过程类似；②参数有明确的物理意义，不是根据经验确定；③解决了多相之间的接触连接问题；④系统考虑了颗粒分布的随机和统计特性；⑤生成算法不需大量循环，快速高效。另外算法可以非常方便地生成三维多相多孔介质。

1）基于 QSGS 的二维分形多孔介质模型构建原理

要实现随机、多相、自相似与自仿射颗粒填充型多孔介质的构建，我们必须有效整合 QSGS 的可控随机生长特征、PSF 模型中的多相耦合机制，以及自相似与自仿射的统一定义。因此，为构建广义分形多孔介质模型，首先要厘清 QSGS 与分形拓扑参数之间的关系。此处主要利用 QSGS 和分形拓扑理论分别构建的基质体积为 V 的多孔介质模型来进行对比分析，如图 3-15 所示。

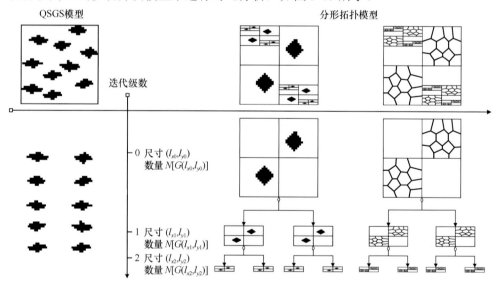

图 3-15　QSGS 模型与分形拓扑模型之间的对比

两个分形拓扑模型的拓扑参数均为 $\Omega\big[(P_x,P_y),F\big]=\Omega\big[(2,4),2\big]$，不同级缩放体间的尺寸关系满足：$l_{x1}=l_{x0}/P_x$，$l_{y1}=l_{y0}/P_y$，$l_{x2}=l_{x0}/P_x^2$，$l_{y2}=l_{y0}/P_y^2$

QSGS 模型中颗粒随机且呈不规则形态，但尺寸较单一，同时颗粒数量不存在分级现象，即 $F=P_x=P_y=1$。该模型各向异性受方向概率控制。从图 3-15 右侧两幅图中可知，不同的缩放对象可以拥有相同的分形行为并形成不同的分形体。因此，在分形拓扑模型中，颗粒形态独立于缩放对象。分形拓扑模型中颗粒尺寸具有分级现象，且连续两级颗粒尺寸之间存在 P 的关系，颗粒数量之间满足 F 倍数，同时模型各向异性受 H_{xy} 影响。两种模型参数之间对应关系见表 3-1。

表 3-1　分形拓扑模型与 QSGS 模型参数之间的对应关系

物理属性	QSGS 模型	分形拓扑模型
缩放覆盖率	$\langle F\rangle=1$	$\langle F\rangle=\dfrac{N(\lambda_{i+1})}{N(\lambda_i)}$
缩放间隙度	$P_x=1\ \&\&\ P_y=1$	$P_x=1\ \|\ P_y=1$
颗粒形态	不规则且随机	独立于缩放体 G
各向异性	$\dfrac{P_{d_{(1-4)}}}{P_{d_{(5-8)}}}$	H_{sy}
分形维 $\overline{D}$	$\rightarrow\infty$	$\overline{D}=D_s\times d$

实施过程：在此基础上，为了表征颗粒填充型分形孔隙结构的复杂组构模式，有效体现各向异性、破碎程度、粗糙程度等特征，基于 QSGS 和分形拓扑理论的颗粒填充型分形多孔介质构建流程图如图 3-16 所示。

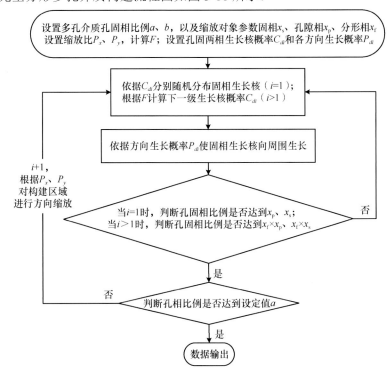

图 3-16　颗粒填充型分形多孔介质构建流程图

具体建模步骤表述如下：

①初始化构建区域。初始区域大小设为 $L_{0x} \times L_{0y}$，同时对其进行网格化，格子尺寸为 $l_{x\max} \times l_{y\max}$，如图 3-17（a）所示。

②构建缩放事件与缩放体。定义分形拓扑 $\Omega[(P_x, P_y), F_{\text{set}}]$，依据 F 确定分形相的数量，P 确定下一级缩放对象的尺度。其中，根据 $F_{\text{set}} = \{F_1, F_2, \cdots, F_j, \cdots, F_{N_e}\}$ 及概率 $\sum_{j=1}^{N_e} Pr_j = 1$ 可构建缩放事件，其由分形相和确定相组成，如图 3-17（b）所示。在此基础上，创建 $N_0 = P_x \times P_y$ 个缩放事件，并将其缩放至尺寸为 $l_{x\max} \times l_{y\max}$，如图 3-17（c）中蓝色线区域所示。

③分布种子。依据种子生长概率在图 3-17（c）中的白色区域中随机分布固相的种子，种子分布位置如图 3-17（d）所示。

④确定原始复杂性。依据 QSGS 算法在图 3-17（d）中的种子周围进行颗粒的生长，直至固相（黑色）的比例达到 x_s，即图 3-17（e）。

⑤确定第二级的分形相和固相。创建多个缩放对象，其尺寸为 $(l_{x\max}/P_x^{i-1}) \times (l_{y\max}/P_y^{i-1})$，$i$ 为当前级数。其数量 N_f 为上一级中分形相的数量，满足 $N_f = N_0 \times F^i$。然后在新的分形相中随机分布固相的种子，如图 3-17（f）所示。

⑥确定第二级的固相。根据 QSGS 方法在上一步结果中的种子周围完成固相颗粒的生长，如图 3-17（g）所示。

⑦最后，重复步骤⑥、⑦获得第三级固相颗粒，同时将分形相设为孔隙相得到最终模型，如图 3-17（h）所示。

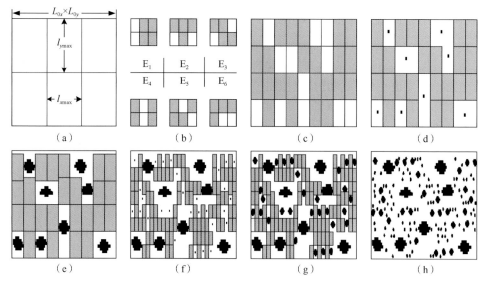

图 3-17　广义随机自仿射多孔介质模型构建过程

该图中分形拓扑参数为 $P_x = 3$，$P_y = 2$，$F = 4$。图中灰色区域为分形相，黑色为固相，白色为孔隙相。设缩放体中灰色、黑色、白色区域的比例分别为 x_f、x_s、x_p

基于第 2 章自仿射分形中赫斯特指数（H_{xy}）及任意尺度不变空间分形维数 $\overline{D}$ 的定义，结合 PSF 模型中的相关参数，可得颗粒填充型分形多孔介质的孔隙度模型可表示为

$$\varphi = \frac{x_\mathrm{p}}{x_\mathrm{p} + x_\mathrm{s}}\left(1 - x_\mathrm{f}P^{d-\overline{D}}\right) \tag{3-13}$$

2）基于改进 QSGS 的三维多孔介质模拟

虽然相对于普通随机算法而言 QSGS 存在着诸多优点，但是对具有复杂孔隙结构的煤岩多孔介质而言，该算法无法定量控制。基于第 2 章对孔隙尺寸分形维数计算的探讨，孔隙的特征尺寸 r 同数量 $N(r)$ 之间的关系式可表示为

$$N(r) = Cr^{-D} \tag{3-14}$$

式中，C 为与数量有关的常数；D 为分形维数。

假设孔隙最小特征尺度为 r_min，那么一个体积为 V_T 的煤体中，根据式（3-14）可得孔隙体积 V_pore 的关系式为

$$V_\mathrm{pore} = N(r_\mathrm{min}) \times \frac{4}{3}\pi r_\mathrm{min}^3 \tag{3-15}$$

综合式（3-14）和式（3-15），可得如下关系式：

$$V_\mathrm{pore} = C_0 r^{3-D} \tag{3-16}$$

式中，C_0 为与几何常数有关的常数。式（3-16）对 r 求偏导数，可得

$$\frac{\partial V_\mathrm{pore}}{\partial r} = C_0^V r^{2-D} \tag{3-17}$$

而孔隙度 $\varphi = V_\mathrm{pore}/V_\mathrm{T}$，取 V_T 为单位体积进行归一化处理，即可得孔隙尺寸分布函数：

$$\mathrm{psd}(r) = C_0^V r^{2-D} \tag{3-18}$$

式（3-18）即为尺寸为 r 的孔隙分布概率，其值是 [0, 1] 之间的一个实数。基于式（3-18）可推导孔隙度 φ 的数学关系，如式（3-19）所示：

$$\varphi = \left\langle \frac{V_\mathrm{pore}}{V_\mathrm{T}} \right\rangle = \int_0^\infty \mathrm{psd}(r)\mathrm{d}r \tag{3-19}$$

如果煤岩介质中，孔隙尺寸介于 $[r_1, r_2]$ 之间，则式（3-19）做相应的积分范围的调整即可。而 $r \sim r + \Delta r$ 之间的孔隙数量的计算方法如下：

$$N(r \sim r + \Delta r) = \left(V_\mathrm{T} \times \int_r^{r+\Delta r} \mathrm{psd}(r)\mathrm{d}r\right) \bigg/ \left(\frac{4}{3}\pi r^3\right) \tag{3-20}$$

基于以上对煤岩孔隙尺寸分布特征的分析，结合 QSGS 算法的优势及其在处

理复杂孔隙结构（孔隙尺寸并非均一）方面的不足，对 QSGS 算法作如下几个方面的改进：

（1）在生长模式上，改固相生长为孔隙生长，这更符合煤岩孔隙形成的自然规律。

（2）在生长结构方面，将原来的 2D 8 个方向的生长模型改为 3D 环境下 18 个方向的生长模型（图 3-18）。其中 e_1, e_2, e_3, e_4, e_5, e_6 为主要生长方向，其他方向为次要生长方向。

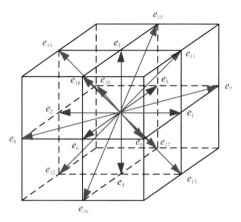

图 3-18　3D 环境下 18 个方向的孔隙生长模式

（3）孔隙构建过程中，孔隙相不再作为统一的相，而是根据孔隙尺寸分布函数将孔隙相离散成多个相，分别记为 $P_{\text{pore}}^1, \cdots, P_{\text{pore}}^m$。具体参数的计算如下：

①参数 P_{cd}^i 的计算：第 i 孔隙相的生长核概率的计算方法见式（3-21）：

$$P_{cd}^i = \partial \left(N(r \sim r + \Delta r)/V_{\text{T}} \right)/\partial r = \partial \frac{(V_{\text{T}} \times \int_r^{r+\Delta r} \text{psd}(r)\text{d}r)}{V_{\text{T}}} \Big/ \partial r \tag{3-21}$$
$$= \text{psd}(r)$$

虽然 P_{cd}^i 通过上述关系计算得到，但是在具体的构建过程中应满足 $P_{cd}^i \leqslant \text{psd}(r)$，这样可以获得孔隙几何形态的精细描述。

②参数 φ^i（即 QSGS 中 n，在此处以此表示为 n_i）：在当前相构建过程中，φ^i 是最基础的约束条件，其含义为当前相的体积分数，同孔隙度的概念类似。当 φ^i 达到既定值时，表示当前相构建结束，具体的计算关系见式（3-19），根据孔隙相离散的尺度，设定上下限 r 与 $r + \Delta r$ 来获取。

③$I_i^{m,n}$ 设定：因前面将孔隙相离散成多个相，但都为孔隙，因此后面的相不能在前面生成的相空间生长，因此不用设定 $I_i^{m,n}$。

④P_{di} 设定：如前所述，QSGS 算法中，根据 P_{di} 的设定来反映当前生长相各

向异性的空间变异特征，在改进算法中仍然沿用这一概念。但是在具体的模拟过程中，则根据当前离散相的各向异性因子进行设定。

算法流程及结果：基于以上分析，将整个计算域划分为网格，网格中固相颗粒用 1 表示，孔隙用 0 表示，煤岩多孔介质孔隙结构生成流程如图 3-19 所示。

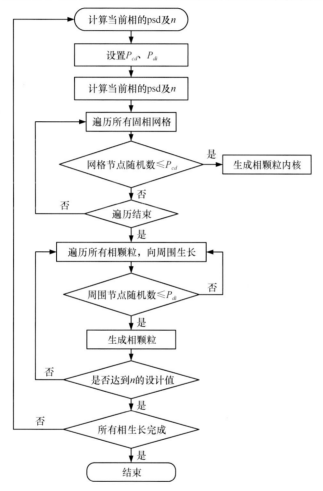

图 3-19　煤岩多孔介质孔隙结构生成流程图（引自李仁民等[51]，有改动）

基于上述修正的 QSGS 算法，本节依据设定的孔隙度、各向异性因子和孔隙结构等参数构建了多孔介质模型，部分结果如图 3-20 所示。同时，为了验证构建方法的有效性，分析了图 3-20（a）、（c）、（e）孔隙度、孔隙属性的空间变异特征、孔隙结构等参数，结果列于表 3-2。

结果显示，表 3-2 中模拟孔隙度相较设计孔隙度总体上要低一些，产生这种结果的原因主要来自两个方面：

①不同孔径的孔隙单元在布设数量时，采用了均衡概率的原理，由于空间范围的限制会导致实际数量不大于设计数量的后果。

②空间最小单元尺度大于设计的最小孔径所致。在模拟的过程中，考虑到计算资源与内存的限制，最高采用了 128×128×128 的分辨率，如果所表征的物理空间为 1μm，孔径小于 1/128μm 的孔隙将无法表达。

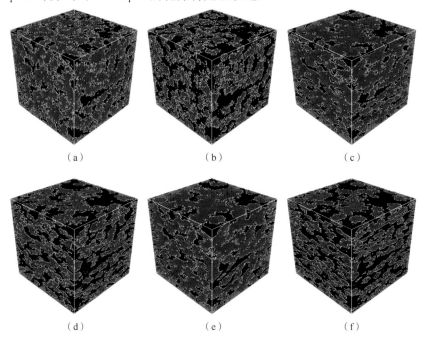

（a）　　　　　　　（b）　　　　　　　（c）

（d）　　　　　　　（e）　　　　　　　（f）

图 3-20　基于改进 QSGS 生成的多孔介质

（a）、（b）各向同性数字模型，设计孔隙度分别为 10%、30%；（c）、（d）变异因子为 1/2 数字模型，设计孔隙度为 10%、30%；（e）、（f）变异因子为 1/3 数字模型，设计孔隙度为 10%、30%

表 3-2　基于改进的 QSGS 算法的多孔介质设计及模拟参数

各向异性因子	设计孔隙度	模拟孔隙度	LBM 模拟渗透率
1	0.05	0.04743	0.000167
	0.10	0.09860	0.001032
	0.15	0.149512	0.002847
	0.20	0.192472	0.005912
	0.30	0.290203	0.023693
1/2	0.05	0.042789	0.000254
	0.10	0.087802	0.001112
	0.15	0.142143	0.004451

续表

各向异性因子	设计孔隙度	模拟孔隙度	LBM 模拟渗透率
1/2	0.20	0.189592	0.010922
	0.30	0.277865	0.038484
1/3	0.05	0.04437	0.000325
	0.10	0.098063	0.00123
	0.15	0.139327	0.003924
	0.20	0.191517	0.012116
	0.30	0.295167	0.060752

图 3-21 （a）、（b）、（c）为图 3-20 （a）、（c）、（e）的实验变差函数及其拟合曲线。因在设定各向异性参数时，主要考虑了水平方向与垂直方向上的差异，而这种关系在模拟的结果中有明显的表征（图 3-20），变差函数的结果从统计的角度也印证了这一事实。实验变差函数拟合的结果基本为指数模型，表明空间变异存在一种尺度上的关系，这是因为利用改进的 QSGS 算法进行模拟时，采用了不同的孔隙结构所致。

通过对不同设计参数模拟所得的数字模型中孔隙尺寸及孔隙数量进行了统计，虽然存在一定的误差，但总体特征同设计的孔隙尺寸基本相同，在可表达的范围内满足设计的幂率关系。

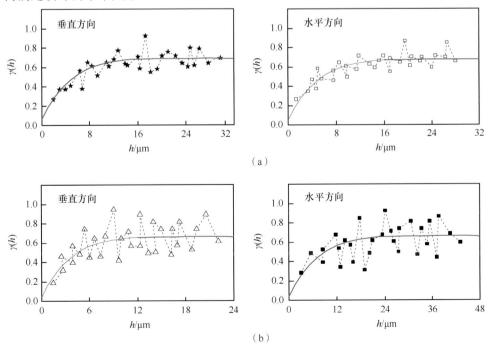

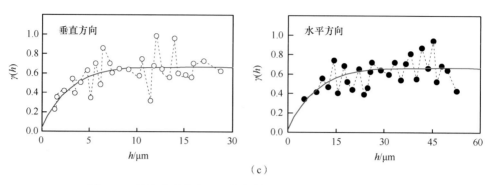

图 3-21　设计孔隙度为 0.1 的数字模型孔隙属性空间变差函数

点画线为实验变差函数计算值，而红色线条则为采用指数关系拟合的理论模型，h 为变差函数滞后距。（a）各向同性的模拟结果；（b）各向异性因子为 1/2 的模拟结果；（c）各向异性因子为 1/3 的模拟结果

　　然而，本小节提到的上述模型虽可用于描述颗粒状孔隙和基质颗粒的分形分布特征，但在描述天然多孔介质的连通性方面略有不足，有悖于储层"低渗高连通"的特性，从而导致其适用范围严重受限。

3.3.2　孔隙网络模型

　　毛细管束模型的出现为上述这一问题提供了相应解决方案，并逐渐展现出了将毛细管模型与分形相结合的发展趋势 [图 3-22（a）]。基于这一研究思路，一系列可表征储层"低渗高连通"特性的分形多孔介质孔隙网络模型被相继提出。Jin 等 [37,52] 基于 Vorinoi 算法等效表征了多孔介质原始复杂性，在此基础上，结合尺度不变参数对分形行为的唯一定义，构建了一种单相、单类型、单分形的自相似微裂隙分形网络模型 [图 3-22（b）、（c）]；Zhao 等 [38] 在此基础上，依据煤储层孔–裂隙结构特征，发展了一种多重分形裂隙网络模型，进一步完善了分形裂隙网络模型的尺度不变性构建体系，实现了单相与多相、单类型与多类型、单分形与多重分形的统一描述 [图 3-22（d）]。金毅等 [39] 通过对孔隙–孔喉耦合分形孔隙结构的定量描述，发展了一种颗粒–网络型孔隙–孔喉耦合的孔隙结构表征模型，实现了颗粒填充、颗粒–网络以及网络模型的统一表达 [图 3-22（e）～（i）]。

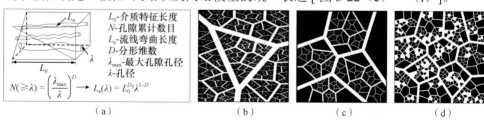

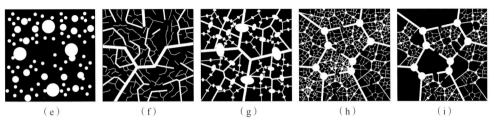

（e）　　　　（f）　　　　（g）　　　　（h）　　　　（i）

图 3-22　多孔介质双重复杂性表征模型[53]

（a）分形毛细管束模型；（b）基于 Voronoi 算法的裂隙网络分形多孔介质模型；（c）基于 Voronoi 算法的多相裂隙
网络分形多孔介质模型；（d）孔–裂隙分形多孔介质模型；（e）颗粒型分形多孔介质模型；（f）网络型分形多孔介
质模型；（g）颗粒–网络型分形多孔介质模型；（h）单相孔隙–孔喉耦合分形多孔介质模型；（i）多相孔隙–孔喉耦
合分形多孔介质模型

1. 分形毛细管束模型的构建原理

在分形毛细管束模型中，多孔介质被假定为多个单根弯曲毛细管构成毛细管束，这些毛细管相互平行，横截面积不同。毛细管管径分布具有分形特征，管径与长度之间存在尺度不变性。因此，自然储层中存在两种分形拓扑，分别是数量–孔径分形拓扑和长度–孔径分形拓扑。Koch 曲线作为一种典型的分形曲线，具有多尺度分形特征，与煤孔隙结构具有相似特征。应用 Koch 曲线进行分形建模，可以更好地模拟多孔介质孔隙结构的自相似和连通状况。因此，结合分形拓扑理论，本书将介绍一种基于 Koch 曲线的分形毛细管束模型的构建方法。

1）构建过程

根据分形毛细管束的假设，该模型设置有管径–数量分形拓扑和长度–数量分形拓扑（简写为 Ω_λ 和 Ω_l）两组分形拓扑，因而整个毛细管束模型孔径分布的分形拓扑 Ω 是 Ω_λ 和 Ω_l 两者的耦合。其中，分形毛细管束是由具有长度分形缩放规律和管径分形缩放规律的多条类似于 Koch 曲线的毛细管构成。这些 Koch 曲线在构建分形体时，拆分线段不是严格按照 Koch 曲线等分三段，中间段也不是严格的 60° 夹角。具体来说，通过控制第一级 Koch 曲线每条边的倾斜角度以及初始线段个数来固定整个毛细管的弯曲度。构建过程如图 3-23 所示，具体步骤如下：

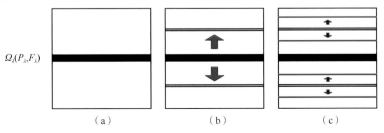

$\Omega_\lambda(P_\lambda, F_\lambda)$

（a）　　　　　　（b）　　　　　　（c）

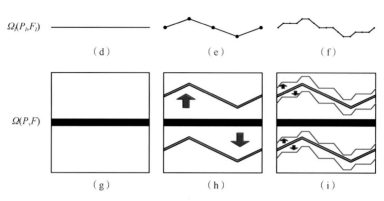

图 3-23　分形毛细管束模型构建过程

（1）确定管径–数量分形拓扑 $\Omega_\lambda\,(P_\lambda,\,F_\lambda)$[图 3-23（a）～（c）]，这直接决定了每个等级毛细管的数量以及管径。第一级毛细管的数量有且只有一个，管径设置为 λ_{max}；根据分形拓扑第二级毛细管直径设置为 λ_{max}/P_λ，数量设置为 F_λ；第三级毛细管直径设置为 $\lambda_{max}/P_\lambda^2$，数量设置为 F_λ^2。以此类推，第 n 级毛细管直径设置为 $\lambda_{max}/P_\lambda^{n-1}$，数量设置为 F_λ^{n-1}，缩放覆盖率 F 为正整数。需要注意的是，管径缩放间隙度 P_λ 的确定应与长度缩放间隙 P_l 保持一致。

（2）确定长度–数量分形拓扑 $\Omega_l(P_l,\,F_l)$[图 3-23（d）～（f）]。首先设置一条长为 L_0 的直线段，即原始缩放体 [图 3-23（d）]。按照 Koch 曲线构建原理，将直线段拆分成若干条等长的子线段连接成的弯曲线段 [图 3-23（e）]。其中，子线段个数为 F_l，子线段长度为 L_0/P_l，即初始直线段长度与单条子线段长度比为 P_l。

其次，通过控制图中 θ_1、θ_2、θ_3、θ_4 的角度来进行不同弯曲度的重构（图 3-24），θ_1 为水平线到第一条子线段的夹角，θ_2 为第一条子线段的延长线到第二条子线段的夹角，后面角度以此类推。需要注意的是，要保证第一条子线段起始点与最后一条子线段终点的连接线与初始直线段长度一致。

经过上述角度设置，就构建了第二级分形毛细管。第三级毛细管的构建是在第二级分形毛细管上，将第二级毛细管等比例缩放至第二级的每一条子线段。

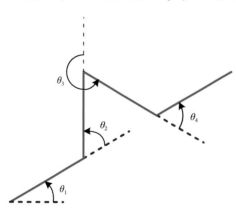

图 3-24　Koch 曲线角度示意图

例缩放至第二级的每一条子线段。其余等级的毛细管也以此类推，都是将第二级毛细管等比例缩放至前一级每一条子线段上。

（3）确定孔隙–数量分形拓扑 $\Omega(P,\,F)$[图 3-23（g）～（i）]。将第二步产生

的每一级毛细管的管径和数量都按照 $\Omega_\lambda(P_\lambda, F_\lambda)$ 来构建，这样就构建了一组分形毛细管束模型。

2）分形毛细管束模型中的分形拓扑及缩放定律

为了统一描述，Ω_λ、Ω_l 和 Ω 的缩放间隙度分别为 P_λ、P_l 和 P，缩放覆盖率分别为 F_λ、F_l 和 F，分形维数分别为 D_λ、D_l 和 D。根据式（2-31），可得 Ω_λ、Ω_l 和 Ω 的尺度不变关系为

$$F_\lambda = P_\lambda^{D_\lambda}, \quad F_l = P_l^{D_l}, \quad F = P^D \tag{3-22}$$

在这些拓扑关系中，$P = P_\lambda$，$F = F_\lambda \times P_{\tau(\lambda)} \times P_\lambda$。其中，$P_{\tau(\lambda)} = L_{i+1}/L_i = F_l/P_l$。除分形属性以外，粗糙度、弯曲度等特性也可用于多孔介质研究[54]。一些学者通过假设 $P_l = P_\lambda$ 提出毛细管的水力直径与其真实的几何长度存在一定的分形缩放定律[55,56]，满足：

$$L(\lambda) = \lambda^{1-D_\tau} L_0^{D_\tau} \tag{3-23}$$

式中，D_τ 为几何弯曲度分形维数，当 $D_\tau = 1$ 时表示毛细管为直管，在实际情况中 D_τ 与毛细管的长度分形维数等效，即 $D_l = D_\tau$。若采用弯曲度的定义形式，式（3-23）可转化为

$$\tau(\lambda) = \left(\frac{\lambda}{L_0}\right)^{1-D_\tau} \tag{3-24}$$

因此，$P_{\tau(\lambda)}$ 可表示为

$$P_{\tau(\lambda)} = P_\lambda^{D_\tau - 1} \tag{3-25}$$

结合式（3-25）和 $P_{\tau(\lambda)} = L_{i+1}/L_i = F_l/P_l$，以及式（3-22）中分形维数的定义，可得 D_λ、D_l 和 D 之间的关系满足：

$$D = D_\lambda + D_l = D_\lambda + D_\tau \tag{3-26}$$

3）分形毛细管的孔隙度模型

分形多孔介质可以由一条或多条特征长度为 L_0 的毛细管构成。从统计意义上看，这些毛细管的物理属性一致，包括孔隙度、孔径范围、输运属性等，值得注意的是，只有一个最大孔径为 $\lambda_{\max}$。所以，管径为 λ 的毛细管个数为

$$N(\lambda) = \left(\frac{\lambda}{\lambda_{\max}}\right)^{-D_\lambda} \tag{3-27}$$

从多孔介质表征角度出发，它的总横截面积 A_t 可用线性尺寸 L_0 求得，有缩放/弯曲分形行为的单个毛细管的体积分数表示为

$$\varphi(\lambda) = \frac{g}{g_{\mathrm{t}}}\left(\frac{\lambda}{L_0}\right)^{d-D_{\mathrm{f}}}$$ （3-28）

式中，d 为空间维数。

假设所有毛细管具有同样的横截面形状，则 g 代表横截面形状的独立几何参数。多孔介质总截面积 A_{t} 与样本长度 L_0 满足关系 $A_{\mathrm{t}} = g_{\mathrm{t}}L_0^2$，则 g_{t} 代表多孔介质总截面形状的独立几何参数，正方形横截面的 $g_{\mathrm{t}} = 1$，圆形横截面的 $g_{\mathrm{t}} = \pi/4$。

从统计意义上看，该模型中分形多孔介质的孔隙度 φ 可根据单个孔径为 λ 的毛细管所占体积分数 $\varphi(\lambda)$ 及其对应数量的总和 $\sum\limits_{\lambda=\lambda_{\max}}^{\lambda_{\max}}\varphi(\lambda)N(\lambda)$ 计算得到 [37]

$$\varphi = \frac{g}{g_{\mathrm{t}}}\left(\frac{\lambda_{\max}}{L_0}\right)^{d-D_{\mathrm{f}}}\frac{P^{d-D}-\left(\dfrac{\lambda_{\min}}{\lambda_{\max}}\right)^{d-D}}{P^{d-D}-1}$$ （3-29）

若将多孔介质中最大孔隙 $\lambda_{\max}$ 的体积分数定义为 x_{p}，则式（3-29）将变为

$$\varphi = x_{\mathrm{p}}\frac{P^{d-D}-\left(\dfrac{\lambda_{\min}}{\lambda_{\max}}\right)^{d-D}}{P^{d-D}-1}$$ （3-30）

结合 PSF 模型和分形拓扑的定义，可知分形相所占体积比 $x_{\mathrm{f}} = P^{D-d}$，将其代入式（3-30）可得孔隙度模型为

$$\varphi = \frac{x_{\mathrm{p}}}{1-x_{\mathrm{f}}}\left[1-x_{\mathrm{f}}\left(\frac{\lambda_{\min}}{\lambda_{\max}}\right)^{d-D}\right]$$ （3-31）

与式（3-30）相比，式（3-31）很好地避免了分形体中只存在一个最大管径为 $\lambda_{\max}$ 的毛细管假设。

2. 基于 Vorinoi 算法的分形网络模型

1）泰森多边形法建模过程

将泰森多边形（又被称为 Voronoi）算法用于构建随机分形网络模型是多孔介质微观结构研究的一个新角度 [52,57]。它是由一系列连接两邻点直线的垂直平分线生成的连续多边形，其典型特征有：①离散点的生成位置及个数决定着泰森多边形的位置、大小和个数；②构成的泰森多边形网络包含节点、连接线两个要素，二者具有稳定的拓扑关系。因此，采用泰森多边形算法对空间进行非结构化剖分，不仅可以保持很好的连通效果，同时也可保证整体拓扑关系的稳定性。利用这一优势，并与分形理论相结合，将连接线作为孔隙空间的中轴线，在节点处填充孔隙，

在连接线上放置孔喉，可实现对原始复杂要素中孔隙、孔喉位置及连通属性中喉链断连情况的表征。

泰森多边形的具体空间剖分过程如图 3-25 所示[55]：① 确定剖分空间，生成随机点 [图 3-25（a）]；② 构建不规则三角网 [图 3-25（b）]；③ 连接相邻三角形外接圆圆心得到泰森多边形 [图 3-25（c）]；④ 考虑到随机离散点的分布状况，构建的 Voronoi 网络中若存在两节点间距离小于规定范围，需合并两节点并将其作为一个新节点放置在两节点的中间位置 [图 3-25（d）、（e）]。

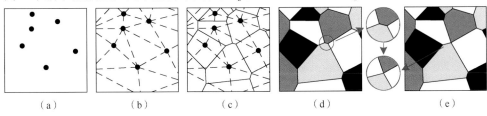

（a）　　　　（b）　　　　（c）　　　　（d）　　　　（e）

图 3-25　泰森多边形空间剖分过程

2）裂隙网络分形多孔介质模型

基于广义分形拓扑和之前的工作，Jin 等[52] 提出了一种基于 Voronoi 算法的分形网络模型来模拟分形致密多孔介质，以表征随机、非均质和各向异性的尺度不变特性，同时保持低孔隙度和高连通性，如图 3-26 所示。显然，自仿射分形网络可以看成由自相似分形网络在某一方向的拉伸或压缩得到的，具体构建过程如下：

在自仿射分形网络模型的建模过程中，设定 $P_x \geqslant P_y$，结合式（2-26）可将缩放覆盖率的期望值 C_F 修改为如下形式：

$$C_F = x_f \times P_x \times P_y \tag{3-32}$$

将式（3-32）代入式（2-31），分形拓扑 $\Omega(P_{net}, C_F)$ 对应的质量分形维数 D_s 表示为

$$D_s = \frac{\lg C_F}{\lg(P_x \times P_y)} = 1 + \frac{\lg x_f}{\lg(P_x \times P_y)} \tag{3-33}$$

用于剖分下一级区域的点的数量 N_{sub}^{xy} 表示为

$$N_{sub}^{xy} = (1 - x_p) P_x \times P_y \tag{3-34}$$

已知在自相似分形网络中，初级缩放体中子区域的数量表示为 N_{sub}，满足 $N_{sub}^{xy} = (1 - x_p) P^2$，则 N_{sub}^{xy} 与 N_{sub} 的关系为

$$N_{sub}^{xy} = P_{xy} N_{sub} \tag{3-35}$$

式中，$P_{xy} = P_x/P_y$，反之 $P_{yx} = P_y/P_x$。

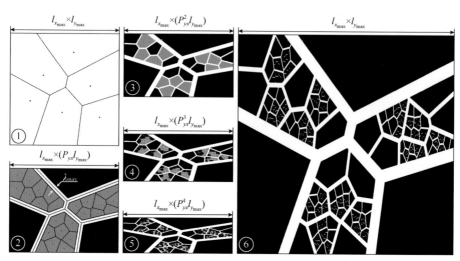

图 3-26   自仿射性质的二维分形网络的基本构建过程[52]

建模参数设置：①定义大小为 $l_{x_{max}} \times l_{y_{max}}$ 的空间 $\mathbb{R}_0$，作为分形致密多孔介质的表征体元；②定义 G 在 x 方向的最小尺度 $l_{x_{min}}$，初始化为 $l_{x_{max}}$，并令 $l_{y_{max}} = l_{x_{max}}$；③将目标空间 $\mathbb{R}_0$ 剖分成 N_{sub} 个子区域；④确定缩放空隙度 $P_{net}(P_x, P_y)$，进而根据式（3-35）得到剖分下一级区域的点数量 N_{sub}^{xy}。

建模过程：对于致密多孔介质，建立自仿射分形网络，最重要的一步是在空间剖分前，对目标空间进行定向压缩或拉伸，具体的建模步骤为：

第一步：$F_{3S}\{\Omega, G, L\}$ 的数学定义。

（1）在 $\mathbb{R}_0$ 中生成一组数量为 N_{sub} 的泊松点，基于泰森多边形法则，将空间剖分成一组多边形，见图 3-26 ①。

（2）将 $\mathbb{R}_0$ 拉伸成大小为 $l_{x_{max}} \times (P_{yx}l_{y_{max}})$ 的 $\mathbb{R}_1$，其中 $P_{yx} = P_y / P_x$，见图 3-26 ②。

（3）确定 λ_{max}：在 $\mathbb{R}_1$ 中，$x_p = L_t\lambda_{max}/S_0$，其中 L_t 是图 3-26 ①中虚线的总长度，S_0 是初始空间面积，满足 $S_0 = l_{x_{max}} \times l_{y_{max}}$。因此，在确定了 P_x 和 P_y 之后，结合式（3-34）可得 λ_{max}。

（4）以 $\lambda_{max}/2$ 为缓冲半径，对图 3-26 ①中的虚线进行缓冲，得到六个多边形及中间的通道。如图 3-26 中的②所示，多边形和通道分别看成多孔介质中的颗粒基质和毛细管道，进而创建缩放对象 G。

（5）随机选择 N_f 个多边形作为分形相（即图 3-26 ②中的灰色区域），其余作为固相。令缩放覆盖率 F 的期望值 $\langle F \rangle = C_F$，量化为 $C_F = x_f \times P_x \times P_y$。

因此，若事先设置好 l_{min}，就可得到具体的 $F_{3S}\{\Omega(P_{net}, C_F), G(G_+, G_-), [l_{min}, l_{max}]\}$。

第二步：分形迭代。

（1）在上一步生成的每一个分形相中，随机生成 N_{sub}^{xy} 个点，根据泰森多边形法

则将其分成 N_{sub}^{xy} 个多边形。令下一级 $l_{y_{\max}}=P_{yx}l_{y_{\max}}$，并将 $\mathbb{R}_i$ 拉伸成 $\mathbb{R}_{i+1}$。令 $\lambda_{\max}=\lambda_{\max}/P_x$，并以新的 $\lambda_{\max}/2$ 为缓冲半径，对图 3-26 ②中的虚线进行缓冲，得到新一级的孔隙相和固相，如图 3-26 ③所示。

（2）令 $N_f=N_f\times C_F$，在图 3-26 ③的固相中挑选 N_f 个区域作为分形相，其余作为固相，图 3-26 ③中的缓冲通道作为次一级孔隙相，设置 $l_{x_{\min}}=l_{x_{\min}}/P_x$。

（3）重复（1）、（2）两个步骤，直到图中最小孔隙直径 $\lambda_{\min}$ 接近现已知的毛细管最大直径 $\lambda_{\max}$。

第三步：最终设置。

（1）将最后一次生成的分形相设置为固相，如图 3-26 中④和⑤所示。

（2）将最终生成的 $\mathbb{R}_i$ 拉伸到原始的尺寸，即可得到自仿射分形网络，如图 3-26 ⑥所示。

根据该算法，本节对自相似、自仿射的多相分形网络进行了建模，如图 3-27 所示。显然，该建模算法统一了分形自相同、自相似和自仿射的性质，这些特殊情况具体描述如下：

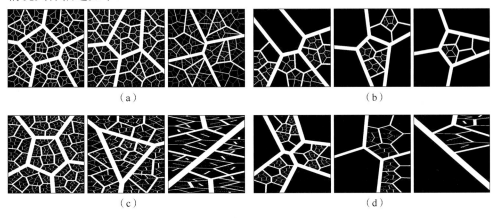

图 3-27 二维分形网络的一些建模结果

黑色和白色分别代表固相和孔隙相

(a) 单相自相似分形网络，F 从左到右递减；(b) 多相自相似分形网络，F 从左到右递减；(c) 单相自仿射分形网络，C_F 和 P_{yx} 从左到右递减；(d) 多相自仿射分形网络

（1）自相同网络：当 $F=0$ 时，生成 $P_{yx}=1$ 的毛细管网络，即模型只有一级孔隙相、固相，不再往下分形。

（2）自相似、自仿射分形网络：$F\neq 0$ 时。

自相似网络：$P_{yx}=1$，当 $N_{\text{sub}}=F$ 时，生成单相自相似网络，否则为多相自相似网络。

自仿射网络：$P_{yx}\neq 1$，当 $N_{\text{sub}}=F$ 时，生成单相自仿射网络，否则为多相自仿射网络。

结合 PSF 模型以及自仿射分形中相关参数的定义，二维分形网络表示的致密多孔介质孔隙度的一般表达式为

$$\varphi = \frac{x_p}{1-x_f}\left[1 - x_f\left(\frac{\lambda_{\min}}{\lambda_{\max}}\right)^{\sum\limits_{i=1}^{d}H_{ix}(1-D_s)}\right] \tag{3-36}$$

若式（3-36）中 $P_{yx}=1$，则式（3-36）变换为（3-31）的形式，适用于自相似分形网络。

3）孔–裂隙分形多孔介质模型

"双孔隙"的概念由 Barenblast 和 Zheltov[58] 最先提出，用来描述与裂隙网络耦合的基质多孔介质的孔隙结构，即双孔隙介质。后因割理与基质孔隙共存，被用来表征煤储层的孔隙结构。大量证据表明，煤基质的孔隙空间是由微裂缝和孔隙组成[59,60]，且煤基质中的孔隙和微裂缝通常具有尺度不变性、随机性和不均匀分布的特征[61,62]。因此，煤基质中的孔隙结构可以假设为一种由裂隙和孔隙共存的双孔隙系统，具有尺度不变性，对煤层气的赋存和运移具有显著影响。

尽管上述颗粒填充模型和裂隙网络模型无法表征孔–裂隙耦合模式的原始复杂性，这些模型，特别是分形网络模型为我们提供了定义双孔隙缩放对象的框架。基于第 2 章中明确定义的原始复杂性和行为复杂性，我们结合 Voronoi 算法提出了一种构建分形双孔隙介质的算法[38]，如图 3-28 所示。其中，由于存在两种类型的孔隙，本节分别将其中裂隙区域和孔隙区域用 G_{+1} 和 G_{+2} 表示，两个区域所占的体积分数分别用 x_{p1} 和 x_{p2} 表示。

（1）建模参数的设置

① 定义孔径范围 $[\lambda_{\min}, \lambda_{\max}]$，可根据实验数据确定最大孔径 $\lambda_{\max}$，并假设裂隙网络和颗粒孔隙的分布具有相同的分形拓扑 $\Omega(P_\lambda, F_\lambda)$。

② 定义大小为 $l_{\max} \times l_{\max}$ 的空间 $\mathbb{R}_0$，其中 $l_{\max}$ 满足：

$$l_{\max} = \frac{\lambda_{\max}}{P_\lambda}\frac{n^{1/d}}{(1-x_p)^{1/d}+x_p-1} \tag{3-37}$$

式中，n 为 $\mathbb{R}_0$ 中表征体元的个数；x_p 为初始孔隙度，$x_p=x_{p1}+x_{p2}$。

③ 令 $x_p=\varphi(\lambda_{\max})$，定义表征体元中子区域的数量 N_{sub}，满足 $N_{sub}=(1-x_p)P_\lambda^2$。

④ 确定颗粒孔隙的形状因子，满足 $\varpi = 4\pi A/L^2$[61]，其中 L 和 A 分别为孔隙的周长和面积。图 3-28 中该因子的值设为 0.8。

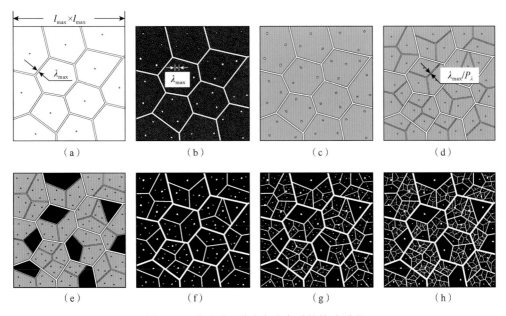

图 3-28　分形孔–裂隙多孔介质的构建过程

黑色、白色和灰色区域分别代表固相、孔隙相（裂隙或孔隙），以及分形相。在此演示中，分形拓扑被指定为 $\Omega(P_{\lambda}=1.85,\langle F_{\lambda}\rangle=2.6)$。（a）生成表征体元，并构建初始裂隙网络；（b）生成了随机分布的初始孔隙；（c）表征特征尺寸为 λ_{max} 的裂隙和孔隙耦合的原始复杂性；（d）构建孔径为 $\lambda_{max}=\lambda_{max}/P_{\lambda}$ 的裂隙，同时在分形相的所有区域整体生成尺寸为 $\lambda_{max}=\lambda_{max}/P_{\lambda}$ 的孔隙，如（e）所示。（f）第一次分形迭代后的结果；（g）第二次迭代后的结果；（h）第三次迭代后的结果

（2）建模过程

①生成表征体元。首先，在空间 $\mathbb{R}_0$ 生成 n 个泊松点，根据泰森多边形法则将 $\mathbb{R}_0$ 剖分为 n 个多边形。然后，以新生成的边界线为中心线按照半径 $\lambda_{max}/2$ 进行缓冲，生成的缓冲区（白色通道）作为裂隙。因此，生成的 n 个新的子区域作为总面积为 S 的表征体元 [图 3-28（a）]。

②构造 G_+ 来表征原始复杂性。根据式（3-37）中孔隙度 $x_p=x_{p1}+x_{p2}$ 和 l_{max} 之间的关系，初始孔隙相的总面积 $s=x_{p2}l_{max}^2$，进而得颗粒孔隙的初始数目为 $N_{pore}=s/(\varpi\lambda_{max}^2)$。接着，将表征体元的所有区域划分为面积近似等于 $\varpi\lambda_{max}^2$ 且数量为 $S/(\varpi\lambda_{max}^2)$ 的子区域，并从中随机选择 N_{pore} 个子区域作为初始孔隙（白色区域）[图 3-28（b）]。如图 3-28（c）所示，G_+（白色区域）和 G_-（灰色区域）界限清晰，构建得到孔–裂隙结构的原始复杂性（G_+）。

③行为复杂性的唯一反演。首先，在 $\mathbb{R}_0$ 中随机生成 $n\times N_{sub}$（缩写为 N_{pt}）个泊松点，进而根据 Voronoi 算法将图 3-28（c）中 G_- 的整个区域划分为新的子区域

[图 3-28（d）]。然后，根据预设的分形拓扑 $\varOmega(P_\lambda, F_\lambda)$，行为复杂性的实现如下：首先，令 $\lambda_{max} = \lambda_{max}/P_\lambda$，并以新生成的边界线为中心线，以 $\lambda_{max}/2$ 为半径进行缓冲以构建新一级的裂隙，并重新划分图 3-28（d）中所有分形子区域；然后，令 $n = n \times F_\lambda$，随机选择 n 个分形子区域作为新一级的 G_-（灰色），总面积为 S_f，其余分形子区域设置为固相（黑色），如图 3-28（e）所示；接着，令 $N_{pore} = N_{pore} \times F_\lambda$，将新 G_- 代表的整个区域划分为 $S_f/(\varpi\lambda_{max}^2)$ 个面积相同的新子区域；最后，随机选择 N_{pore} 个新子区域作为孔隙相 [图 3-28（e）]。

④分形迭代：重复步骤③，直到最小孔径达到 λ_{min}。

⑤最后将所有分形区域设置为固相，并叠加各级裂隙网络与颗粒孔隙。图 3-28（f）～（h）分别是第一次、第二次和第三次分形迭代后的分形孔–裂隙模型。

在孔–裂隙分形多孔介质模型中，由于多孔介质中最大孔隙 λ_{max} 的体积分数定义为 $x_p = x_{p1} + x_{p2}$，分形多孔介质的孔隙度可由式（3-31）转换为

$$\varphi = \frac{x_{p1} + x_{p2}}{1 - x_f}\left[1 - x_f\left(\frac{\lambda_{min}}{\lambda_{max}}\right)^{d-D}\right] \tag{3-38}$$

4）孔隙–孔喉分形多孔介质模型

自然油气储层中孔隙和孔喉有机耦合的现象广泛存在[63]。在孔隙–孔喉分形多孔介质中，同级别孔隙孔径尺寸相对较大并表现出类似于颗粒填充的随机分布特点，孔喉为狭长通道连接孔隙，且孔喉构型是一种网络模型。因此，该类孔隙结构的原始复杂性属于"颗粒–网络"型耦合模式。

在上述几种分形多孔介质表征模型中，毛细管束模型将孔喉理想化为平行无交叉圆柱形管束[64]，这与真实孔隙结构中孔隙和孔喉互存且连通的客观实际相悖；颗粒填充模型易于实现孔隙随机分布特征的模拟[50]，但是无法表征储层孔喉网络中"低渗高连通"的特点；分形网络模型在描述复杂孔隙结构中孔喉的随机、低渗高连通等方面优势明显[65-67]，但很难实现孔隙–孔喉耦合所致的颗粒–网络型原始复杂性的等效表征。因此，基于以上认识，下面将介绍一种结合原始复杂性与行为复杂性组构模式发展的用于精细表征孔隙–孔喉耦合分形孔隙结构的算法[39]。

在该算法中，经泰森多边形方法剖分后的结构产出有两类要素，即节点与边界。很显然，节点为孔隙的填充提供了布设，而边界线为孔喉的生成提供了支撑。更重要的是，节点也是边界的端点，这确保了孔隙和孔喉的互连。因此，通过修改基于泰森多边形构建网络模型的方式，使得颗粒–网络型原始复杂构型的等效表征成为可能。具体构建过程如下（图 3-29）。

（1）构建表征体元。选择一个大小为 $L_t \times L_t$ 的正方形区域代表分形多孔介质的表征体元，随机生成 F_{max} 个点，依据泰森多边形剖分原理生成 F_{max} 个子区间，如

图 3-29（a）所示。其中，F_{max} 的取值由表征体元的面积 S_{rev} 与最大颗粒面积 S_g 共同确定，即 F_{max} 取 S_{rev}/S_g 的近似整数值。

（2）确定孔隙和孔喉。考虑到孔喉的非全部连通这一客观事实，随机断开部分边界线并以半径为 $b_0/2$ 实现其双侧缓冲，b_0 为孔喉的原始孔径；然后随机选择 N_p 个节点并缓冲成孔径为 a_0 的孔隙，如为椭圆则长轴孔径和短轴孔径分别为 l_0 和 s_0，如图 3-29（b）所示。

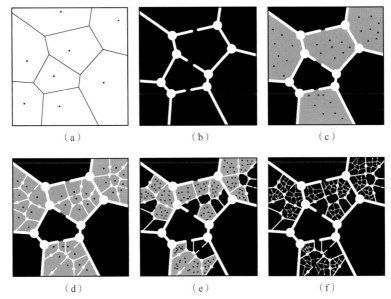

图 3-29　孔隙–孔喉分形多孔介质模型的构建过程

灰色代表分形相，白色圆形代表孔隙，白色管束代表孔喉，黑色区域为固体骨架。（a）表征体元中泰森多边形的构建；（b）构建包含孔隙、孔喉以及连通性的原始复杂性；（c）确定分形相并定义行为复杂性；（d）生成次一级缩放对象；（e）重复分形行为；（f）两次迭代后生成最终模型

（3）确定分形相。依据分形拓扑中定义的缩放覆盖率 F，从 F_{max} 个区域中随机选择 F 个区域作为分形相区域，如图 3-29（c）中的灰色区域。并类似步骤（1）布设 F_{max} 个随机点，其中黑色区域为确定相固体骨架。

（4）生成次级分布。依据步骤（3）中生成的随机点实现灰色区域剖分，设置 $N_p = FN_p$，$a_1 = a_0P^{-1}$，$b_1 = b_0P^{-1}$，其中 $P = [F_{max}/(1-x_p)]^{1/2}$，$x_p$ 为孔隙和孔喉占整体区域的面积比，进而重复步骤（2）和步骤（3），如图 3-29（d）所示。

（5）重复步骤（4）直到孔隙和孔喉达到预测要求，如图 3-29（e）所示。图 3-29（f）即为将原始孔隙结构进行两次分形迭代的结果。

该模型的孔隙度由两部分组成，分别为颗粒填充孔隙的孔隙度 $\varphi(a)$ 和泰森多边形方法缓冲生成孔喉的孔隙度 $\varphi(b)$。根据前文对分形毛细管模型、颗粒填充型

等多孔介质的孔隙度描述，$\varphi(a)$ 的表达式为

$$\varphi\left(a\right)=\varphi_{a_0}\frac{P^{d-D}-\left(a_i/a_0\right)^{d-D}}{P^{d-D}-1}\tag{3-39}$$

式中，d 为欧几里得维数；a_0 为原始孔隙孔径；a_i 为迭代 i 次后的孔径；φ_{a_0} 为原始孔隙的孔隙度。

同理可得孔喉的孔隙度为

$$\varphi\left(b\right)=\varphi_{b_0}\frac{P^{d-D}-\left(b_i/b_0\right)^{d-D}}{P^{d-D}-1}\tag{3-40}$$

式中，b_0 为原始孔喉孔径；b_i 为迭代 i 次后的孔喉孔径；φ_{b_0} 为原始孔喉的孔隙度。

因此，孔隙–孔喉型多孔介质的孔隙度 φ 为孔隙的孔隙度和孔喉的孔隙度之和。由于所构建模型中 $a_0/a_i=b_0/b_i=P_i$，且可将原始孔隙和原始孔喉的孔隙度之和表示为 φ_0。则结合 PSF 模型中的参数定义，孔隙–孔喉型多孔介质的孔隙度满足：

$$\varphi=\frac{x_{\mathrm{p}}}{1-x_{\mathrm{f}}}\left[1-x_{\mathrm{f}}P^{i(D-d)}\right]\tag{3-41}$$

其中，当 P^i 表示为 a_0/a_i 或者 b_0/b_i 的形式时，式（3-41）与式（3-31）一致。

对比上述各类分形多孔介质的表征方法可以发现，以上分形表征模型对原始构型中孔隙形状类型的定义多基于规则或近似规则的几何结构体，使得构建的多孔介质类型单一，无法实现对任意储层类型及尺度不变类型的统一表征。

3.3.3　多元孔–裂隙结构统一表征方法

鉴于现有分形多孔介质概念模型在孔隙结构表征方面的局限性，本节依托分形拓扑理论以及复杂组构的概念，进一步提出了孔–喉–固–网–连分形多孔介质定量表征模型（pore-throat-solid-network-connectivity fractal porous media，PTSNCF），以实现单相/多相、单类型/多类型、单尺度/多尺度的颗粒填充型、分形网络型、连通型多孔介质的统一描述[53]。

1. 原始复杂要素集合

明确孔隙结构中各元素的控制归属是从本质上理解多孔介质复杂组构模式及控制机制的基础，更是实现多孔介质孔隙结构精细表征的关键。原始复杂性控制的各个要素被封装在原始缩放对象中，并遵循分形拓扑继承规则进行分形迭代，决定着构建的多孔介质类型。显然，孔隙尺寸、孔喉尺寸、倒角曲度及连通性均属于原始复杂性的控制范畴，它们是影响孔隙结构几何特征的决定性因素。

在该模型中，以上四种代表性要素的具体内涵为：

（1）孔隙多指颗粒内、颗粒间或充填物内的空隙，它们由于成因不同表现出

不同的形态和连通状况，这显著影响着多孔介质中流体的聚集和运移。

（2）孔喉是孔隙间相互连通的较为细小的通道，其孔径大小在很大程度上控制着流体在多孔介质中的运移行为，一般来说，喉道越宽，越易于流体在多孔介质中的运移。

（3）倒角，这里指的是相邻两喉道在交界处的夹角，是确定多孔介质类型的主要因素之一。在原始孔隙孔径、原始孔喉孔径相同的情况下，倒角缓冲曲度越大，对应的孔隙空间就越宽，反之孔隙空间越窄，当倒角缓冲曲度无限接近于 0 时，多孔介质表现为规则网络模型。为定量描述这一原始复杂要素，本书取用相切于相邻两喉道的特定半径的圆来表征倒角处的缓冲曲度。

（4）孔隙之间的连通程度是衡量多孔介质潜在渗透性的一项关键指标，连通性越强，越有利于流体的扩散与运移。这里采用点对 $C(N_c, R_c)$ 孔隙的连通程度定量化，其中用 N_c 代表断开的喉道数量，用 R_c 代表喉道断开的尺寸与总尺寸之比。

综上所述，PTSNCF 多孔介质中的原始复杂要素及参数设置见表 3-3。

表 3-3　PTSNCF 多孔介质原始复杂要素

原始孔隙孔径	原始孔喉孔径	倒角缓冲曲度	连通程度（喉道断开数量，喉道断开尺寸比）
a_0	b_0	t_0	$C(N_c, R_c)$

2. 行为复杂性精准定义

基于分形拓扑理论，对 PTSNCF 模型尺度不变参数的计算作如下推导：

以自相似为例，初始剖分区域的数量为 N_0（$F_{max} = N_0$），且满足 $N_0 = (1-x_p)P^d$（x_p 为孔隙相比例），则有

$$P = \left(\frac{N_0}{1-x_p}\right)^{1/d} \tag{3-42}$$

式中，P 决定了 PTSNCF 模型在各方向的缩放尺度。

显然，自相似分形模型与方向无关，故具有唯一 P 值。而自仿射分形模型在 x 方向和 y 方向上的 P 值则有所差异。令 x 方向上的缩放间隙度为 P_x，y 方向上的缩放间隙度为 P_y，则用于剖分下一级区域的离散点的数量为

$$N_0^{xy} = (1-x_p) \times P_x \times P_y \tag{3-43}$$

结合式（3-42），可将其进一步化简为

$$N_0^{xy} = N_0 \times P_{xy} \tag{3-44}$$

式中，$P_{xy} = P_x/P_y = k$，表示缩放间隙度 P_i 耦合机制。

由前述已知，缩放覆盖率的期望值 C_F 满足 $C_F = x_f \times P_x \times P_y$，此处 $F = C_F$，则将

式（3-43）代入其中可得

$$F = \frac{x_{\mathrm{f}}}{1-x_{\mathrm{p}}} \times N_0^{xy} \qquad (3\text{-}45)$$

同时，结合 PSF 模型中的参数定义，任意尺度不变空间的分形维数可以表示为

$$\overline{D} = d \times \left[1 + \frac{\lg x_{\mathrm{f}}}{\lg\left(P_x \times P_y\right)} \right] \qquad (3\text{-}46)$$

在多重分形中，均值缩放间隙度 $\mathcal{P}$ 与缩放覆盖率 F 之间满足关系 $x_{\mathrm{f}} = F/\mathcal{P}_d$，因此，有

$$\mathcal{P} = \left(\frac{F}{x_{\mathrm{f}}} \right)^{1/d} \qquad (3\text{-}47)$$

式（3-44）、式（3-45）、式（3-47）均是在广义 PTSNCF 多孔介质模型基础上的扩展，可实现对统计分形和多重分形行为的精准定义，为 PTSNCF 模型任意尺度不变类型的表征提供行为复杂性计算模型。

最后，基于复杂组构概念[49]，结合 PTSNCF 模型孔隙结构特征，本书有效标定了 PTSNCF 模型各复杂要素的控制归属及多孔介质类型控制机制，并厘清了其组构模式，具体如图 3-30 所示。

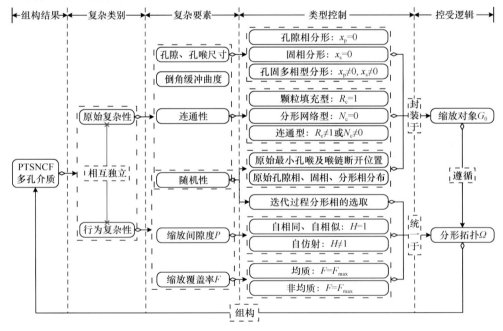

图 3-30　PTSNCF 多孔介质孔隙结构要素复杂性归属及多孔介质类型控制机制

3. 构建流程

依据图 3-30 所示的孔隙结构复杂要素归属及类型控制机制，PTSNCF 型多孔介质模型的构建过程如图 3-31 所示，具体描述如下：

步骤一： 构建二维表征体元 $R_0(l_{x\max} \times l_{y\max})$，将缩放对象 G_0 在 x 方向的最小尺度 $l_{x\min}$ 初始化为 $l_{x\max}$，并在该空间内生成一组数量为 N_0 的随机离散点，继而依据泰森多边形法对 R_0 空间进行非结构化剖分，最后得到 N_0 个子空间。

步骤二： 确定 a_0、b_0 的取值，并将对应大小的原始孔隙、原始孔喉依次放置在各个泰森多边形的节点上和边界线上的任意位置。然后以各个孔隙为始点，以其各连接的孔喉为节点，生成多组缓冲半径从 $a_0/2$ 至 $b_0/2$ 的连续变距缓冲区。同时，确定 N_c、R_c 以及 t_0 的取值，对喉道断开点和倒角处曲度作处理，继而构建好初级孔隙空间（图 3-31 中的紫色区域）。

步骤三： 设置 P_y/P_x 取值（当 P_y/P_x 取 1 时，所构建模型表现为自相似特征；反之，当 $P_y/P_x \neq 1$ 时，表现为自仿射特征），令 $l_{y\max} = (P_y/P_x)\,l_{y\max}$，得到新的 R_1 空间，并在其中随机选择 N_f 个子空间作为分形相（其中，N_f 满足 $N_f \leq N_0$），其余子空间则作为孔隙相或固相，由此确定孔隙相的面积比 x_p、固相的面积比 x_s 以及分形相的面积比 x_f。在此基础上，结合式（3-30）计算 P 或 P_y，继而确定 P_x，最后分别根据式（3-31）、式（3-32）计算 N_0^{xy} 和 C_F。

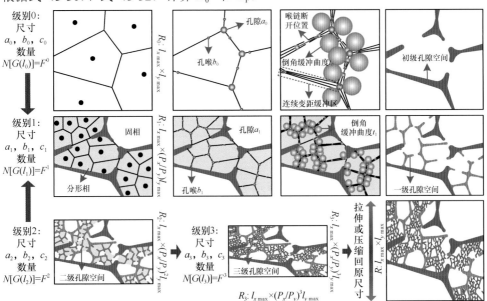

图 3-31　PTSNCF 型多孔介质模型构建过程（以三级迭代为例）

PTSNCF 多孔介质模型构建过程（以三级迭代为例）。蓝色圆、红色圆、绿色圆分别代表孔隙、孔喉、倒角曲度缓冲圆，紫色区域、黄色区域、蓝色区域、红色区域分别代表分级迭代生成的喉道，白色区、灰色区分别代表固相、分形相

步骤四：在步骤三中选定的 N_f 个分形相中依次生成 N_0^{xy} 个随机离散点，并对空间进行非结构化剖分，其次，当 $P_y/P_x = 1$ 时，令 $a_1 = a_0/P$、$b_1 = b_0/P$、$t_1 = t_0/P$，当 $P_y/P_x \neq 1$ 时，则令 $a_1 = a_0/P_x$、$b_1 = b_0/P_x$、$t_1 = t_0/P_x$，最后重复步骤二构建新一级的孔隙空间（图 3-31 中的橙色区域）。

步骤五：在步骤四构建的孔隙空间中随机选择 $F = F \times C_F$ 个分形相，接着重复步骤四直至构建好最后一级 R_i 和孔隙空间（图 3-31 中的红色区域），将最后生成的 R_i 压缩或拉伸至原始尺寸，即 $l_{x\,max} \times l_{y\,max}$，便可得到最终的 PTSNCF 多孔介质模型。

4. 复杂类型对孔隙结构特征的控制

原始复杂性控制范畴内原始复杂要素取值影响多孔介质的类型，行为复杂性中分形拓扑参数控制多孔介质的尺度不变类型和孔隙结构的各向异性、非均质性等特征。通过改变不同的原始复杂要素和分形拓扑参数，本小节定量研究了这两类复杂性对 PTSNCF 多孔介质孔隙结构特征的影响。需要注意的是，以下构建的所有模型的物理尺度均为无量纲量。

1）原始复杂性对多孔介质类型的控制机理

常见的多孔介质类型包括颗粒填充型、孔-裂隙网络型、网络型等。据图 3-31 可知，通过调控原始孔隙孔径 a_0、原始孔喉孔径 b_0、倒角缓冲曲度 t_0 以及连通程度 $C(N_c, R_c)$ 等原始复杂要素的大小可以构建不同类型的多孔介质。具体分类情况如下（对应的原始复杂性参数列于表 3-4）：

表 3-4　原始复杂性参数对多孔介质类型的控制

原始复杂性参数	标记	模型编号	控制结果
孔隙相比例	x_p	3-32-I	SF: $x_p = 0$、$b_0 = 0$
		3-32-II	SF: $x_p = 0$、$a_0 > b_0 \neq 0$
		3-32-III	SF: $x_p = 0$、$a_0 = b_0$
固相比例	x_s	3-33（a）-I	PF: $x_s = 0$、$b_0 = 0$
		3-33（a）-II	PTF: $x_s = 0$、$a_0 > b_0 \neq 0$
		3-33（a）-III	PTF: $x_s = 0$、$a_0 = b_0$
孔隙孔径	a_0	3-33（b）-I	PNF: $x_s = 0$、$b_0 = 0$
		3-33（b）-II	PTNF: $x_s = 0$、$a_0 > b_0 \neq 0$
		3-33（b）-III	PTNF: $x_s = 0$、$a_0 = b_0$
孔喉孔径	b_0	3-33（c）-I	PNCF: $x_s = 0$、$b_0 = 0$、$N_c = 2$、$R_c = 0.6$
		3-33（c）-II	PTNCF: $x_s = 0$、$a_0 > b_0 \neq 0$、$N_c = 3$、$R_c = 0.4$
		3-33（c）-III	PTNCF: $x_s = 0$、$a_0 = b_0$、$N_c = 1$、$R_c = 1$

续表

原始复杂性参数	标记	模型编号	控制结果
倒角缓冲曲度	t_0	3-34（a）-I	PSF：$x_p \neq 0$、$x_s \neq 0$、$b_0 = 0$
		3-34（a）-II	PTSF：$x_p \neq 0$、$x_s \neq 0$、$a_0 > b_0 \neq 0$
		3-34（a）-III	PTSF：$x_p \neq 0$、$x_s \neq 0$、$a_0 = b_0$
连通性	N_c	3-34（b）-I	PSNF：$x_p \neq 0$、$x_s \neq 0$、$b_0 = 0$
		3-34（b）-II	PTSNF：$x_p \neq 0$、$x_s \neq 0$、$a_0 > b_0 \neq 0$
		3-34（b）-III	PTSNF：$x_p \neq 0$、$x_s \neq 0$、$a_0 = b_0$
	R_c	3-34（c）-I	PSNCF：$x_p \neq 0$、$x_s \neq 0$、$b_0 = 0$、$N_c = 2$、$R_c = 0.6$
		3-34（c）-II	PTSNCF：$x_p \neq 0$、$x_s \neq 0$、$a_0 > b_0 \neq 0$、$N_c = 3$、$R_c = 0.4$
		3-34（c）-III	PTSNCF：$x_p \neq 0$、$x_s \neq 0$、$a_0 = b_0$、$N_c = 1$、$R_c = 1$

注：模型编号对应相应图序号的小图，下同。

第一类：当 $x_p = 0$ 时，构建结果为固相分形多孔介质（solid-phase fractal porous media，SF）（模型的命名规则依据原始相中固相与孔隙相的占比，因此与一般定义下的孔隙类型划分相反，即 SF 模型实际上属于孔隙相分形），如图 3-32 所示。

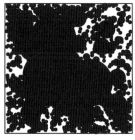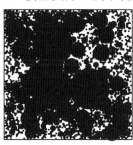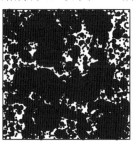

I：SF，$b_0 = 0$ II：SF，$b_0 \neq 0$ III：SF，$a_0 = b_0$

图 3-32　固相颗粒填充型分形多孔介质

蓝色和白色区域分别为固体和孔隙

第二类：当 $x_s = 0$ 时，构建结果为孔隙相分形模型，并且依据孔喉的取值情况，可以将其进一步划分为孔隙相颗粒填充分形模型（pore-phase bed-backing fractal porous media，PF）/孔隙相孔–喉颗粒填充分形模型（pore-phase pore-throat bed-backing fractal porous media，PTF）和孔隙相孔–网分形网络模型（pore-phase pore-network fractal porous media，PNF）/孔隙相孔–喉–网分形网络模型（pore-phase pore-throat-network fractal porous media，PTNF），以及孔隙相孔–网–连分形模型（pore-phase pore-network-connectivity fractal porous media，PNCF）/孔隙相孔–喉–网–连分形模型（pore-phase pore-throat-network-connectivity fractal porous media，PTNCF），如图 3-33 所示。

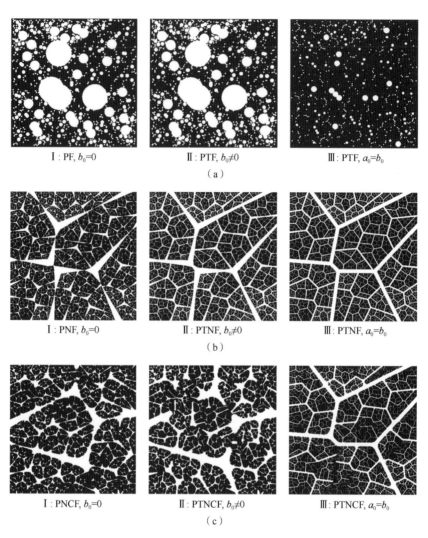

I : PF, $b_0=0$　　　　Ⅱ: PTF, $b_0\neq0$　　　　Ⅲ: PTF, $a_0=b_0$

（a）

I : PNF, $b_0=0$　　　　Ⅱ: PTNF, $b_0\neq0$　　　　Ⅲ: PTNF, $a_0=b_0$

（b）

I : PNCF, $b_0=0$　　　　Ⅱ: PTNCF, $b_0\neq0$　　　　Ⅲ: PTNCF, $a_0=b_0$

（c）

图 3-33　孔隙相分形多孔介质

（a）颗粒填充型；（b）网络型；（c）连通型

　　第三类：当 $x_p \neq 0$ 且 $x_p \neq 0$ 时，构建结果表现为孔–固多相型分形多孔介质，同样地，根据孔喉的取值情况进一步将其划分为多相孔–固颗粒填充分形模型（multi-phase pore-solid fractal porous media，PSF）/多相孔–喉–固颗粒填充分形模型（multi-phase pore-throat-solid fractal porous media，PTSF）[图 3-34（a）]、多相孔–固–网分形模型（multi-phase pore-solid-network fractal porous media，PSNF）/多相孔–喉–固–网分形模型（multi-phase pore-throat-solid-network fractal porous media，PTSNF）[图 3-34（b）]，以及多相孔–固–网–连分形模型（multi-phase pore-solid-network-connectivity fractal porous media，PSNCF）/多相孔–喉–固–网–连分形模型

（multi-phase pore-throat-solid-network-connectivity fractal porous media，PTSNCF）
[图 3-34（c）]。

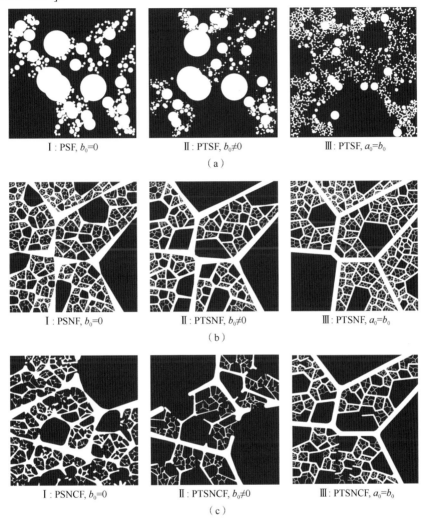

Ⅰ：PSF，$b_0=0$　　Ⅱ：PTSF，$b_0\neq0$　　Ⅲ：PTSF，$a_0=b_0$
（a）

Ⅰ：PSNF，$b_0=0$　　Ⅱ：PTSNF，$b_0\neq0$　　Ⅲ：PTSNF，$a_0=b_0$
（b）

Ⅰ：PSNCF，$b_0=0$　　Ⅱ：PTSNCF，$b_0\neq0$　　Ⅲ：PTSNCF，$a_0=b_0$
（c）

图 3-34　多相分形多孔介质
（a）颗粒填充型；（b）网络型；（c）连通型

图 3-32～图 3-34 模型构建结果显示，随着 x_p、x_s、a_0、b_0、t_0、$C(N_c, R_c)$ 等原始复杂性参数的取值变化，多孔介质的原始缩放对象表现出不同的几何特征，致使经分形迭代后形成不同类型的多孔介质，如图 3-35 所示，得到了由原始复杂性控制下的多孔介质类型演化规律，该结果证明原始复杂性是决定分形多孔介质类型的主控因素，PTSNCF 模型可实现对颗粒填充型、网络型、连通型等任意多孔介质类型的统一表征。

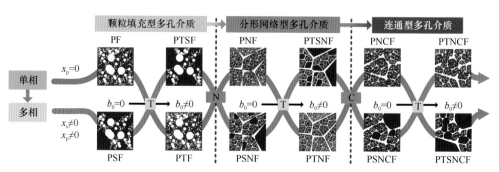

图 3-35　原始复杂性控制下的多孔介质类型的演变机制

T、N、C 分别表示孔喉、网络、连通

2）行为复杂性对尺度不变类型的控制机理

多孔介质孔隙结构中自相似行为和自仿射行为主要是由不同方向上的缩放间隙度 P_i 决定的。因此，针对二维 PTSNCF 模型，通过改变各方向上 P_i 的耦合类型，即 $P_y/P_x = k$ 的取值（x 方向即二维空间下的水平方向，y 方向即二维空间下的垂直方向，下同），本节构建了一系列分形多孔介质模型用于定量表征孔隙结构的自相似、自仿射行为，对应建模参数如表 3-5 所示。

针对单相自相似分形多孔介质模型的表征，需要满足两个条件，即 $F = N_0$ 且 $P_y/P_x = k = 1$，以确保在分形迭代过程中缩放对象在各方向上的缩放比相同，表征结果如图 3-32，图 3-33 及图 3-36（a）、（b）、（c）中的 II 所示。当缩放比不一致时，即满足 $P_y/P_x = k < 1$ 或满足 $P_y/P_x = k > 1$ 时，所构建的多孔介质表现出单相自仿射分形特征，前者如图 3-36（a）、（b）、（c）中的 I 所示，此处取 $k=0.8$，后者如图 3-36（a）、（b）、（c）中的 III 所示，$k = 1.2$。

然而，真实的多孔介质孔隙结构由于成因多样，导致孔隙结构异常复杂，非均质性和各向异性特征极其明显。图 3-34 和图 3-37（a）、（b）、（c）中的 II 均为多相自相似分形多孔介质模型，满足 $F \neq N_0$，表现出了极强的非均质性，但其各个方向上的缩放比相同，缺乏各向异性特征。而图 3-37（a）、（b）、（c）中的 I、III 满足 $F \neq N_0$ 且 $P_y/P_x = k \neq 1$，属于多相自仿射分形多孔介质。显然，相较于其他模型，多相自仿射模型同时考虑了多孔介质空间的非均质性和结构的各向异性，使得多孔介质的孔隙结构分布更具多样化和随机性，更接近于真实储层。

图 3-36 和图 3-37 模型构建结果显示，随着 k 的变化，孔隙结构在不同方向上表现出不同的压缩或拉伸情况。该结果证明各方向上缩放间隙度的比值，即 $k = P_y/P_x$ 是影响分形多孔介质自相似或自仿射分形行为的关键变量。当父级缩放对象与子级缩放对象在各个方向具有不同的缩放尺度时，分形对象表现为自仿射分形特征，反之则表现出自相似分形特征。

表 3-5 行为复杂性参数对孔隙结构自相似/自仿射行为的控制

行为复杂性参数	标记	模型编号	控制结果
缩放间隙度耦合类型	$k = P_y/P_x$	3-36（a）- Ⅰ	单相自仿射颗粒填充型：$k = 0.8 < 1$、$F = N_0$
		3-36（a）- Ⅱ	单相自相似颗粒填充型：$k = 1$、$F = N_0$
		3-36（a）- Ⅲ	单相自仿射颗粒填充型：$k = 1.2 > 1$、$F = N_0$
		3-36（b）- Ⅰ	单相自仿射分形网络型：$k = 0.8 < 1$、$F = N_0$
		3-36（b）- Ⅱ	单相自相似分形网络型：$k = 1$、$F = N_0$
		3-36（b）- Ⅲ	单相自仿射分形网络型：$k = 1.2 > 1$、$F = N_0$
		3-36（c）- Ⅰ	单相自仿射连通型：$k = 0.8 < 1$、$F = N_0$
		3-36（c）- Ⅱ	单相自相似连通型：$k = 1$、$F = N_0$
		3-36（c）- Ⅲ	单相自仿射连通型：$k = 1.2 > 1$、$F = N_0$
缩放覆盖率	F	3-37（a）- Ⅰ	多相自仿射颗粒填充型：$k = 0.8 < 1$、$F < N_0$
		3-37（a）- Ⅱ	多相自相似颗粒填充型：$k = 1$、$F < N_0$
		3-37（a）- Ⅲ	多相自仿射颗粒填充型：$k = 1.2 > 1$、$F < N_0$
		3-37（b）- Ⅰ	多相自仿射分形网络型：$k = 0.8 < 1$、$F < N_0$
		3-37（b）- Ⅱ	多相自相似分形网络型：$k = 1$、$F < N_0$
		3-37（b）- Ⅲ	多相自仿射分形网络型：$k = 1.2 > 1$、$F < N_0$
		3-37（c）- Ⅰ	多相自仿射连通型：$k = 0.8 < 1$、$F < N_0$
		3-37（c）- Ⅱ	多相自相似连通型：$k = 1$、$F < N_0$
		3-37（c）- Ⅲ	多相自仿射连通型：$k = 1.2 > 1$、$F < N_0$

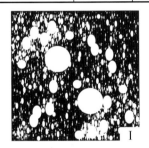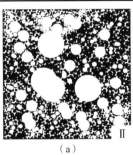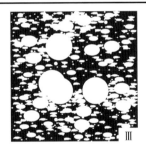

（a）

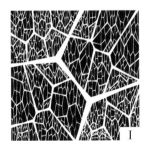

（b）

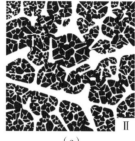

（c）

图 3-36　单相分形多孔介质

（a）颗粒填充型；（b）网络型；（c）连通型

5. 单重分形与多重分形行为多孔介质的定量表征

通过以上研究可知，单重分形内蕴两大假设：其一是"单"，即在分形迭代过程中仅存在一种缩放行为，G_f 与 G_c 之间始终保持单一的继承关系；其二是"重"，即在分形迭代过程中其缩放行为不随尺度的变化而变化。而多重分形与单分形之间最大的差异在于前者是"多"种缩放行为共同作用的结果，即 G_f 与 G_c 之间的继承关系不一致，分形行为表现为多缩放行为的组合。据此，通过控制多孔介质分形行为 Ω 中缩放行为 B 的耦合类型，构建了一系列多孔介质模型，对其单重分形行为和多重分形行为进行定量表征。

单重分形与多重分形对应的模型参数如表 3-6 所示，表征结果如图 3-38 所示。图 3-38 的模型构建结果显示，当分形行为 Ω 中存在唯一缩放行为 B 时，G_f 与其所有的 G_c 之间保持同样的缩放尺度，即各级中新生成的孔隙、孔喉孔径保持一致，表现出单重分形特征 [图 3-38（a）]；反之，当分形行为中存在多种缩放行为时，G_f 与其各个 G_c 之间享有不同的缩放尺度，如图 3-38（b）中同一级中不同颜色代表了多个大小不同的孔隙、孔喉大小，由此所生成的孔隙空间宽度出现差异，即 G_f 进行分形迭代时出现多种继承规则，其各 G_c 之间尺度不一致，但整体上所有的 G_f 均遵循唯一的迭代规则，因此多孔介质呈现出多重分形特征。由此可见，分形对象表现出的单重分形或多重分形特征，主要取决于其分形行为 Ω 中缩放行为 B

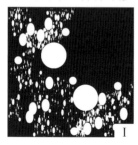
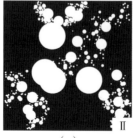
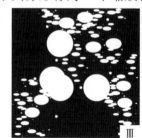

（a）

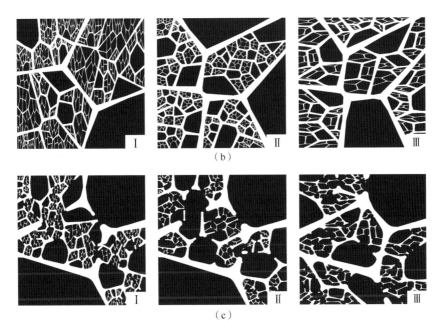

图 3-37　多相分形多孔介质

（a）颗粒填充型；（b）网络型；（c）连通型。Ⅰ、Ⅱ、Ⅲ分别为 $k<1$、$k=1$、$k>1$

是单类型耦合形式或是多类型耦合形式。

6. 精确分形与统计分形多孔介质的定量表征

根据分形拓扑集的定义，精确分形与统计分形在分形行为的耦合类型上存在差异，即在分形迭代过程中，前者仅包含一种分形行为，而后者是多种分形行为作用的结果。顾名思义，在精确分形对象的 G_f 与 G_c 之间，无论从部分或是整体上看具有同样的尺度关系，而统计分形对象中各个部分之间存在不同的尺度关系，但是在整个分形迭代的始末，其 G_f 与 G_c 之间仍遵循唯一分形拓扑集合。据此，通过控制多孔介质分形拓扑集 Ω_{set} 中分形行为 Ω 的耦合类型，构建了一系列多孔介质模型，对其精确分形行为和统计分形行为进行定量表征。同样地，为避免各类多孔介质原始复杂性参数的干扰，模型构建过程中，图 3-39（a）、（b）中的Ⅰ：$a_0=10$、$b_0=10$，图 3-39（a）、（b）中的Ⅱ：$a_0=6$、$b_0=3$，以及图 3-39（a）、（b）中的Ⅲ：$a_0=6$、$b_0=3$、$t_0=3$、$N_c=2$、$R_c=1$。精确分形与统计分形对应的模型参数见表 3-7，表征结果如图 3-39 所示。

表 3-6　行为复杂性参数对孔隙结构单重分形/多重分形行为的控制

行为复杂性参数	标记	模型编号	控制结果
缩放行为	B	3-38（a）-Ⅰ	单分形颗粒填充型：$\Omega\{B\{1.73, 2.60\}\}$
		3-38（a）-Ⅱ	单分形网络型：$\Omega\{B\{1.72, 2.59\}\}$

续表

行为复杂性参数	标记	模型编号	控制结果
缩放行为	B	3-38（a）- Ⅲ	单分形连通型：$\Omega\{B\{2.36, 2.36\}\}$
分形行为	Ω	3-38（b）- Ⅰ	多分形颗粒填充型：$\Omega\{B_1\{1.63, 2.45\}, B_2\{1.22, 1.84\}, B_3\{2.45, 3.67\}, B_4\{1.86, 2.79\}\}$
		3-38（b）- Ⅱ	多分形网络型：$\Omega\{B_1\{1.55, 2.33\}, B_2\{1.22, 1.84\}, B_3\{2.45, 3.67\}, B_4\{2.06, 3.09\}\}$
		3-38（b）- Ⅲ	多分形连通型：$\Omega\{B_1\{1.2, 1.2\}, B_2\{2, 3\}, B_3\{3, 3\}, B_4\{3.92, 3.92\}, B_4\{2.5, 2.5\}\}$

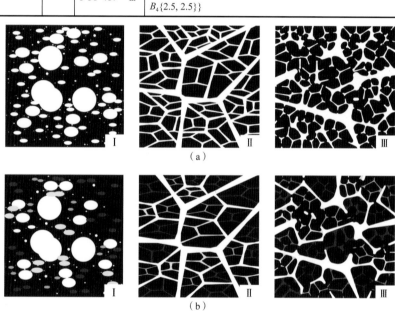

图 3-38　单重分形多孔介质（a）与多重分形多孔介质（b）

不同颜色孔隙空间代表不同缩放行为 B

表 3-7　行为复杂性参数对孔隙结构精确分形/统计分形行为的控制

行为复杂性参数	标记	模型编号	控制结果
分形行为	Ω	3-39（a）- Ⅰ	精确分形颗粒填充型：$\Omega_{\text{set}}\{\Omega\{B_1\{1.25, 1.79\}, B_2\{1.67, 2.39\}, B_3\{2.09, 2.99\}, B_4\{2.77, 3.95\}\}\}$
		3-39（a）- Ⅱ	精确分形网络型：$\Omega_{\text{set}}\{\Omega\{B_1\{1.55, 2.33\}, B_2\{1.22, 1.84\}, B_3\{2.45, 3.67\}, B_4\{2.06, 3.09\}\}\}$
		3-39（a）- Ⅲ	精确分形连通型：$\Omega_{\text{set}}\{\Omega\{B_1\{1.63, 2.45\}, B_2\{1.22, 1.84\}, B_3\{2.45, 3.67\}\}\}$
分形拓扑集	Ω_{set}	3-39（b）- Ⅰ	统计分形颗粒填充型：$\Omega_{\text{set}}\{\Omega_{1\text{-}3}\{B\{5.13, 2.57\}\}, \Omega_{4\text{-}6}\{B\{1.28, 2.57\}\}\}$
		3-39（b）- Ⅱ	统计分形网络型：$\Omega_{\text{set}}\{\Omega_{1\text{-}2}\{B\{5.92, 2.37\}\}, \Omega_{3\text{-}4}\{B\{1.31, 2.37\}\}\}$
		3-39（b）- Ⅲ	统计分形连通型：$\Omega_{\text{set}}\{\Omega_{1\text{-}2}\{B\{5.82, 2.33\}\}, \Omega_{3\text{-}4}\{B\{1.29, 2.33\}\}\}$

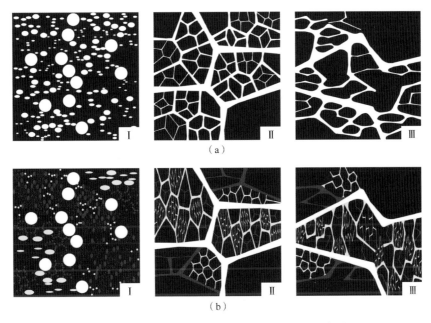

图 3-39　精确分形多孔介质（a）与统计分形多孔介质（b）
不同颜色孔隙空间代表不同分形行为 Ω

图 3-39 的模型构建结果显示，当分形拓扑集 Ω_{set} 中只包含一种分形行为 Ω 时，不同的 G_f 与 G_c 之间仅存在唯一的继承关系，多孔介质孔隙结构在不同视角下的缩放尺度一致，表现出精确分形特征 [图 3-39（a）]；反之，当分形拓扑集 Ω_{set} 中包含多种分形行为 Ω 时，则不同的 G_f 与 G_c 之间存在多种继承关系，孔隙结构在不同视角下的缩放尺度不一致，如图 3-39（b）所示，不同的 G_f 遵循着各自的分形行为进行迭代，生成了孔隙孔径、孔喉孔径、密度均不同的子级孔隙空间，但在整体上符合尺度不变属性，此时多孔介质孔隙结构表现出统计分形特征。

对比图 3-38（b）与图 3-39（b）可以发现，多重分形与统计分形之间的区别在于前者的所有 G_f 与 G_c 之间共享同种分形行为，但该分形行为中存在多种缩放行为，而后者中不同的 G_f 与 G_c 之间存在多种分形行为，同时其分形行为中缩放行为的耦合模式不受限制。基于以上分析，分形拓扑集 Ω_{set} 中分形行为的耦合类型是决定精确分形或统计分形的主控因素。

3.3.4　分形表征模型的适配性

自然储层通常因其岩性、物性、储集空间类型等的差异而表现出不同的储层特征。对碎屑岩储层来说，其碎屑颗粒形状不规则，堆积时相互镶嵌，目前多采用 Sierpinski 地毯、Menger 海绵体、PSF、IFU、QSGS 等模型表征其孔隙结构，但这些颗粒填充模型无法定量描述喉道连通程度，更重要的是缺乏对孔隙结构双重复杂性组构模式的认识，这导致了对碎屑岩储层描述的不精确和不全面。相反，PTSNCF 模型可以通过设置孔隙、孔喉模拟碎屑、胶结物颗粒的大小，并通过改变倒角缓冲曲度 t_0 控制基质与孔隙间磨圆度，同时改变缩放覆盖率 F 的大小来控制储层非均质性的强弱，进而精细模拟碎屑岩储层的复杂孔隙结构。

与碎屑岩储层相比，碳酸盐岩储层储集空间类型多、次生变化大，具有更强的复杂性和多样性。鉴于此，在 PTSNCF 模型基础上，可通过改变孔隙的尺寸及分布密度，定量孔喉的尺寸及喉道的连通程度，同时设置相应的尺度不变参数，以表征碳酸盐岩储层复杂多变的孔隙结构。

从物性和储集空间类型角度来看，以往的分形表征模型只适用于某一特定类型的储层，例如表征致密型储层、孔隙型或孔洞型储层多采用颗粒填充模型，中孔中渗型储层、裂缝性或裂缝–孔隙性储层多采用裂隙网络模型，中孔低渗型储层、缝洞型储层多采用孔–裂隙分形网络和孔隙–孔喉耦合分形网络模型。而通过调整 PTSNCF 模型中孔隙、孔喉尺寸配比，设置原始构型中确定相的类型及分布，定量化基质及喉道连通属性，经三者耦合得到分形储层的原始缩放对象，同时定义缩放行为描述储层的各向异性、非均质性，最终从不同的维度实现对任意类型储层的统一表征。

因此，根据研究地区、研究样品及研究目的，可以按照特定的划分标准对选区的自然储层进行归类，厘清该储层的复杂组构模式及其组构机制，并在此基础上通过定义原始复杂性元素和尺度不变要素，针对特定的孔隙结构特征构建 PTSNCF 多孔介质，以实现对储层的精细表征。各类储层表征模型的适配性具体描述如下：

1. 基于岩性分类的储层表征模型适配性研究

首先从岩性角度划分有碎屑岩储层和碳酸盐岩储层等。砂岩、砾岩、粉砂岩等碎屑岩储层孔隙结构由碎屑颗粒、胶结物、孔隙和基质组成。其中，碎屑颗粒的形状不规则，且堆积时交叉镶嵌，对于碎屑颗粒磨圆度较差的储层可使用颗粒填充型 SF、PF、PTF 多孔介质模型，相反 PNCF、PTNCF 多孔介质模型更接近于磨圆度较好的碎屑岩储层，且可通过调整倒角缓冲曲度 t_0 的取值控制基质与孔隙间的磨圆度。对于表现出较强非均质性的碎屑岩储层可构建 PSF、PTSF、PSNCF、PTSNCF 模型，通过改变缩放覆盖率 F 的取值或分形行为的耦合类型控制储层非均质特征的强弱（图 3-40）。

相较于碎屑岩储层，碳酸盐岩储层的储集空间类型多、次生变化大，具有更大的多样性和复杂性。大多数研究中将碳酸盐岩储层按照其储集空间类型细分为孔隙型、孔洞型、裂缝–孔隙型和裂缝–孔洞型。其中孔隙型主要发育微小孔隙，渗透率、孔隙度均较低，是一种低孔–低渗型储层。孔洞型主要发育微孔隙、中孔

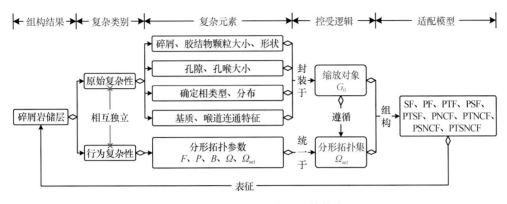

图 3-40　碎屑岩储层复杂组构模式

隙、大孔隙，裂缝发育较差，因此孔隙度较高，渗流能力差，适配模型包括 PF、PTF、PSF、PTSF，改变孔隙、孔喉的大小及分布密度控制着前两类储层中微孔、中孔、孔洞的发育程度。裂缝–孔隙型主要发育微孔隙和微裂缝，孔隙度较低但渗流能力相对较好。裂缝–孔洞型主要发育中孔、溶洞和裂隙，渗透率、孔隙度均较高。后两类储层的适配模型有 PNF、PTNF、PNCF、PTNCF、PSNF、PTSNF、PTSNCF，同样通过改变孔隙尺寸及分布密度表征储层中微孔、中孔、孔洞的发育情况，通过定量孔喉的尺寸及喉道的连通程度表征储层的渗流能力，同时设置缩放覆盖率 F 和分形拓扑集 Ω_{set} 描述储层的非均质特征（图 3-41）。

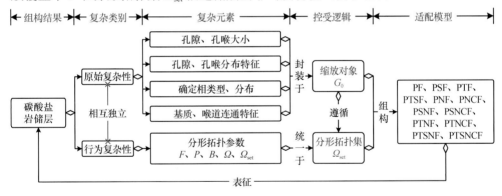

图 3-41　碳酸盐岩储层复杂组构模式

2. 基于孔隙度分类的储层表征模型适配性研究

依据孔隙度可以将储层分为高孔储层、中孔储层、低孔储层，控制孔隙发育的关键复杂因素有孔隙、孔喉的大小及分布密度；依据储层渗透率可以将储层分为高渗储层、中渗储层和低渗储层，通过调节孔隙、孔喉的尺寸比例以及基质或喉道的连通程度表征储层的渗透能力。同时考虑孔隙度、渗透率两个物性参数可以将自然储层分为高孔-高渗型储层、中孔-中渗型储层、中孔-低渗型储层、低孔-低渗型储层、致密型储层、超致密型储层。孔隙和孔喉尺寸的配比、原始构型中固相、孔隙相、分形相的分布、喉道连通属性的定量化，三者耦合构建得到原始缩放对象，并定义分形拓扑集 Ω_{set} 对储层的各向异性、非均质性进行定量表征。其中，高孔-高渗型、中孔-中渗型、中孔-低渗型、低孔-低渗型的适配模型包括 PNF、PTNF、PNCF、PTNCF、PSNF、PTSNF、PSNCF、PTSNCF。相较于中孔-中渗型模型，高孔-高渗型孔隙的尺寸较大、喉道的连通程度更强，中孔-低渗型孔喉尺寸偏小或喉道的连通程度更弱，而低孔-低渗型的孔隙偏小或孔隙、孔喉的尺寸比偏小、连通性较差，导致模型的孔隙度偏低且渗透性能力低。对致密型储层和超致密型储层而言，孔隙结构极其复杂，适配模型包括颗粒填充型 SF、PF、PTF、PSF、PTSF、PTSNCF，孔隙、孔喉的尺寸及分布密度、分形行为是其控制孔隙结构复杂性的关键；PTSNCF 模型通过控制喉道的连通程度、原始构型的分形行为，经过随机迭代，也可以很好地表征这两类储层微观孔隙空间的复杂结构（图 3-42）。

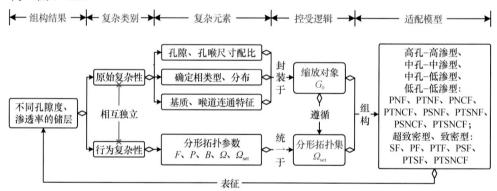

图 3-42 不同物性特征储层复杂组构模式

3. 基于储集空间分类的储层表征模型适配性研究

自然储层还可以根据储集空间类型分为孔隙型储层、孔洞型储层、裂缝型储层、裂缝-孔隙型储层、裂缝-孔洞型储层。以突出储集空间类型为侧重点构建的模型适用程度取决于孔隙和孔喉的尺寸、分布密度及喉道连通特征的耦合情况。孔隙型和孔洞型储层主要发育孔隙，裂隙基本不发育，其中孔隙型的微孔发育成熟，多采用 PF、PSF 模型；孔洞型主要以中孔和大孔的数量居多，PTF、PTSF 的适用性更强。裂隙型储层的孔隙发育弱，但裂隙发育明显，渗透性能好，可构建 PNF、PSNF 模型。裂缝-孔隙型储层主要发育微孔隙、微裂隙，与孔隙型、孔洞型储层相比孔隙度低，但因为有大量微裂隙的存在，使得各个孔隙之间通过喉道连接起来，渗流性能相对较好，适配模型有 PNCF、PSNCF。裂缝–孔洞型储层的性能相对最好，大量孔洞和宏观裂隙的发育使储层的孔隙度高，渗流能力强，特别是微裂隙的存在，作为大孔、中孔、微孔隙与宏观裂隙的连接通道，大大提高了孔隙空间的连通程度，构建时选择 PTNCF、PTSNCF 模型更能还原该类储层极其复杂的孔隙空间（图 3-43）。

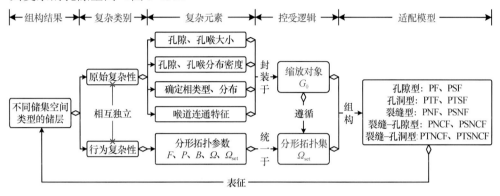

图 3-43　不同储集空间类型储层复杂组构模式

4. 煤储层表征模型适配性研究

对于煤储层，它是经不同尺度、不同强度的地质事件、外部作用及内部物理化学过程叠合作用形成的多孔介质，其微观几何形态异常复杂多变。煤储层的孔隙度、渗透率都远不及常规储层，孔隙、孔喉孔径也更小，互相之间的连通情况也更复杂。由于其外部宏观结构主要为宏观裂隙，其端面形貌呈现出多尺度和自仿射特征，因此在构建煤储层的裂隙和割理网络时，可采用自仿射 PNF、PTNF、PSNF、PTSNF 多孔介质模型，其中孔隙、孔喉的尺寸比接近于 1，横纵方向上的缩放覆盖率分量 P_i 决定面割理、端割理的方向。而煤储层内部结构主要是孔隙和微裂隙，在较小尺度上，各大小孔隙之间通过微裂隙将其与宏观裂隙连接起来，构成了煤的双重孔隙结构。PNCF、PTNCF、PSNCF、PTSNCF 多孔介质模型既考虑到了煤储层低渗高连通这一典型特征，也兼顾了非均质性和各向异性特征。同时，因为有随机性伴随在整个分形迭代过程的始末，使得其与以往的数值模拟方法相比，能够最大限度地还原煤储层的复杂孔隙结构（图 3-44）。

综上，鉴于 PTSNCF 模型的广义性，使得不论从何种角度归类储层，都可构建特定的多孔介质类型，从而得到无限接近于自然储层的真实孔隙空间。因此，PTSNCF 多孔介质模型在自然储层孔隙结构精细表征研究中具有极大的适配性，同时，孔隙度、渗透率等物性参数的可计算性也为进一步探究储层中流体传质规律提供了等效模型支撑，实现对自然储层全孔径范围内孔隙结构的定性和定量表征。

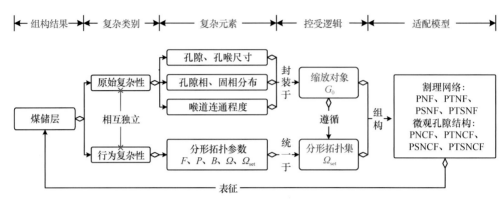

图 3-44　煤储层复杂组构模式

3.3.5　粗糙裂隙复合拓扑形貌的定量表征

1. 自然裂隙几何属性

已有研究证明，自然裂隙端面的起伏高度遵循统计自仿射分形特征[68,69]，且表现出方向依赖的尺度不变性。为方便起见，定义裂隙端面水平位置 (x, y) 处高度为 $Z(x, y)$，且为一单值函数。假设水平方向上为各向同性分布特征，则具有自仿射分形特征的裂隙端面高度可表示为

$$Z(x, y) = \mu^{-H} Z(\mu x, \mu y) \qquad (3\text{-}48)$$

式中，μ 为缩放因子；μ^{-H} 为缩放比例；H 为赫斯特指数，在二维空间下 $H \approx 2 - D_\mathrm{f}$[70]，其中 D_f 为分形维数。

与此同时，大量学者为研究煤储层裂隙粗糙特征进行了裂隙形貌处理与提取工作。其中，Wang 等[71] 在对中国新疆阜康矿区低阶煤裂隙的各向异性特征进行研究时，采用 Image-Pro Plus 软件对选取煤样图像的表面轮廓进行了栅格化处理，并得到了煤裂隙端面几何形态（图 3-45）。

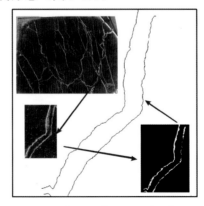

图 3-45　中国新疆阜康矿区煤裂隙形貌光栅化处理结果[71]

　　显然这一结果与前人研究结果保持了较好的一致性，即组成裂隙的两个端面高度极不规则，且极其粗糙[70,72-75]，而这一复杂几何形貌严重制约了裂隙空间中流体的运移行为。同时，Brown[76]在实验中研究发现，组成裂隙的两个端面在特定观测尺度范围内表现出了非匹配特征，如图3-46所示。

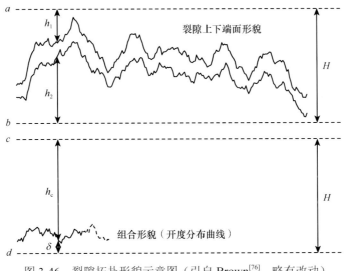

图3-46　裂隙拓扑形貌示意图（引自Brown[76]，略有改动）

　　裂隙端面的高度由四条参考线 a、b、c、d 决定，其中上端面相对参考线 a 的高度为 h_1，下端面相对参考线 b 的高度为 h_2，裂隙组合形貌相对参考线 c 的高度为 h_c，且 $h_c = h_1 + h_2$，相对参考线 d 的高度则为上下端面的开度 δ，且 $\delta = H - h_c$。因此，裂隙组合形貌与开度分布曲线等效。假定裂隙上下端面形貌完全相同，那么得到的组合形貌（裂隙开度分布曲线）将为一条光滑直线，而非起伏异常的粗糙曲线。

　　同时，因裂隙端面的形貌差异所导致的开度分布曲线同光滑端面（如参考线 d）所组成的空间在某种意义上与两个形貌差异的粗糙端面所组成的空间是等效的。而裂隙流输运属性则很大程度上取决于此类组合拓扑形貌特征[76]。

　　一般地，概率密度函数和功率谱密度函数往往被用来描述二维空间下的随机过程[76,77]。其中，功率谱密度描述裂隙端面及组合形貌各起伏高度的空间相关性，同时包含了分形特性。在不考虑水平空间坐标时，概率密度函数可用来描述在某一基准线附近裂隙端面或组合形貌/开度的分布特征。对自然岩石来说，其裂隙开度的概率密度函数近似呈现钟形正态分布[76]。

　　众多学者通过计算不同自然岩石表面的功率谱密度发现，在双对数坐标图中将功率谱密度与波数作对比（图3-47），经幂律拟合得到功率谱密度随波数的变化关系[76,78-81]，表示为

$$G(n) = Cn^{-\alpha} \tag{3-49}$$

式中，波数 n 与波长 λ 有关，$n = 2\pi/\lambda$，当波速为 1 时，波数 n 等于频率 f；$G(n)$ 为波数为 n 时的功率谱密度；常数 C 为双对数坐标下功率谱密度的截距；α 为双对数坐标下功率谱的斜率，值为 $2 \sim 3$，据此可根据 α 值计算裂隙端面的分形维数[78,80]，$D_f = (5-\alpha)/2$。

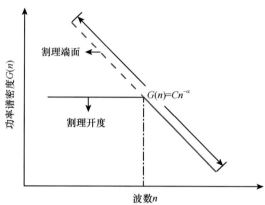

图 3-47　割理端面及开度的功率谱密度随波数的变化关系

同时，Brown 等[82] 通过实验证实，裂隙组合形貌/开度与裂隙端面的功率谱密度有所差异，主要表现为：当频率大于某一特定值 f 时，两者具有相同的功率谱密度变化趋势（如图 3-47 蓝色实线部分所示）；当频率小于 f 时，开度的功率谱密度变化逐渐平稳，近似为一常量（如图 3-47 黑色实线部分所示）。这一现象同时从另一角度证实了上下裂隙端面在短波长尺度下相互独立，而长波长尺度下具有相关性的特征。

2. 粗糙裂隙非匹配几何拓扑形貌的数学模拟

自然裂隙端面往往表现出多尺度、自仿射分形等特征，导致经典统计学方法无法对其有效描述，而具有连续、不可微、随机、自仿射等特征的 Weierstrass-Mandelbrot（W-M）函数可通过分形维数有效描述任意非规则复杂结构，被广泛用于表征复杂几何形貌[83-86]。因此，本节采用 W-M 函数来模拟二维裂隙端面几何形态，其表达式如下：

$$Z(x) = \sum_{n=n_l}^{n_h} \gamma^{n(D_f-2)} \left[\cos\phi - \cos\left(\frac{2\pi\gamma^n x}{L} + \phi \right) \right] \tag{3-50}$$

式中，$Z(x)$ 为裂隙端面的高度；n_l 和 n_h 分别为最小波数和最大波数；γ 为确定频率采样密度的比例因子，取值 1.5；ϕ 为 $[0, 2\pi]$ 范围内的随机相；L 为样本长度。

依据各向异性分形特征，自仿射属性在形式上定义为 $G(\mu x, \mu^H y)$。依据分形拓扑理论，x 方向与 y 方向的尺度孔隙度定义为 $P_x = 1/\mu$ 和 $P_x = 1/\mu^H$，可得广义赫斯特指数为

$$H_{xy} = \frac{\lg P_y}{\lg P_x} \tag{3-51}$$

传统的 W-M 函数定义 [式（3-50）] 表明，γ 为 x 方向的尺度缩放比 P_x，γ^{2-D_f} 为 y 方向的尺度缩放比 P_y，但依据分形拓扑理论及式（2-28）可知，$P_y = \gamma^H$ 而非 γ^{2-D_f}，H 与 D_f 之间并不是 $D_f \approx 2-H$ 的关系。基于此，W-M 函数被重新定义为[52,87]

$$Z(x) = \sum_{n=n_l}^{n_h} P_y^{-n} \left[\cos\phi - \cos\left(2\pi P_x^{n-n_l} x + \phi\right) \right] \tag{3-52}$$

式中，$P_x = \gamma$，$P_y = \gamma^H$，分形维数 $D_f = 2/(1+H)$。

依据式（3-52），模拟裂隙上下端面的 W-M 方程被分别定义为

$$Z(x) = \sum_{n=n_l}^{n_h} P_y^{-n} \left[\cos\phi_{1,n} - \cos\left(2\pi P_x^{n-n_l} x + \phi_{1,n}\right) \right] \tag{3-53}$$

$$Z(x) = \sum_{n=n_l}^{n_h} P_y^{-n} \left[\cos\phi_m - \cos\left(2\pi P_x^{n-n_l} x + \phi_m\right) \right] \tag{3-54}$$

其中，$\phi_{1,n}$ 和 ϕ_m 分别表示用于生成裂隙上下端面的随机相集。

已有研究表明，组成自然裂隙的两个端面在较大观测尺度时展现出了相同的统计平均几何特征[82]；在较小观测尺度时则表现出了独立性，即非匹配特征。同时，非匹配行为向匹配行为的转化已被证实为一连续渐变过程[77]。基于以上认识，本节采用新定义的 W-M 函数 [式（3-52）] 并基于权重思想来实现自仿射粗糙裂隙的非匹配行为表征，具体构建步骤如下：

（1）生成两个相互独立的随机相集 $\{\phi_{1,n}\}$ 和 $\{\phi_{2,n}\}$。

（2）基于 $\{\phi_{1,n}\}$，由式（3-52）（此时，$\phi = \phi_{1,n}$）构建上端面 Surf_1。

（3）根据自然裂隙端面的非匹配特征，确定不同波数范围内下端面的随机相集 $\{\phi_m\}$。

（4）基于式（3-52）（此时，$\phi = \phi_m$）构建下端面 Surf_2，并按预先设置的上下裂隙端面的平均开度做上下平移生成裂隙。

（5）为方便 LBM 模拟，将裂隙空间离散为格子系统。

在步骤（3）中，随机相集 $\{\phi_m\}$ 由以下表达式确定：

$$\phi_m = \begin{cases} \phi_{1,n}, & n_l \leqslant n \leqslant n_1 \\ \omega_2\phi_{1,n} + \omega_1\phi_{2,n}, & n_1 < n < n_c \\ \phi_{2,n}, & n_c \leqslant n \leqslant n_h \end{cases} \tag{3-55}$$

式中，n_1 和 n_c 为 $[n_l, n_h]$ 范围内的波数，$n_1 < n_c$；权重系数 ω_1（$0 \leqslant \omega_1 \leqslant 1$）和 ω_2（$0 \leqslant \omega_2 \leqslant 1$）满足关系式 $\omega_1 + \omega_2 = 1$，ω_1 可参照图 3-48 计算如下：

$$\omega_1 = \begin{cases} 0, & n_l \leqslant n \leqslant n_1 \\ \dfrac{n - n_1}{n_c - n_1}, & n_1 < n < n_c \\ 1, & n_c \leqslant n \leqslant n_h \end{cases} \tag{3-56}$$

在由非匹配行为向匹配行为过渡的起始点，权重系数 $\omega_1 = 1$，$\omega_2 = 0$。而后，ω_1 开始减小，随着波数（波长）的逐渐减小（增大），ω_2 的影响逐渐加强，当 $n = n_c$ 时，ω_2 变为 1，非匹配行为终止，完全过渡为匹配行为。

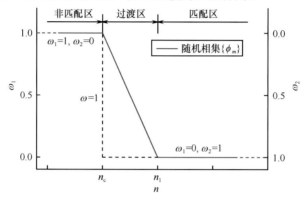

图 3-48 计算权重系数 ω_1 和 ω_2 的原理示意图
横轴波数 n 从左到右由大到小

3. 有效性验证

依据上述方法模拟构建了多组不同非匹配范围控制下的粗糙裂隙，部分模拟结果如图 3-49 所示。同时，为验证表征模型的有效性，选取了赫斯特指数为 0.9，平均开度为 70lu，$n_1 = 5$，$n_c = 30$ 时的裂隙模型，并分别计算了裂隙端面、开度的功率密度谱及二者谱比值，结果如图 3-50 所示。

显然，在图 3-50（a）所示的双对数对标图中，裂隙端面功率谱密度随频率的

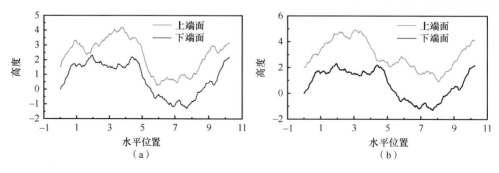

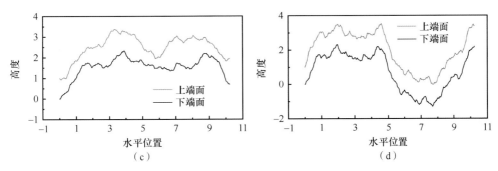

图 3-49 不同非匹配范围控制下的粗糙裂隙部分模拟结果
（赫斯特指数为 0.9，裂隙开度为 80lu）

（a）非匹配范围为 [1,8] 的裂隙；（b）非匹配范围为 [3,24] 的裂隙；（c）非匹配范围为 [10,30] 的裂缝；（d）非匹配范围为 [5,20] 的裂缝

变化关系整体近似满足幂律关系，而对组合端面开度的功率谱密度随频率的变化曲线进行幂律拟合时发现，二者并非完全意义上的幂律关系，当频率大于某一定值 f 时，幂律关系的拟合度较高，相反情况下，开度功率谱密度不随频率的变化而变化。该现象与真实岩石裂隙的数学统计特征显示出了较高的一致性。图 3-50（b）曲线为开度与端面功率谱比值随频率的变化趋势，即裂缝端面与开度的差异变化。

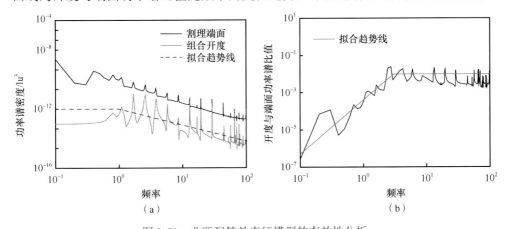

图 3-50 非匹配等效表征模型的有效性分析
（a）裂隙端面及开度的功率谱密度曲线对比；（b）开度与裂隙端面的功率谱比值曲线

图 3-51 采用直方图的形式对裂隙开度的概率分布特征进行了展现。通过计算裂隙开度的概率密度函数并采用高斯曲线拟合发现，裂隙开度分布特征近似满足高斯正态分布。这与前人的研究结果一致[76]。

以上结果均表明，裂隙等效表征模型具有与自然裂隙相同的数学统计特征，并展现出了较强的一致性。因此，基于新定义的 W-M 函数构建粗糙裂隙的非匹配行为等效表征模型是有效的。

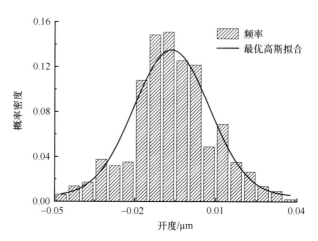

图 3-51　裂隙开度的概率密度直方图

3.4　小结

本章围绕储层孔裂隙结构表征这一主题，介绍了分形多孔介质孔隙类型的界定规则，概述了当前储层孔–裂隙结构表征方法的研究现状，系统阐述了分形多孔介质的定量表征方法，探讨了这些分形表征模型对不同类型自然储层的适配性。以上研究可以为厘清分形多孔介质孔隙结构的复杂性归属提供理论依据，提升对当前储层孔–裂隙结构细观重构方法基本特点的认识，并为等效表征分形多孔介质的复杂孔隙结构提供理论支撑与技术支持。

参考文献

[1] Kozeny J. Über kapillare Leitung des Wassers im Boden. Sitzungsberichte der Akademie der Wissenschaften in Wien, 1927, 136: 271.

[2] Carman P C. Fluid flow through granular beds. Transactions-Institution of Chemical Engineeres, 1937, 15: 150-166.

[3] Civan F. Scale effect on porosity and permeability: Kinetics, model, and correlation. Aiche Journal, 2001, 47(2): 271-287.

[4] Bennion D, Thomas F, Ma T. Formation Damage Processes Reducing Productivity of Low Permeability Gas Reservoirs//SPE Rocky Mountain Petroleum Technology Conference/ Low-Permeability Reservoirs Symposium, Denver, 2000.

[5] Civan F. Leaky-tube permeability model for identification, characterization, and calibration of reservoir flow units//SPE Annual Technical Conference and Exhibition? Denver, 2003.

[6] 李传亮, 孔祥言, 徐献芝, 等. 多孔介质的双重有效应力. 自然杂志, 1999, 21(5): 288-292.

[7] Yasuhara H, Elsworth D, Polak A. A mechanistic model for compaction of granular aggregates moderated by pressure solution. Journal of Geophysical Research: Solid Earth, 2003, 108(B11): 2530.

[8] Suri A, Sharma M. Sizing particles in drilling and completion fluids. Journal of Petroleum Technology, 2001, 53(11): 29.

[9] Hyman J, Winter C. Stochastic generation of explicit pore structures by thresholding Gaussian random fields. Journal of Computational Physics, 2014, 277: 16-31.

[10] Joshi M. A class of stochastic models for porous media. Lawrence: University of Kansas, 1974.

[11] capek P, Hejtmánek V, Brabec L, et al. Stochastic reconstruction of particulate media using simulated annealing: Improving pore connectivity. Transport in Porous Media, 2009, 76: 179-198.

[12] Hazlett R. Statistical characterization and stochastic modeling of pore networks in relation to fluid flow. Mathematical Geology, 1997, 29: 801-822.

[13] Cherubini C, Giasi C, Pastore N. Characterization of a coastal fractured karstic aquifer by means of sequential indicator simulation algorithm//Recent Advances in Heat Transfer, Thermal Engineering and Environment. Boulder: WSEAS Press, 2009: 960-978.

[14] Wang Y Z, Sun S Y. Multiscale pore structure characterization based on SEM images. Fuel, 2021, 289: 119915.

[15] Øren P, Bakke S. Process based reconstruction of sandstones and prediction of transport properties. Transport in Porous Media, 2002, 46(2-3): 311-343.

[16] Hajizadeh A, SafekordiA, Farhadpour F. A multiple-point statistics algorithm for 3D pore space reconstruction from 2D images. Advances in Water Resources, 2011, 34(10): 1256-1267.

[17] Wu Y Q, Lin C Y, Ren L H, et al. Reconstruction of 3D porous media using multiple-point statistics based on a 3D training image. Journal of Natural Gas Science and Engineering, 2018, 51: 129-140.

[18] Dodwell T, Ketelsen C, Scheichl R, et al. Multilevel markov chain monte carlo. Siam Review, 2019, 61(3): 509-545.

[19] Sun H, Yao J, Cao Y C, et al. Characterization of gas transport behaviors in shale gas and tight gas reservoirs by digital rock analysis. International Journal of Heat and Mass Transfer, 2017, 104: 227-239.

[20] Zuo R G, Kreuzer O, Wang J, et al. Uncertainties in GIS-based mineral prospectivity mapping: Key types, potential impacts and possible solutions. Natural Resources Research, 2021, 30: 3059- 3079.

[21] 姚军, 刘磊, 杨永飞, 等. 基于多实验成像和机器学习的页岩多尺度孔隙结构表征新方法. 天然气工业, 2023, 43(1): 36-46.

[22] Lin W, Li X Z, Yang Z M, et al. Construction of dual pore 3-D digital cores with a hybrid method

combined with physical experiment method and numerical reconstruction method. Transport in Porous Media, 2017, 120: 227-238.

[23] Wang Y Z, Rahman S. Numerical modelling of reservoir at pore scale: A comprehensive review. Journal of Computational Physics, 2023, 472: 111680.

[24] Yao J, Wang C C, Yang Y F, et al. The construction of carbonate digital rock with hybrid superposition method. Journal of Petroleum Science and Engineering, 2013, 110: 263-267.

[25] Strebelle S. Conditional simulation of complex geological structures using multiple-point statistics. Mathematical Geology, 2002, 34: 1-21.

[26] Bakke S, Øren P. 3-D pore-scale modelling of sandstones and flow simulations in the pore networks. SPE Journal, 1997, 2(2): 136-149.

[27] Perrier E, Bird N, Rieu M. Generalizing the fractal model of soil structure: The pore-solid fractal approach. Geoderma, 1999, 88(3-4): 137-164.

[28] 袁越锦, 杨彬彬, 焦阳, 等. 多孔介质干燥过程分形孔道网络模型与模拟: Ⅰ. 模型建立. 中国农业大学学报, 2007, 12(3): 65-69.

[29] 宫英振, 牛海霞, 董正茂, 等. 分形多孔介质孔道网络模型的构建. 农业机械学报, 2009, 40(11): 109-114.

[30] Zankel A, Wagner J, Poelt P. Serial sectioning methods for 3D investigations in materials science. Micron, 2014, 62: 66-78.

[31] Lemmens H, Butcher A, Botha P. FIB/SEM and SEM/EDX: A New Dawn for the SEM in the Core Lab? Petrophysics, 2011, 52(6): 452-456.

[32] Mees F, Swennen R, Geet M, et al. Applications of X-ray computed tomography in the geosciences. Geological Society, London, Special Publications, 2003, 215(1): 1-6.

[33] Curtis M, Sondergeld C, Ambrose R, et al. Microstructural investigation of gas shales in two and three dimensions using nanometer-scale resolution imaging. AAPG Bulletin, 2012, 96(4): 665-677.

[34] Wang B Y, Jin Y, Chen Q, et al. Derivation of permeability-pore relationship for fractal porous reservoirs using series-parallel flow resistance model and lattice Boltzmann method. Fractals, 2014, 22(3): 1440005.

[35] Pia G, Sanna U. Intermingled fractal units model and electrical equivalence fractal approach for prediction of thermal conductivity of porous materials. Applied Thermal Engineering, 2013, 61(2): 186-192.

[36] Zhang Y C, Zeng J H, Cai J C, et al. A mathematical model for determining oil migration characteristics in low-permeability porous media based on fractal theory. Transport in Porous Media, 2019, 129: 633-652.

[37] Jin Y, Li X, Zhao M Y, et al. A mathematical model of fluid flow in tight porous media based on fractal assumptions. International Journal of Heat and Mass Transfer, 2017, 108: 1078-1088.

[38] Zhao M Y, Jin Y, Liu X H, et al. Characterizing the complexity assembly of pore structure in a coal matrix: Principle, methodology, and modeling application. Journal of Geophysical Research: Solid Earth, 2020, 125(12): e2020JB020110.

[39] 金毅, 权伟哲, 秦建辉, 等. 孔隙-孔喉分形多孔介质复杂类型组构模式表征. 煤炭学报, 2020, 45(5): 1845-1854.

[40] Dong J B, Ju Y, Gao F, et al. Estimation of the fractal dimension of Weierstrass-Mandelbrot function based on cuckoo search methods. Fractals, 2017, 25(6): 1750065.

[41] Krohn C, Thompson A. Fractal sandstone pores: Automated measurements using scanning-electron-microscope images. Physical Review B, 1986, 33(9): 6366-6374.

[42] Perfect E, Gentry R, Sukop M, et al. Multifractal Sierpinski carpets: Theory and application to upscaling effective saturated hydraulic conductivity. Geoderma, 2006, 134(3-4): 240-252.

[43] Jin Y, Song H B, Hu B, et al. Lattice Boltzmann simulation of fluid flow through coal reservoir's fractal pore structure. Science China Earth Sciences, 2013, 56(9): 1519-1530.

[44] 傅雪海, 秦勇, 薛秀谦, 等. 煤储层孔、裂隙系统分形研究. 中国矿业大学学报, 2001, (3): 11-14.

[45] 金毅, 宋慧波, 胡斌, 等. 煤储层分形孔隙结构中流体运移格子 Boltzmann 模拟. 中国科学：地球科学, 2013, 43(12): 1984-1995.

[46] Yu B M, Li J H. Some fractal characters of porous media. Fractals, 2001, 9(3): 365-372.

[47] Huai X L, Wang W W, Li Z G. Analysis of the effective thermal conductivity of fractal porous media. Applied Thermal Engineering, 2007, 27(17-18): 2815-2821.

[48] Wang M R, Wang J K, Pan N, et al. Mesoscopic predictions of the effective thermal conductivity for microscale random porous media. Physical Review E, 2007, 75(3): 036702.

[49] Jin Y, Wang C, Liu S X, et al. Systematic definition of complexity assembly in fractal porous media. Fractals, 2020, 28(5): 2050079.

[50] 金毅, 王俏俏, 董佳斌, 等. 颗粒填充型分形孔隙结构复杂组构表征. 岩石力学与工程学报, 2022, 41(6): 1160-1171.

[51] 李仁民, 刘松玉, 方磊, 等. 采用随机生长四参数生成法构造黏土微观结构. 浙江大学学报: 工学版, 2010, (10): 1897-1901.

[52] Jin Y, Liu X H, Song H B, et al. General fractal topography: An open mathematical framework to characterize and model mono-scale-invariances. Nonlinear Dynamics, 2019, 96: 2413-2436.

[53] 金毅, 刘丹丹, 郑军领, 等. 自然分形多孔储层复杂类型及其组构模式表征: 理论与方法. 岩石力学与工程学报, 2023, 42(4): 787-797.

[54] Wheatcraft S, Tyler S. An explanation of scale-dependent dispersivity in heterogeneous aquifers using concepts of fractal geometry. Water Resources Research, 1988, 24(4): 566-578.

[55] Pitchumani R, Ramakrishnan B. A fractal geometry model for evaluating permeabilities of porous preforms used in liquid composite molding. International Journal of Heat and Mass Transfer, 1999, 42(12): 2219-2232.

[56] Yu B M, Li J H, Li Z H, et al. Permeabilities of unsaturated fractal porous media. International Journal of Multiphase Flow, 2003, 29(10): 1625-1642.

[57] Xiao F, Yin X L. Geometry models of porous media based on Voronoi tessellations and their porosity-permeability relations. Computers & Mathematics with Applications, 2016, 72(2): 328-348.

[58] Barenblast G, Zheltov Y. Fundamental equations of filtration of homogeneous liquids in fissured rocks. Journal of Applied Mathematics and Mechanics, 1960, 24: 1286-1303.

[59] Ramandi H, Mostaghimi P, Armstrong R, et al. Porosity and permeability characterization of coal: A micro-computed tomography study. International Journal of Coal Geology, 2016, 154: 57-68.

[60] Ramandi H, Mostaghimi P, Armstrong R. Digital rock analysis for accurate prediction of fractured media permeability. Journal of Hydrology, 2017, 554: 817-826.

[61] Rodrigues C, De Sousa M. The measurement of coal porosity with different gases. International Journal of Coal Geology, 2002, 48(3-4): 245-251.

[62] Tsotsis T, Patel H, NajafiB, et al. Overview of laboratory and modeling studies of carbon dioxide sequestration in coal beds. Industrial & Engineering Chemistry Research, 2004, 43(12): 2887-2901.

[63] 祝海华, 张廷山, 钟大康, 等. 致密砂岩储集层的二元孔隙结构特征. 石油勘探与开发, 2019, 46(6): 9.

[64] Wang J X, Dullien F, Dong M Z. Fluid transfer between tubes in interacting capillary bundle models. Transport in Porous Media, 2008, 71: 115-131.

[65] Song R, Liu J J, Cui M M. Single-and two-phase flow simulation based on equivalent pore network extracted from micro-CT images of sandstone core. SpringerPlus, 2016, 5(1): 1-10.

[66] Xie C Y, Raeini A, Wang Y H, et al. An improved pore-network model including viscous coupling effects using direct simulation by the lattice Boltzmann method. Advances in Water Resources, 2017, 100: 26-34.

[67] 张召彬, 林缅, 李勇. 利用孔隙网络模型模拟岩样中驱替过程的一种新方法. 中国科学: 物理学 力学 天文学, 2014, 44(6): 637-645.

[68] Cox B, Wang J. Fractal surfaces: Measurement and applications in the earth sciences. Fractals, 1993, 1(1): 87-115.

[69] Schmittbuhl J, Gentier S, Roux S. Field measurements of the roughness of fault surfaces. Geophysical Research Letters, 1993, 20(8): 639-641.

[70] Jin Y, Dong J B, Zhang X Y, et al. Scale and size effects on fluid flow through self-affine rough fractures. International Journal of Heat and Mass Transfer, 2017, 105: 443-451.

[71] Wang Z Z, Pan J N, Hou Q L, et al. Anisotropic characteristics of low-rank coal fractures in the Fukang mining area, China. Fuel, 2018, 211: 182-193.

[72] Mandelbrot B. The Fractal Geometry of Nature. New York: WH Freeman, 1982.

[73] Witherspoon P, Wang J S Y, Iwai K, et al. Validity of cubic law for fluid flow in a deformable rock fracture. Water Resources Research, 1980, 16(6): 1016-1024.

[74] 金毅, 祝一搏, 吴影, 等. 煤储层粗糙割理中煤层气运移机理数值分析. 煤炭学报, 2014, 39(9): 1826-1834.

[75] 金毅, 郑军领, 董佳斌, 等. 自仿射粗糙割理中流体渗流的分形定律. 科学通报, 2015, 60(21): 2036-2047.

[76] Brown S. Simple mathematical model of a rough fracture. Journal of Geophysical Research: Solid Earth, 1995, 100(B4): 5941-5952.

[77] Glover P, Matsuki K, Hikima R, et al. Synthetic rough fractures in rocks. Journal of Geophysical Research: Solid Earth, 1998, 103(B5): 9609-9620.

[78] Brown S. A note on the description of surface roughness using fractal dimension. Geophysical Research Letters, 1987, 11(14): 1095-1098.

[79] Power W, Tullis T, Brown S, et al. Roughness of natural fault surfaces. Geophysical Research Letters, 1987, 14(1): 29-32.

[80] Power W, Tullis T. Euclidean and fractal models for the description of rock surface roughness. Journal of Geophysical Research: Solid Earth, 1991, 96(B1): 415-424.

[81] Power W, Tullis T. The contact between opposing fault surfaces at Dixie Valley, Nevada, and implications for fault mechanics. Journal of Geophysical Research: Solid Earth, 1992, 97(B11): 15425-15435.

[82] Brown S, Kranz R, Bonner B. Correlation between the surfaces of natural rock joints. Geophysical Research Letters, 1986, 13(13): 1430-1433.

[83] Auradou H, Drazer G, Boschan A, et al. Flow channeling in a single fracture induced by shear displacement. Geothermics, 2006, 35(5): 576-588.

[84] Chen Y P, Zhang C B, Shi M H, et al. Role of surface roughness characterized by fractal geometry on laminar flow in microchannels. Physical Review E, 2009, 80(2): 026301-1-026301-7.

[85] Zhang C, Chen Y, Deng Z, et al. Role of rough surface topography on gas slip flow in microchannels. Physical Review E, 2012, 86(1): 016319.

[86] Croce G, D'Agaro P. Numerical analysis of roughness effect on microtube heat transfer. Superlattices and Microstructures, 2004, 35(3-6): 601-616.

[87] Jin Y, Zheng J L, Liu X H, et al. Control mechanisms of self-affine, rough cleat networks on flow dynamics in coal reservoir. Energy, 2019, 189: 116146.

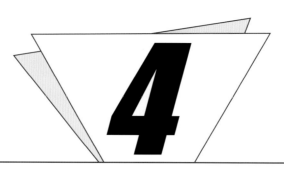

传质重构及机理分析

4.1 多相态耦合传质行为

储层多相态是指储层中与流体运移有关的多种物理状态的组合，储层的相态决定了储层中流体的性质和分布，对油气的生成、运移和聚集有重要影响。对于一个具有多种相态的储层，需要根据具体情况制订相应的开发方案和采收方案。煤储层气体的赋存状态通常包括吸附气、游离气和溶解气，其中90%以上为吸附气。煤层气的产出过程需经历排水、降压、解吸、扩散、渗流及井筒产出阶段（图4-1）。但是，煤储层通常具有双重孔、裂隙结构，由于尺度的差异，不同尺度空间决定了煤层气特有的产出形式。在煤层气开发过程中，随着储层中水的排出，储层压力降低，煤基质孔隙吸附的气体随即解吸成游离气进入孔隙空间，随后在浓度梯度的驱动力下发生扩散现象，当煤层气由尺度较小的基质孔隙进入尺度较大的割理（裂隙）系统，由于压力梯度的驱动，煤层气开始发生渗流作用。在此过程中，煤层气的产出涉及煤储层中水的运移、气体状态的转换、气体的运移、水气共出、运移空间的变化等，因此煤层气的产出过程涉及气体、液体和固体在时间和空间上的相互联系与制约，运移介质状态的相互转换。例如，储层压力到达临界解吸压力之后，微孔中的吸附气向游离气和溶解气转换，中大孔中毛细凝聚作用下赋存的气体向游离气转换等。所以，煤层气的产出过程是多相态耦合的传质行为，并非单一的传质过程。其中，相指气、液、固三相，态指煤层气赋存和运移过程中的状态，具体包括吸附态、游离态、溶解态和凝聚态。

由此可见，煤层气产出过程涉及气、液、固三相在产出时间和空间上的相互联系与制约，物理过程交织且控制因素繁多。聚焦煤层气细观运移过程中

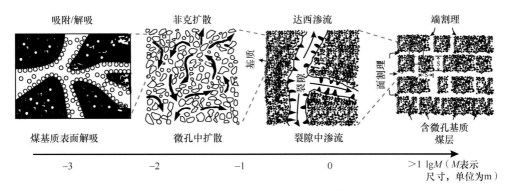

图 4-1 煤层气产出过程示意图[1]

气–液–固耦合运移现象，厘清各物理过程动力学松弛特征，查明传质过程中多相态源头耦合运移规律，有望为改善煤层气的产出效率进而提升煤层气的产能提供有效的理论借鉴与技术支撑。

4.2 多相态传质过程细观重构及其控制机理

4.2.1 分形孔隙结构中流体渗流过程细观重构及规律分析

1. 流体运移模拟及其时空演化模式

基于数字模型，采用 LBM 方法于孔隙尺度模拟了流体的运移过程，部分结果的流场可视化效果如图 4-2 所示。流场数据表明，在多孔介质环境下渗透率受控于数量较少、连通性好的大孔所形成的通道；而小孔之间如果连通，流体的运移速度极小，基本为浓度扩散过程。因此，查明孔隙的结构特征对多孔介质输运属性的控制作用极其重要。

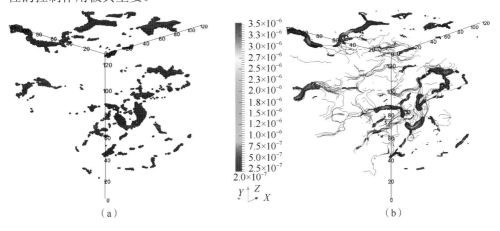

（a）　　　　　　　　　　　　　　（b）

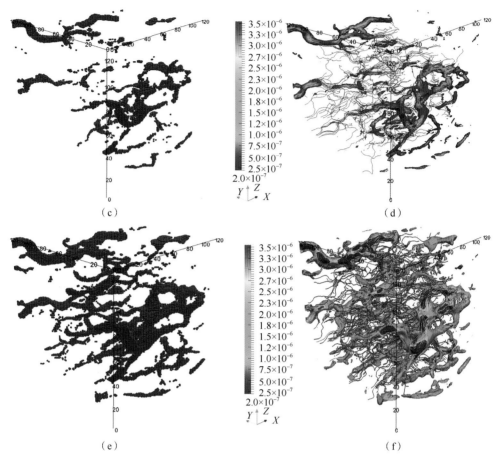

图 4-2　QSGS 生成的各向异性因子为 1/2 的多孔介质及 LBM 流体运移模拟结果

（a）、（c）、（e）分别为设计孔隙度为 0.10、0.15、0.30 时，相应的模拟结果孔隙度分别为 0.087802，0.142143，
0.277865 的孔隙空间，蓝色代表孔隙；（b）、（d）、（f）为 LBM 模拟的煤层气流动稳定后的速度场（格子量纲均
一化），色标轴为对应流场的流速，单位为 lu/lt（lu 为格子长度单位，lt 为格子时间单位）。另外，X、Y、Z 轴为
多孔介质立方体的长、宽、高，单位为 lu

　　煤岩作为一种孔隙和割理（裂隙）组成的多重孔隙介质，裂隙间距尺寸相对
于煤基质孔隙而言要大，且连通性好，这刚好佐证了裂隙与孔隙在煤层气运移过
程中的地位。

　　通过跟踪渗透率的演化过程，发现多孔介质中流体自运移开始到达稳定态时
需要经历相当长的时间，渗透率与时间之间呈乘幂关系，试验数据表明这种幂率
关系同孔隙度、孔隙结构、孔隙形态等都存在一定的关系。

　　图 4-3 展示了部分试验结果，分别代表不同微观特征的多孔介质模型中，渗
透率随时间的演化趋势。其中格子时间步长和渗透率均为量纲均一化的参数。其

中图 4-3（a）、（b）、（c）表示各向同性、设计孔隙度分别为 5%、10% 和 15% 的多孔介质渗透率的演化趋势；图 4-3（d）、（e）、（f）表示变异因子为 1/2，设计孔隙度分别为 5%、10% 和 15% 的多孔介质渗透率的演化趋势；图 4-3（g）、（h）、（i）表示变异因子为 1/3，设计孔隙度分别为 5%、10% 和 15% 的多孔介质渗透率的演化趋势。

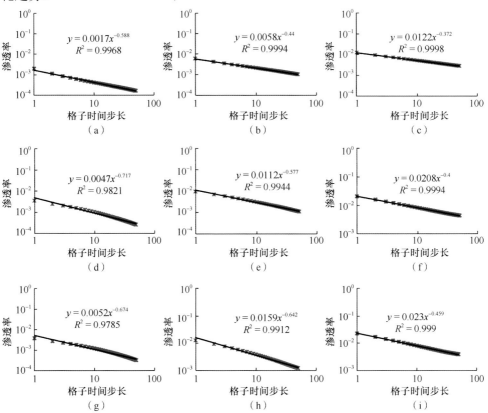

图 4-3　多孔介质渗透率随时间的演化模式

基于此特征，给出式（4-1）所示的渗透率时态演化方程：

$$K_T = a_T T^{-n_T} \tag{4-1}$$

式中，T 为时间，表示在压力边界下流体开始发生运移为计数起点；K_T 为不同时刻的渗透率；a_T、n_T 分别为乘幂关系中的系数和幂指数项，且均为正实数。

基于此，结合前文研究所证实的孔隙度与渗透率的关系模型 $K = a\varphi^n$，容易推导出孔隙空间渗透率达稳定状态的时间复杂度方程，如式（4-2）所示：

$$T = \left(\frac{a_T}{a}\varphi^{-n}\right)^{\frac{1}{n_T}} = \left(\frac{a_T}{a}\varphi^{-n}\right)^{\frac{1}{n_T}} = (a_T a^{-1})^{\frac{1}{n_T}} \varphi^{-\frac{n}{n_T}} = a_{T\varphi}\varphi^{n_\varphi} \tag{4-2}$$

式中，$a_{T\varphi}$ 为正常数，而 n_φ 为负常量。

因 $\varphi \leqslant 1$，要达到稳定状态，φ 越小，则所需的时间越长。综合以上的分析结果，给我们以下两点启示：

（1）流场在压力边界条件下开始流动的瞬间，会导致低压出口附近流体密度突然降低且达到最低水平。这在煤层气开采的实际生产过程中，会导致压力、应力的突发性变化，如果不采取有效的措施，孔隙在压力作用下会发生挤压形变，孔隙被堵，极其危险。

（2）在多孔介质中，流体的运移达到动态平衡时需要较长的时间，而这个时间是可以预测的[式（4-2）]。如果将煤岩中裂隙也当成连通的大孔来进行处理的话，通过数值模拟或实验室测试所获取煤岩的孔隙度与渗透率数据，可以成功地预测煤层气到达稳定开采所需的时间，这对于实际的生产将有非常重要的意义。

2. 分形孔隙结构中渗透率的定量预测

1）渗透率解析评估

分形多孔介质中的最小和最大孔径必须满足关系 $r_{min} \ll r_{max}$ 才认为满足分形特征，然而自然界中的真实多孔介质，如煤岩、碳酸盐岩等，孔径只能分布于一定的范围内。幸运的是，Yu 和 Li[2] 的研究表明，当满足 $r_{min}/r_{max} < 10^{-2}$ 条件时，可采用分形理论和技术来分析多孔介质的属性。在煤岩中，最大孔径与最小孔径的尺寸相差多个数量级，显然满足以上要求。

在进行数值模拟前，多孔介质（物理系统，PS）需要离散为格子系统（LBS）。虽然系统转换策略会随着模拟目标的不同而变化，但是该过程应满足如下的条件：①格子系统必须等效于物理系统；②模拟参数必须满足精度的要求，即格子越细，时间步长越小则模拟精度越高[3]。

然而在实际模拟过程中，受计算机计算和储存能力的限制，如果将多孔介质中最小孔径设为格子单位所表征的尺度，我们将无法实现物理系统同其无量纲系统的对应。为了克服以上矛盾，本节在构建 SmVq 型 Menger 海绵分形体的过程中采取如下的步骤：

（1）将孔径分布范围为 [r_{min}, r_{max}] 的 SmVq 型 Menger 海绵分形体分解为一系列均一孔径的多孔介质单元，如 $r_{min}, mr_{min}, \cdots, m^{N-1}r_{min}, \cdots r_{max}$，空间位置 P 的相值记为 F_p，如果为孔隙相则置 0，固相置 1。

（2）叠合这些孔径不同，但孔隙结构和孔隙度 φ 完全相同的多孔介质单元。

（3）在相同空间位置 P 采用逻辑与操作，如图 4-4 所示（为了问题的简化，采用二维图来展示）。其叠合结果则为 Menger 海绵体。

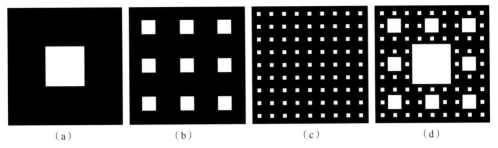

图 4-4　不同孔径多孔介质单元多重叠合构建 Menger 海绵体过程示意图

以上方法有效地将复杂分形体分离成一系列单一孔径尺寸，相同孔隙结构的均质多孔介质，因此探明不同输运属性多孔介质的串联、并联组合模式与复合介质输运属性的关系就成了问题的关键。

而理论模型表明不同材料复合而成的多孔介质，其渗透率可依据并联、串联两种结构来推算[4]。图 4-5 是渗透率分别为 K_1 和 K_2 的两种材料复合而成的介质，则并联、串联模式的渗透率分别为 $(K_1+K_2)/2$ 和 $1/\left[1/(2K_1)+1/(2K_2)\right]$。

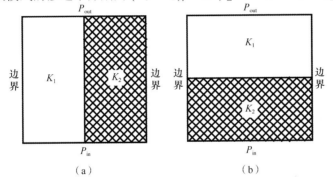

图 4-5　用于有效性验证的两种基本结构

(a) 并联结构；(b) 串联结构

基于理论模型，易推导如下组合模式中复合介质的理论渗透率。

（1）不同多孔介质完全重合模式：如图 4-4 所示，假设图 4-4（a）、图 4-4（b）、图 4-4（c）的渗透率分别为 K_a、K_b、K_c，则图 4-4（d）的渗透率 $K_d=K_a+K_b+K_c$。

（2）同种介质的任意组合模式：如图 4-5 所示，如果 $K_1=K_2=K$，复合结果的渗透率记为 K_{ab}，则有 $K_{ab}=K$ 的关系。

基于（1）和（2）的推论可知，分形多孔介质的渗透率（记为 K_{Total}）是不同孔径所表征的均质多孔介质渗透率的累积。记孔径尺寸分别为 $r_{min},mr_{min},\cdots,$ $m^{N-1}r_{min},r_{max}$ 的均质多孔介质模型渗透率为 $K_0,K_1,K_2,\cdots,K_{N-1},K_N$，即得分形多孔介质渗透率估算模型如式（4-3）所示：

$$K_{\text{Total}} = \sum_{i=0}^{N} K_i \qquad (4\text{-}3)$$

2）流体运移行为模拟

为了问题的简化，可将煤层气这种混合气体假想为单组分气体，并采用 LBGK 单松弛模型模拟了单相流的运移过程[5]，松弛时间 τ 为 1.0。

根据以上设定的参数，模拟流体在不同分形特征的 SmVq 型 Menger 海绵体中的运移过程，部分结果如图 4-6 所示。其中，图 4-6（a）、（b）为 S3V1L2 型多孔介质中流体运移到达稳定状态后的流速矢量图及流速分布图，图 4-6（c）、（d）为 S4V2L2 型多孔介质的情况，图 4-6（e）、（f）为 S5V3L2 的结果。为了对比分析，将不同 SmVq 模型的最小孔径均设置为 4 个格子单位。

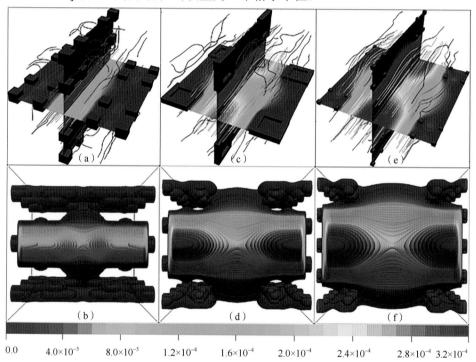

| 0.0 | 4.0×10⁻⁵ | 8.0×10⁻⁵ | 1.2×10⁻⁴ | 1.6×10⁻⁴ | 2.0×10⁻⁴ | 2.4×10⁻⁴ | 2.8×10⁻⁴ 3.2×10⁻⁴ |

图 4-6 不同 SmVqL2 数字模型中流体运移达到稳定态后流体流速矢量图及流速分布图

色标轴为对应流场的流速图例，单位为 lu/lt（含义同上）。（a）S3V1L2 型多孔介质流速矢量图；（b）S3V1L2 型多孔介质流速分布图；（c）S4V2L2 型多孔介质流速矢量图；（d）S4V2L2 型多孔介质流速分布图；（e）S5V3L2 型多孔介质流速矢量图；（f）S5V3L2 型多孔介质流速分布图

流场分布特征表明，多孔介质输运属性受控于孔径较大的孔隙形成的通道，孔径相对较小的区域，流速相对较大，且方向紊乱，这会严重阻碍流体的运移。

3）孔隙结构对渗透率的影响

基于 LBM 模拟结果，采用达西定律计算了特征孔径为 4～80 格子无量纲单位的 $SmVq$（即 $SmVqL1$）型多孔介质的渗透率。对比分析发现：对于同种 $SmVq$ 型介质，孔径同渗透率之间呈现强幂乘关系 $K = ar^n$（$R^2 \geqslant 0.99$，其中 K 为渗透率，a 为幂乘系数，r 为孔径尺寸，n 为幂指数），不同 $SmVq$ 之间，a 相差较大，但 n 都接近但小于 2，这与 K-C 的孔渗关系模型吻合，存在细微差别，其原因是格子系统离散精度不够。

图 4-7 为部分模拟结果的孔渗关系特征，采用的是双对数坐标系，其中横坐标 r 代表孔径的大小，为格子无量纲单位，而纵坐标 K 则是基于 LBM 流体流场达

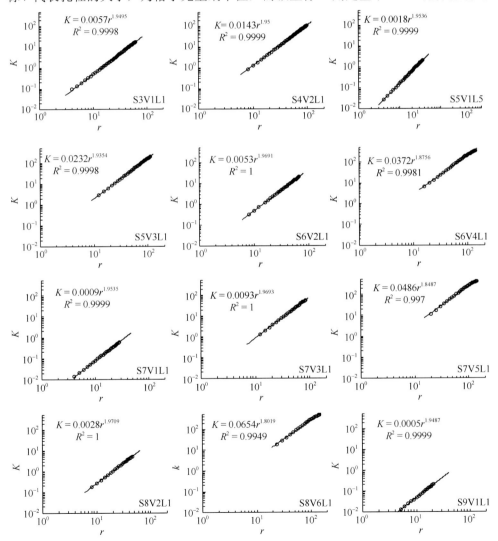

图 4-7　不同 $SmVqL1$ 型模型 LBM 模拟渗透率同其孔径尺寸间的双对数尺度关系

稳定状态后，采用达西定律计算出的渗透率（因孔径采用的是格子无量纲单位，因而渗透率的计算结果也为无量纲值）。其中空心圆代表 LBM 模拟结果，实线为其拟合的幂乘关系。

基于数值实验所得的孔径与渗透率之间的关系（图 4-7），通过式（4-3）可得孔径范围为 $[r_{\min}, r_{\max}]$ 的分形多孔介质的渗透率为

$$K_{\text{Total}} = \sum_{r=r_{\min}}^{r_{\max}} ar^n = ar_{\max}^n \frac{m^n - \left(r_{\min}/r_{\max}\right)^n}{m^n - 1} \tag{4-4}$$

式（4-4）可表示为式（4-5）的形式，其中 a、$r_{\min}$、$r_{\max}$、D_b 等意义如前所述。

$$K_{\text{Total}} = ar_{\max}^n \frac{1 - (1-\varphi)^{n/(d-D_b)}}{1 - \left(1/m\right)^n} \tag{4-5}$$

式（4-4）和式（4-5）表明，分形多孔介质的输运性能主要由三部分决定：最大孔径所形成的通道、孔径分布特征以及幂乘系数 a。其中，最大孔径所形成的通道占主导地位，孔径越大，则渗透率 K_{Total} 越大。

至于孔径分布这一因素，因多孔介质的孔隙度 φ 由 $\log_m\left(r_{\max}/r_{\min}\right)$ 和 D_b 决定，因而 D_b 相同时，$\log_m\left(r_{\max}/r_{\min}\right)$ 越大，φ 越大，K_{Total} 越大；与此同时，在孔径分布范围以及参数 m 相同的情况下，D_b 越大，φ 越小，导致 K_{Total} 越小。

在图 4-7 中，所有 $SmVq$ 型 Menger 海绵体满足关系式 $K = ar_{\max}^n$，n 为接近 2 的常量，但幂乘系数会随着参数 m 和 q 的变化而改变。为了探明 a 差异的来源，系统分析了 a 与孔隙度 φ、孔隙体积分形维数 D_b、q/m 以及 $(q/m)^{D_b}$ 等参数之间的关系，如图 4-8 所示。结果表明，幂乘系数 a 与以上各参数之间的相关性表现出分段特征，而拐点位于分形维数 $D_b = 2.5$ 位置处。

在图 4-8（a）中，q/m 同 a 之间呈现正幂乘关系，且当 q/m 超过数值 0.5 时（即 $D_b < 2.5$），其对 a 的影响明显增强。

图 4-8（b）表明，D_b 与 a 之间存在负幂乘关系，D_b 越大，多孔介质输运性能越差，且当 D_b 接近 3 时，a 趋近于 0，这与实际情况吻合：因为 $D_b = \lg(m^3 - 3mq^2 + 2q^3)/\lg m$ 越大，而 q/m 与 D_b 呈负相关性，因此，随着 D_b 的增加，固相占据的空间相对增大，当 $D_b = 3$ 时，表明整个空间完全被固相充填，其渗透率当然为 0。同时在 $D_b = 2.5$ 的位置也出现了相关特征的变异；在 $D_b < 2.5$ 的区域，a 随 D_b 的增大而减少的趋势相对平稳；而在 $D_b > 2.5$ 的区域，递减速度加剧。

图 4-8（c）表明，孔隙度 φ 与 a 之间呈现幂乘关系，并在 φ 近似等于 0.5 时表现出分段行为。这种变异来自孔隙结构特征、孔径分布范围的差别，而 φ 只是这些因素综合作用的结果。如前所述，对同种孔隙结构特征（D_b 相同）的多孔介质

而言，孔隙度相同的情况下，渗透率完全取决于孔径的分布范围 [式（4-5）]。

图 4-8（d）是参数 $(q/m)^{D_b}$ 与 a 的关系图，它们之间同样表现出分段特征，$D_b=2.5$ 仍然是其拐点。相对其他关系而言，在不同的分段区域，$(q/m)^{D_b}$ 与 a 之间相关性更强（相关系数 R^2 较大），同时该参数 $(q/m)^{D_b}$ 整合了更多孔隙结构信息，为规律的全面发掘提供了有力的证据。

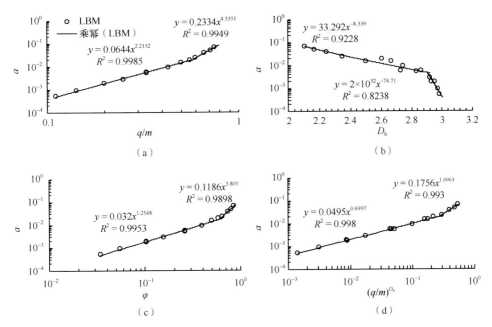

图 4-8 模拟渗透率常数 a 与其他不同参数之间的关系

基于以上的分析结果，可得

$$a = \begin{cases} C_{kl}(q/m)^{n_{kl}D_b}, & D_b \leqslant 2.5 \\ C_{kh}(q/m)^{n_{kh}D_b}, & D_b > 2.5 \end{cases} \tag{4-6}$$

式中，C_{kl}、n_{kl} 为 $D_b \leqslant 2.5$ 时、$(q/m)^{D_b}$ 与 a 的幂乘关系中幂乘系数与幂指数项；C_{kh}、n_{kh} 则是 $D_b > 2.5$ 情况下的参数。下脚 k、l、h 分别表示渗透率、低和高的含义。

4）分形多孔介质渗透率定量预测模型

煤岩及自然界分形多孔介质中，最小孔径与最大孔径相差多个数量级，故式（4-4）可简化为 $K_{Total} = a r_{max}^n \left[m^n/(m^n-1) \right]$，根据式（4-6）替换参数 a，式（4-4）变为

$$K_{Total} = C_k r_{max}^n \left(\frac{q}{m} \right)^{n_k D_b} \frac{m^n}{m^n - 1} \tag{4-7}$$

式中，C_k 代表 C_{kl} 或 C_{kh}；n_k 代表 n_{kl} 或 n_{kh}。

因 n 是接近 2 的常量，而 $m \geqslant 3$，因此 $m^n/(m^n-1) \approx 1$，故式（4-7）可简化为

$$K_{\text{Total}} \approx C_k r_{\max}^n \left(\frac{q}{m}\right)^{n_k D_{\text{b}}} \tag{4-8}$$

式（4-8）表明，孔隙结构越复杂，即 D_{b} 越大，分形多孔介质的渗透性能越差，并且随 D_{b} 呈指数递减趋势。

然而，式（4-8）与 K-C 模型在形式上存在较大的差别。而 K-C 模型来源于均一孔径的多孔介质，相当于本书的 SmVqL1 模型，其孔隙度 $\varphi = (3mq^2 - 2q^3)/m$；而式（4-8）表明，如果孔隙结构没有分形特征，则有 $(q/m)^{n_k D_{\text{b}}}$ 变为 $(q/m)^{2n_k}$，即 $D_{\text{b}} = 2$。因此 K-C 模型与本书给出的渗透率预测模型之间的差别就落在了等孔径多孔介质孔隙度 φ 与参数 $(q/m)^{2n_k}$ 之间的关系上。

图 4-9 展示了两者之间的关系。图中横坐标为 SmVqL1 模型的孔隙度 $\varphi = q/m$，纵坐标为最大孔径相同的对应 SmVqLn 模型渗透率预测公式中参数 $(q/m)^{2n_k}$ 的值。无论是 $D_{\text{b}} \leqslant 2.5$ 还是 $D_{\text{b}} > 2.5$，都表现出强线性相关特征。考虑到实验误差及拟合误差等原因，可将图 4-9 的趋势近似为 $\varphi \approx C_\varphi (q/m)^{2n_k}$ 的线性关系。

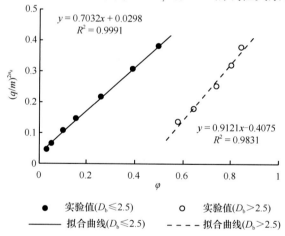

图 4-9　SmVqL1 型多孔介质孔隙度 φ 与 $(q/m)^{2n_k}$ 的关系

结合 φ 与 $(q/m)^{2n_k}$ 之间的线性关系，式（4-8）可表述为 $K_{\text{Total}} \approx C_k r_{\text{m}}^n C_\varphi \varphi = C \varphi r^n$。而均质多孔介质的孔隙度 φ 是不变的，故可将式（4-8）表示为式（4-9），即 K-C 关系模型。

$$K_{\text{Total}} = C r^n \tag{4-9}$$

因为 n 接近 2 的常量，故当多孔介质为均质孔隙结构时，式（4-8）与 K-C 模型等价，而对于分形孔隙结构的多孔介质，该模型需要参数 f 算子修正，如式（4-10）

所示：

$$K_{\text{Total}} = Cfr_{\max}^n \tag{4-10}$$

式中，$f = (q/m)^{n_k D_b}$。

综上所述，可以认为：相对于 K-C 模型而言，本书新模型参数物理意义更加明确。

3. 分形致密多孔介质中流体流动的数学模型

1）多孔介质分形特征

研究表明，自然储层中孔隙及毛细管的大小与数量可能遵循分形标度关系。显然，分形多孔介质可以被分解为一个或多个表征体元，其线性长度为 L_0，在此尺度下，表征体元开始表现出分形特性。在统计层面多孔介质中的这些表征体元拥有共同的物性参数，如孔隙度、孔隙结构、孔隙尺寸范围和输运属性等，但是通常它们只拥有一个能达到最大尺寸 $\lambda_{\max}$ 的孔隙相、固相或者管道。因此，一个表征体元中水力直径为 λ 的毛细管数量可以表示为

$$N_{\text{tube}}\left(\lambda\right) = \left(\frac{\lambda}{\lambda_{\max}}\right)^{-D_\lambda} \tag{4-11}$$

式中，D_λ 为水力直径与数量分布的分形维数。

同时，根据 Mandelbrot[6] 提出的"小岛法"理论，毛细管的数量与其有效横截面面积 $A(\lambda)$ 满足幂率关系：

$$N\left[A\left(\lambda\right)\right] = \left[\frac{A\left(\lambda\right)}{A_{\max}}\right]^{-D_s/2} \tag{4-12}$$

式中，D_s 为孔隙面积的分形维数。用 $g\lambda_{\max}^2$ 替换掉 $A_{\max}$，用 $g\lambda^2$ 替换掉 $A(\lambda)$，式（4-12）可转化为 $N[A(\lambda)] = (\lambda/\lambda_{\max})^{-D_s}$。对于一个由水力直径满足分形分布的毛细直管组成的多孔介质来说，满足关系 $N_{\text{tube}}(\lambda) = N[A(\lambda)]$，因此可以得出 $D_\lambda = D_s$。这也暗示了 D_λ 同样是分形孔隙空间中孔隙面积或孔隙尺寸的分形维数。

依照分形特性，流体穿越非均匀介质时的尺度与弯曲度的关系被提出，类似地，一条相似的关于毛细管的水力直径与它的几何长度或者流体流动长度分形尺度幂率关系被假设：

$$\begin{cases} L_g\left(\lambda\right) = \lambda^{1-D_{rg}} L_0^{D_{rg}} \\ L_\tau\left(\lambda\right) = \lambda^{1-D_\tau} L_0^{D_\tau} \end{cases} \tag{4-13}$$

式中，D_{rg} 为几何弯曲度分形维数；D_τ 为水文弯曲度分形维数。当 $D_{rg}=1$ 时，所有的毛细管均为直管。实际上，D_{rg} 等同于毛细管的长度分形维数。但 D_τ 总不同，

因为它是几何形貌与流体实际运移运动特性共同作用的结果。

根据弯曲度的相关定义，式（4-13）可改写为

$$\tau_g(\lambda)=\left(\frac{\lambda}{L_0}\right)^{1-D_{rg}},\qquad \tau(\lambda)=\left(\frac{\lambda}{L_0}\right)^{1-D_r}\tag{4-14}$$

结合式（4-11）、式（4-12）和式（4-14），在分形多孔介质中孔隙的数量和大小满足如下关系：

$$N_{pore}(\lambda)=\left(\frac{\lambda}{\lambda_{max}}\right)^{-(D_\lambda+D_{rg})}\tag{4-15}$$

式（4-15）暗示了孔隙尺寸的分形维数 D_f 满足如下关系 $D_f=D_\lambda+D_{rg}$。

利用第 2 章提出的分形拓扑参数的概念，计算孔隙尺寸的分形维数为 $D_f=\lg F_\lambda/\lg P_\lambda$。

对于一个表征体元，它的总截面积为 $A_t=g_t L_0^2$，其中 g_t 为截面形状的独立几何参数。以正方形为例，此时 $g_t=1$，而对于圆形，$g_t=\pi/4$。因此，一条具有尺度与弯曲度分形特征的单根毛细管的体积分数可以被修正为

$$\phi(\lambda)=\frac{g}{g_t}\left(\frac{\lambda}{L_0}\right)^{d-D_{rg}}\tag{4-16}$$

式中，d 为欧几里得空间几何维数。结合式（4-11）和式（4-16），分形多孔介质的孔隙度 φ 可由 $\sum\limits_{\lambda=\lambda_{min}}^{\lambda_{max}}\phi(\lambda)N_{tube}(\lambda)$ 计算得到

$$\varphi=\frac{g}{g_t}\left(\frac{\lambda_{max}}{L_0}\right)^{d-D_{rg}}\frac{P_\lambda^{d-D_f}-\left(\frac{\lambda_{min}}{\lambda_{max}}\right)^{d-D_f}}{P_\lambda^{d-D_f}-1}\tag{4-17}$$

图 4-10 展示了由 Perrier 等[7] 提出的二维分形多孔介质孔–固分形（PSF）模型的构建过程。在 PSF 模型中，将多孔介质初始块 [图 4-10（a）] 定义为线段长度为 L_0 表征体元，被等分为 P_λ^2 个部分。在第一步的迭代过程中，分形生成模板 [图 4-10（b）] 被区分为三个子区域，即 "白色""灰色""黑色"，其中 "白色""灰色""黑色" 面积分数分别为 φ_0、φ_g、φ_b，三者之间满足关系 $\varphi_g+\varphi_b+\varphi_0=1$。下一步每块灰色区域又将在下次迭代过程中被分形模板迭代而持续减少，最终经过反复迭代生成分形多孔介质 [图 4-10（c）]。

为了便于表述，最大水力直径的毛细管的体积分数被定义为 φ_0，同时，它也是分形单元的孔隙度。在分形多孔介质中，F_λ 和 P_λ 满足关系 $F_\lambda=xP_\lambda^d$ 和 $F_\lambda=P_\lambda^{D_f}$[8]。因此，计算孔隙的数量与尺寸分形维数的计算公式为

$$D_{\mathrm{f}} = d + \log_{P_\lambda} \varphi_{\mathrm{g}} \qquad (4\text{-}18)$$

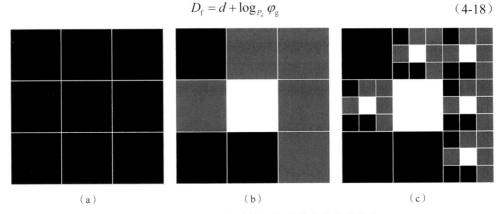

（a）   （b）   （c）

图 4-10　基于 PSF 方法的二维分形多孔介质构建

白色和黑色分别表示孔隙相和固相。（a）初始形态；（b）分形生成器；（c）由进一步迭代构建得到的分形多孔介质

在三维情景下，由于弯曲效应，参数 φ_{g} 和 F_λ 可以表示为

$$\begin{cases} \varphi_{\mathrm{g}} = P_\lambda^{D_{\mathrm{rg}} + D_\lambda - d} \\ F_\lambda = P_\lambda^{D_{\mathrm{rg}} + D_\lambda} \end{cases} \qquad (4\text{-}19)$$

则式（4-17）可转换为

$$\varphi = \varphi_0 \frac{1 - \varphi_{\mathrm{g}} \left(\dfrac{\lambda_{\min}}{\lambda_{\max}} \right)^{d - D_{\mathrm{f}}}}{1 - \varphi_{\mathrm{g}}} \qquad (4\text{-}20)$$

由于 $\varphi_{\mathrm{g}} + \varphi_{\mathrm{b}} = 1 - \varphi_0$，它们之间满足关系 $0 \leqslant \varphi_{\mathrm{g}} \leqslant 1 - \varphi_0$。当 $\varphi_{\mathrm{g}} = 0$ 时，孔隙尺寸分布没有分形特征，整个空间被单一尺寸的孔隙填充，这时总孔隙度 $\varphi = \varphi_0$，在此情况下，由式（4-18）可知，在理论上分形维数 D_{f} 将趋于负无穷，这与 Ghanbarian 和 Hunt[9] 所提出的理论一致。然而，这与实际情况并非相同，回顾式（4-18），我们很容易发现由于孔隙尺寸孔隙度的存在，当 $P_\lambda \to \infty$、$D_{\mathrm{f}} \to d$ 时，无论 φ_{g} 的取值为多少，都有 $\varphi \to \varphi_0$[10]。

同时，当 P_λ 确定时，φ_{g} 的取值越大，D_{f} 就会越大，φ 就会越大。如果 φ_{g} 取到其最大值 $1 - \varphi_0$ 时，整个空间被大小不一的分形单元填充；而在 φ_{g} 取其他值时，整个空间被部分填充。对于完全填充的情况，分形多孔介质的孔隙度计算公式可以简化为

$$\frac{1 - \varphi}{1 - \varphi_0} = \left(\frac{\lambda_{\min}}{\lambda_{\max}} \right)^{d - D_{\mathrm{f}}} \qquad (4\text{-}21)$$

在之前的研究中 [2,11]，一些学者根据多孔介质中固相生长情况推导了孔隙度

的计算公式，为 $\varphi_{yu}= (\lambda_{min}/\lambda_{max})^{d-D_f}$。实际上，只有当多孔介质为孔隙质量分形且满足 $\lambda_{max}=L_0$，才能由 φ_{yu} 得到式（4-21）。如前所述，式（4-21）只是式（4-20）的特例，说明孔隙度计算模型不能推广至一般情况，且与 φ_{yu} 相反。式（4-20）表明，当多孔介质具有同样的分形特征、分形维数和缩放间隙度时，孔隙度随着 $\lambda_{min}/\lambda_{max}$ 比值的增大而单调递减。这是因为 $\lambda_{min}/\lambda_{max}$ 比值越小，孔隙尺寸扩张的范围越大。因此，式（4-20）符合实际情况。

2）分形数学模型

如前所述，基于毛细管的曲折几何形状并按照平均统计方法，可得出毛细管的截面积 $A_{\parallel}(\lambda) =A(\lambda)\tau_g(\lambda)$，这里 $A_{\parallel}$ 代表垂直于宏观流方向毛细管的横截面积。结合 $K(\lambda) = (g/\alpha)[\phi(\lambda)\lambda^2/\tau^2]$、式（4-14）、式（4-16），表征体元中单根分形弯曲毛细管的渗透系数 $K(\lambda)$ 的计算公式为

$$K(\lambda) = \frac{g^2}{\alpha g_t}\lambda^2\left(\frac{\lambda}{L_{max}}\right)^{d+2D_\tau-2-D_{rg}} \tag{4-22}$$

随后，所有具有相同水力直径 λ 的分形弯曲毛细管的渗透系数计算公式为

$$K_T(\lambda) = \frac{g^2}{\alpha g_t}\lambda^2\left(\frac{\lambda_{max}}{L_0}\right)^{D_\lambda}\left(\frac{\lambda}{L_0}\right)^{d+2D_\tau-2-D_f} \tag{4-23}$$

则多孔介质表征体元的总渗透系数为

$$K = \sum_{\lambda=\lambda_{min}}^{\lambda_{max}} K_T(\lambda) \tag{4-24}$$

可知 $\{K_T(\lambda)\}$ 呈等比数列关系，引入计数项 n，使得 $\lambda_{max} = \lambda_{min}P_\lambda^{n-1}$，将关系式代入式（4-24）中，可得

$$K = \frac{g}{\alpha}\lambda_{max}^2\varphi_0\left[\frac{1-\varphi_\tau\left(\frac{\lambda_{min}}{\lambda_{max}}\right)^{d_\tau-D_f}}{1-\varphi_\tau}\right]\left(\frac{\lambda_{max}}{L_0}\right)^{2(D_\tau-1)} \tag{4-25}$$

式中，$d_\tau= d + 2D_\tau$；$\varphi_\tau = 1/P_\lambda^{d_\tau-D_f}$。

如果孔隙空间完全占据了空隙空间，则意味着 $D_f \to d$，因此 $\lambda_{min}= \lambda_{max}= L_0$，$\tau \to 1$，$\tau_g \to 1$，$\varphi_0$。此时式（4-25）描述多孔介质渗透率的结果与达西定律和经典泊肃叶定律的计算结果是相等的。

与此同时，由于 $\varphi_\tau<1$，$d_\tau-D_f \geqslant 2$ 以及真实多孔介质中毛细管的水力直径通常要跨几个数量级，因此近似满足关系式 $\varphi_\tau(\lambda_{min}/\lambda_{max})^{d_\tau-D_f} \ll 1$。结合式（4-16）和式（4-25），分形多孔介质的渗透率可近似计算为

$$K \approx \frac{g}{\alpha} \frac{\varphi_0}{1-\varphi_\tau} \left(\frac{\lambda_{\max}}{L_0} \right)^{2(D_\tau-1)} \lambda_{\max}^2 \qquad (4\text{-}26)$$

3）分形致密多孔介质的几何生成

用二维泰森多边形方法建立分形致密多孔介质，该模型的低孔隙度及高连通性保证了多孔介质中的有效孔隙度，而且其孔径大小与孔隙数量满足分形分布特征。具体构建过程如下：

（1）在一个正方形区域内泊松分布生成一系列点，正方形边长定义为初始长度，记作 L_{init}，根据实际情况生成足够多的点，点的数量记作 $N_{\max}$[图 4-11（a）]，将这些点记为采样点，根据采样点生成泰森多边形 [图 4-11（b）]。将泰森多边形边界线汇集在一起的顶点称为聚集点，为满足泊肃叶流在孔隙管道内充分发展流动的要求，需使任意两个聚集点之间的距离小于规定长度 L_{pd}，此处设置 $L_{pd} = 3\lambda$，λ 是当前等级下的水力直径，在第一级时 $\lambda = \lambda_{\max}$。如果发现边界线不符合条件，需要对聚集点的位置进行修正，最后以修正后的泰森多边形的边界线作为中心线，向两侧进行缓冲，缓冲半径为 $\lambda/2$[图 4-11（c）]。将生成的孤立泰森多边形看作是当前尺度下多孔介质中的固相颗粒，而将缓冲出的管道看作是多孔介质中相互交错的毛细管道，此时构建出的是一级毛细管网络，下一步将生成次一级尺度下的毛细管网络。

（2）在固相中生成相互交错的毛细管道。首先在每块孤立的固相中生成随机点，随机点的数量固定为 N_{pt}。再按照步骤（1）所述，围绕这些新生成的点按照泰森多边形法进行剖分，当然，生成泰森多边形后任意两聚集点的距离仍然要满足步骤（1）的要求。缓冲的距离仍然为当前等级下水力直径 λ 的一半，并满足条件 $\lambda = \lambda_{last}/P_\lambda$，其中 λ_{last} 代表上一级的水力直径尺寸。同时为了严格保证网络模型的分形行为特征，在迭代过程中要求参数 F_λ 和 N_{pt} 的值始终是固定的。

（3）重复步骤（2），直到当前水力直径满足关系 $\lambda = \lambda_{\min}$，至此分形泰森多边形模型即构建完毕，如图 4-11 所示。

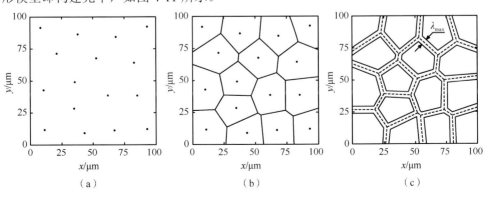

（a）　　　　　　　　　　（b）　　　　　　　　　　（c）

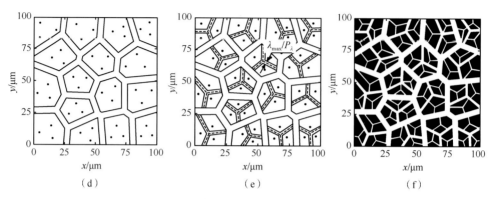

图 4-11　泰森多边形模型构建示意图

根据我们的算法，从统计意义来说，L_0 为 $L_{init}(N_{pt}/N_{max})^{1/d}$。在将颗粒分成次级颗粒的过程中，缓冲前颗粒尺度的缩放间隙度 P_g 近似等于 $N_{pt}^{1/d}$，缓冲后 P_g 为 $N_{pt}^{1/d}L_0/(L_0-\lambda_{max})$。为满足自相似需要，$P_g$ 必须保持不变[6]。因此，为使毛细管水力直径的分布遵循分形行为，缩放间隙度 P_g 必须固定为

$$P_{\lambda}=N_{pt}^{1/d}\frac{L_0}{L_0-\lambda_{max}} \qquad (4\text{-}27)$$

与此同时，F_{λ} 取序列 $\{0, 1, 2, \cdots, N_{pt}\}$ 中某一项的值，孔隙尺度分维值可通过我们之前研究提出的计算模型 $\lg F_{\lambda}/\lg P_{\lambda}$ 确定[8]。当前研究中，我们设定 $F_{\lambda}=N_{pt}$，因为非均质的影响超出该研究目标。

4）数值模拟及结果分析

为了验证 LBM 方法以及在分形致密多孔介质中流体流动的曲折效应，考虑到式（4-25）的重要性，我们首先将数值模拟得到的渗透率与式（4-22）得到的渗透率进行了比较。分形毛细管是通过一种随机分形插值方法构造的。然后，使用 D2Q9 格子结构的格子 BGK 玻尔兹曼方法模拟了不同 D_{rg} 的单一缩放/曲折毛细管中的流体流动。边界条件由于无滑移原因采用完全反弹方案，且保持 Re≪1 以确保流动符合达西定律。为了区分，数值模拟渗透率和解析渗透率分别用 K_{ns} 和 K_{as} 表示。它们之间的良好一致性（图 4-12）验证了式（4-22）的有效性，从而验证了 LBM 模拟的准确性。

尽管式（4-26）是在特殊情况下解析推导得到的，但它包含的参数是分形多孔介质的基本属性，如分形维数（D_f）、缩放间隙度（P_{λ}）、孔径范围 [$\lambda_{min}, \lambda_{max}$]、水力弯曲分形维数（$D_{\tau}$）和分形迭代空间模式（$\varphi_0$）。更重要的是，由于引入了参数 φ_0 和 D_f，因此摒弃了介质中只包含一个最大毛细管且毛细管不相交的假设。如此，式（4-26）的广义性是可以信任的，且其中控制参数的物理意义及其对渗透

率影响相对明确。

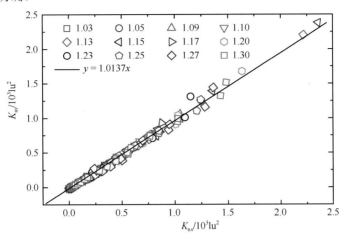

图 4-12　分形毛细管 LBM 模拟渗透率和解析渗透率的关系

不同的符号代表不同 D_{rg}，其中 K_{ns} 是由 LBM 模拟所得，K_{as} 是由式（4-22）计算所得。实线是 K_{ns} 和 K_{as} 之间的最佳拟合结果

如果代表性样本由具有相同水力直径 λ_{max} 的直毛细管组成，$D_{\tau}=1$ 且 $P_{\lambda} \to \infty$，$\varphi_{\tau} \to 0$，则式（4-26）可以简化为 $K \approx g^2 \lambda_{max}^4 / \alpha A_t$。当毛细管的横截面形状为圆形时，满足 $g = \pi/4$ 及 $a = \pi/8$，从而得到了一个众所周知的 HP 方程 $K \approx \pi \lambda_{max}^4 / 128 A_t$。就基本物理属性而言，比面积积 $S = \tau_g P_r / A_t$，孔隙度 $\varphi = \varphi_0 = g\tau_r \lambda_{max}^2 / A_t$，且式（4-26）中的水力弯曲度 $(\lambda_{max}/L_0)^{2(D_{\tau}-1)}$ 可简化为 τ。代入式（4-26），可以得到著名的 K-C 方程 $K \propto \varphi^3 S^{-2} \tau^{-2}$ [12]。

上述讨论从理论上验证了式（4-26）的普适性。为了进一步验证其性能，我们进行了一系列数值模拟实验。在此之前，应首先验证分形致密多孔介质的模型算法。为此，我们构建了大量分形致密多孔介质模型，其中部分模型如图 4-13 所示。

图 4-14 展示了由式（4-20）估算的孔隙度与由我们提出的方法所生成的具有不同几何形状的二维多孔介质统计孔隙度之间的关系。最佳拟合结果表明，它们之间具有良好的一致性，较小的误差源于多孔介质的栅格化过程。

对于分形网络多孔介质，如果它的 P_{λ} 固定，则其分形维数 D_f 随着 F_{λ} 变化。当 $F_{\lambda}=0$，根据式（4-18）可知 D_f 趋向于负无穷，这表明毛细管直径分布不存在分形行为，且孔隙度固定为 φ_0，否则 D_f 会随着 F_{λ} 的增加而增加。因此可以假设，如果多孔介质水力直径参数的范围是确定的，其孔隙度将随着 D_f 的增加而增加。当 $\lambda_{min}/\lambda_{max} \to 0$ 时，最大孔隙度 φ_{max} 趋近于 $\varphi_0 / (\varphi_b + \varphi_0)$。

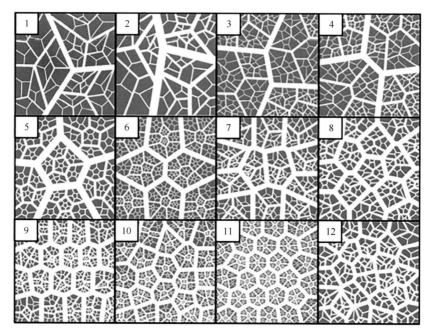

图 4-13　12 组不同物性参数的分形网络模型

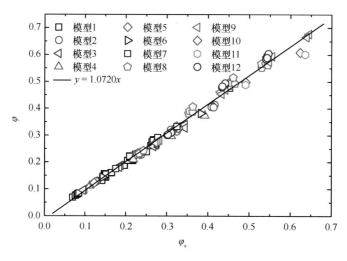

图 4-14　以分形泰森模型为代表的二维分形多孔介质理论孔隙度 φ [式（4-20）] 与统计孔隙度 φ_s 的关系

　　图 4-15 展现了基于式（4-20）计算所得的孔隙度与 $\lambda_{max}/\lambda_{min}$ 之间的关系。通过比较可以看到 D_f 越大，孔隙度 φ 趋近于 φ_{max} 的变化越慢（见图 4-15 中的小图），说明在估测高分形维数多孔介质的渗透率时，需将孔隙网络水力直径的范围考虑进去。

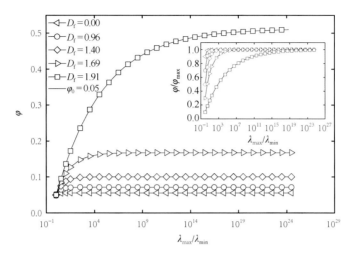

图 4-15 基于式（4-20）计算孔隙度与 $\lambda_{\max}/\lambda_{\min}$ 之间的关系（P_λ 及 $\lambda_{\max}$ 相同，D_f 不同）

为预测渗透率，水力弯曲度可能是最难确定的水力参数。τ 最早由 Carman[12] 提出，作为预测多孔介质渗透率的基本参数。然而，由于概念模糊，τ 有多个定义[13]。多项研究已经表明，τ 与孔隙度相关，最常被引用的弯曲度–孔隙度模型为

$$\tau = 1 - p \ln \varphi \tag{4-28}$$

式中，p 为是用于修正微观多孔介质半经验公式的系数[14-16]。对于没有分形特征的多孔介质，其满足 $\varphi_0 = \varphi$。如果 $g = g_t$，结合式（4-16）及式（4-14）可得如下关系式：

$$\tau = \varphi^{-\beta} = \varphi^{\frac{1-D_\tau}{d-D_{rg}}} \tag{4-29}$$

其中，β 为经验参数。Mota 等[17] 指出在任意球体粒径中 $\beta = 0.4$；Ghanbarian 等[18] 认为孔隙尺寸分布狭小的多孔介质中 $\beta = 0.378$。

但是实际上，水文弯曲度并不只与孔隙度相关[19]，且 β 也不固定[13]。然而，对于多孔介质，其水文弯曲度的广义关系式可表示为[20]

$$\tau = C_\tau \varphi^{-\beta} \tag{4-30}$$

对于固结多孔介质，Liu 和 Masliyah[21] 发现 $C_\tau = 1.61$，$\beta = 1.15$。Feng 和 Yu[22] 基于分形毛细管模型，假设毛细管直径满足连续分布，推导出了水文弯曲度的计算公式：

$$\tau = \frac{D_f}{D_f + D_\tau - 1}\left(\frac{L_0}{\lambda_{\min}}\right)^{D_\tau - 1} \tag{4-31}$$

结合上述提到的孔隙度模型 φ_{yu}[23]，式（4-31）可以重新转化为式（4-30），其中 $C_\tau = D_f/(D_f + C_\tau - 1)$，$\beta = (C_\tau - 1)/(d - D_f)$。然而，孔隙度模型 φ_{yu} 适用于完全充填情况，

且水力直径分布的连续性假设与实际情况并不一致，这些问题都会影响式（4-31）的普适性。

显然，确定水力弯曲度的难题在于缺乏有效的测量方法。从 Carman 提出的基本定义出发并受 Duda 等 [24] 工作的启发，我们提出了一种通过平均所有流体颗粒的局部弯曲度来测量 τ 的方法 [14]。通过这种方法，我们发现分形多孔介质的弯曲度遵循式（4-30），且 $\beta \approx 0.71$ 及 $C_\tau = \tau_1 \varphi_1^\beta$ [9]：

$$\tau = \tau_1 \varphi_1^\beta \varphi^{-\beta} = \tau_1 \left(\frac{\delta_{\min}}{\delta_{\max}} \right)^{\beta(D_f - d)} \tag{4-32}$$

式中，δ 为固体颗粒尺寸；τ_1 和 φ_1 分别对应最大孔径的弯曲度 $\tau(\lambda_{\max})$ 和孔隙相体积分数 φ_0。因为在孔隙质量分形中满足 $\varphi < \varphi_0$ 及 $D_f < d$，那么 $\tau > 1$ 也是必然的。而 $D_f \to d$ 意味着 $P_\lambda \to +\infty$ [9] 及 $\varphi \to \varphi_0$，从而导致 $\tau \to 1$。显然，式（4-32）与实际情况一致。其中，式（4-32）中的 β 与之前提出的指数 [17,20,21] 之间的差异可归因于固体颗粒的分形行为和几何形状。

对于本书所描述的分形致密多孔介质，满足关系式 $\delta_{\min}/\delta_{\max} = \lambda_{\min}/\lambda_{\max}$，根据弯曲度尺度特征 [25]，$\tau_1$ 也可以换算为 $(\lambda_{\max}/L_0)^{1-D_\tau}$。然而，式（4-32）中的 $\beta(D_f - d)$ 与式（4-28）中的 $D_\tau - 1$ 相冲突，其中几何效应不可忽视。但是，由于其基础重要性，我们模拟了流体在不同分形致密多孔介质中的流动，并按照我们之前的方法 [14] 计算了流场达到稳定状态时的水力弯曲度 τ（图 4-16）。

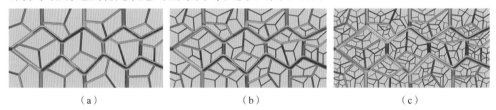

（a）　　　　　　　　（b）　　　　　　　　（c）

图 4-16　分形致密多孔介质的流场图

（a）代表在初始多孔介质中的流体流线，线性尺度为 $L_{\text{init}} \times 2L_{\text{init}}$，最大水力直径 $\lambda_{\max}$，$N_{\max} = 6$，$L_0 = L_{\text{init}}/\sqrt{2}$ 及 $N_{\text{pt}} = 3$；（b）和（c）表示在分形致密多孔介质中的流体流线，最大水力直径分别为 $\lambda_{\max}/P_\lambda^2$ 及 $\lambda_{\max}/P_\lambda^3$，其中 P_λ 由式（4-27）确定

显然，随着 $\lambda_{\min}$ 的减小，流体的流动会越来越弯曲。数值模拟结果表明，τ 符合式（4-14）的分形标度规律，而不是式（4-31）或式（4-32），且 D_τ 近似等于 1.1，这与前人研究一致 [25,26]（图 4-17）。

基于尺度/弯曲度关系和 D_τ 的近似值，可解析计算式（4-25）并获得渗透率的解析值 K_{as}。随后，K_{as} 与经达西定律计算得到的模拟渗透率 K_{ns} 进行了对比并绘制如图 4-18 所示。从图 4-18 中的分析结果可以看出，计算的解析结果与模拟结果具有良好的拟合关系。

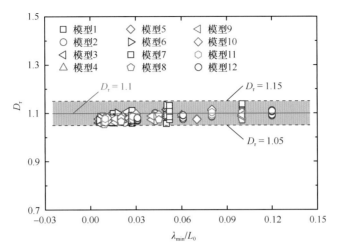

图 4-17　水力弯曲度分形维数 D_τ 与 $\lambda_{\min}/L_0$ 的关系

D_τ 是依据式（4-14）将 $\lambda_{\min}/L_0$ 与水力弯曲度进行幂率拟合得到

　　另一个关键问题是如何将渗透率与实际应用的基本参数以及对流体力学行为的一般理解联系起来。式（4-25）中的参数与孔隙度的关系应该是一个可观的解。为方便起见，分形致密介质中的固相分数体积用 φ' 表示，其初始的分数体积用 φ_0' 表示，因此 $\varphi'=1-\varphi$ 及 $\varphi_0'=1-\varphi_0$。

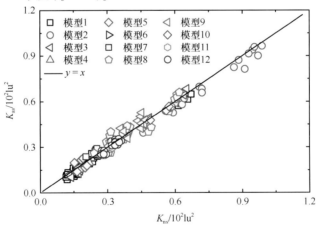

图 4-18　基于式（4-25）解析计算的渗透率 K_{as} 与 LBM 模拟渗透率 K_{ns} 的关系

　　本节的研究重点是完全填充方案，非均质性超出了我们的目标范围。因此，根据式（4-20），我们可以得到以下关系：

$$\varphi'=\varphi_g\left(\frac{\lambda_{\min}}{\lambda_{\max}}\right)^{d-D_f},\ \varphi_0'=\varphi_g \tag{4-33}$$

将式（4-33）中的关系式代入式（4-25）可得

$$K = \frac{g}{\alpha} \lambda_{\max}^2 \varphi_0 \frac{1-(1-\varphi)^{\frac{d_\tau-D_f}{d-D_f}}}{1-(1-\varphi_0)^{\frac{d_\tau-D_f}{d-D_f}}} \left(\frac{\lambda_{\max}}{L_0}\right)^{2(D_\tau-1)} \tag{4-34}$$

同时，依据式（4-16），$\lambda_{\max}/L_0$ 可以表示为 $C_g \varphi_0^{1/(d-D_{rg})}$，其中 C_g 等于 $(g_t/g)^{1/(d-D_{rg})}$。因此，式（4-34）可以写成渗透率–孔隙度形式：

$$K = \frac{g c_g}{\alpha} \lambda_{\max}^2 \varphi_0^{1+\frac{2(D_\tau-1)}{d-D_{rg}}} \frac{1-(1-\varphi)^{\frac{d_\tau-D_f}{d-D_f}}}{1-(1-\varphi_0)^{\frac{d_\tau-D_f}{d-D_f}}} \tag{4-35}$$

式中，$c_g = C_g^{2(D_\tau-1)}$。在二维情况下满足关系式 $g = g_t$ 及 $g/\alpha = 12$。对于分形致密多孔介质，近似满足关系 $D_\tau = D_{rg}$。因此，式（4-35）可表示为

$$K = \frac{\lambda_{\max}^2}{12} \varphi_0^{1+\frac{2(D_\tau-1)}{d-D_\tau}} \left[\frac{1-(1-\varphi)^{\frac{d_\tau-D_f}{d-D_f}}}{1-(1-\varphi_0)^{\frac{d_\tau-D_f}{d-D_f}}}\right] \tag{4-36}$$

Yu 和 Cheng[11] 提出了无交集毛细管的分形渗透率，一般可表示为

$$K_{yu} = \frac{g c_g}{\alpha} \frac{L_0^{1-D_\tau}}{g_t L_0^{d-1}} \frac{D_f}{d+D_\tau-D_f} \lambda_{\max}^{d+D_\tau} \tag{4-37}$$

在三维环境下，假设所有毛细管的横截面形状都是圆形，K_{yu} 可以转化为 Yu 和 Cheng[11] 提出的形式，而在二维环境下，式（4-37）表示为

$$K_{yu} = \frac{\lambda_{\max}^2}{12} \frac{D_f}{d+D_\tau-D_f} \left(\frac{\lambda_{\max}}{L_0}\right)^{D_\tau} = \frac{\lambda_{\max}^2}{12} \frac{D_f}{d+D_\tau-D_f} \varphi_0^{\frac{D_\tau}{d-D_\tau}} \tag{4-38}$$

基于分形孔隙空间几何假设，Costa[27] 重新检验了 K-C 方程，并解析推导了广义渗透率–孔隙度关系：

$$K_{cst} = C_{cst} \frac{\varphi^m}{1-\varphi} \tag{4-39}$$

式中，C_{cst} 为类似于 Kozeny 常数的因子；m 为在 $1 < m < 4$ 范围内的阿奇指数。

最近，Henderson 等[20] 直接将经典 K-C 方程中的基本参数替换为尺度不变形式，提出了三参数分形渗透率–孔隙度模型：

$$K_{hen} = C_{hen} \frac{\varphi^{4+\beta}}{(1-\varphi)^{2\eta}} \tag{4-40}$$

式中，β 为分形指数；η 为 Bear[28] 给出的分形指数，表示 $1-\varphi$ 与多孔材料比表面积（S）倒数之间的幂率关系；C_{hen} 为一个半经验参数，考虑了毛细管界面形状效

应；式（4-30）中的 C_r 及 $1-\varphi$ 与 $1/S$ 之间的分形系数。

至于其他的分形渗透率–孔隙度模型关系，感兴趣的读者可以查阅文献 [20]。尽管 Henderson 等[20] 证明他们的模型能够推广至许多现有的分形渗透率–孔隙度模型，但在实践中，由于需要详细了解孔隙通道的尺寸分布和空间排列，导致某些必需值难以确定。

本节的目标是建立一个数学模型来描述分形致密多孔介质中的流体流动。为此，我们将不同渗透率–孔隙度关系下的 K_{as} 与基于新方法构建分形致密孔隙模型的数值渗透率 K_{ns} 进行了比较（图4-19）。

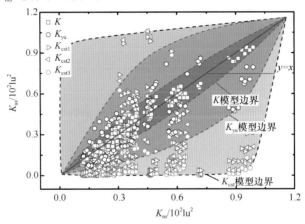

图4-19 不同渗透率–孔隙度关系下的 K_{as} 与基于新方法构建的分形致密孔隙模型的数值渗透率 K_{ns} 的对比

就 K_{cst} 与 K_{ns} 之间的关系，K_{cst1}、K_{cst2} 及 K_{cst3} 采用式（4-39）表示，但具有不同的 C_{cst} 及 m 值。对应 K_{cst1}、K_{cst2} 及 K_{cst3} 的分别为1.5、2.5 及3.5。对应的 C_{cst} 通过 K_{ns} 与 $\varphi^m/(1-\varphi)$ 之间线性拟合确定

K_{ns} 与 K_{as} 之间的关系表明基于式（4-36）预测的渗透率与数值结果吻合较好。K_{yu} 与 K_{ns} 呈线性关系，但变异系数较大，预测精度较低。如前所述，这可能是由孔隙度模型[2] 和水力直径分布的连续性假设[10] 造成的。在图4-19中很难发现 K_{ns} 与 K_{cst} 之间的相关性。由于式（4-36）具有关键且明确的物理属性，因此它将减少渗透率估计中的不确定性。

4.2.2 粗糙裂隙中流体运移过程模拟及机理分析

1. 耦合曲折效应的分形裂–渗关系推演

1）端面粗糙几何三重效应裂–渗关系

裂隙空间的曲折效应会影响流体运移轨迹的长度，从而改变其运移行为特征。为了更好地了解裂隙空间中流体运移行为特征并发掘其控制因素，我们须以流阻

成因作为切入点，很明显，阻碍流体流动的因素就是摩擦效应。现我们将摩擦效应分为内摩擦和外摩擦，内摩擦主要源于流体之间的黏滞力，即拖拽作用；外摩擦则源于裂隙端面的局部粗糙及流–固间接触分布特征[29]。

在此定义裂隙端面的局部摩擦效应为 f_σ，内摩擦效应记为 f_τ，流–固间接触分布效应记为 f_{rs}，依据立方定律可得粗糙裂隙空间的渗透率为

$$K_r = \frac{K_{abs}}{f_\sigma f_\tau f_{rs}} \tag{4-41}$$

式中，K_{abs} 为平行光滑平行板裂隙模型的渗透率。

另外，作为基本的渗流理论，K-C 方程也对裂–渗关系进行了描述，其基本形式如下：

$$K_{kc} = \frac{\phi^3}{\beta \tau^2 S^2} \tag{4-42}$$

式中，β 为形状因子，在裂隙空间中常取值 3；τ 为水文弯曲度；S 为比表面积，裂隙系统中我们将其定义为如下形式：

$$S = \frac{A_1 + A_2}{H_r A_0} \tag{4-43}$$

式中，H_r 为包含裂隙系统的岩体单元最小外包，即垂直高度；A_0 为裂隙端面水平投影面积；A_1 和 A_2 分别为上下两个端面面积。因端面相同，力学性质相似，故 $\langle A_1 \rangle = \langle A_2 \rangle$，将其统一记为 A_s，$\langle \cdots \rangle$ 表示期望或均值。

在裂隙空间中，孔隙度 $\phi = \langle \delta \rangle / H_r$，因此式（4-42）可改写为如下形式：

$$K_{kc} = \frac{\left(\langle \delta \rangle / H_r \right)^3}{\beta} \frac{1}{\tau^2} \frac{1}{\left[2A_s / (H_r A_0) \right]^2} = \frac{\langle \delta \rangle^3}{4\beta H_r} \frac{1}{\tau^2 \left(A_s / A_0 \right)^2} \tag{4-44}$$

金毅等[30]将粗糙面同某一方向上投影面的面积比定义为"端面曲折率"，本书在此借用端面曲折率的概念，将其记为 τ_s，即 $\tau_s = A_s / A_0$。同时，K-C 方程在对裂隙空间裂–渗关系的描述中忽略了边界粗糙对流体运移行为的影响，因此，式（4-44）应写为如下形式：

$$K_{kc} = \frac{\langle \delta \rangle^3}{4\beta H_r} \frac{1}{\tau^2} \frac{1}{\tau_s^2} \frac{1}{f_\sigma} \tag{4-45}$$

对比式（4-41），我们可得

$$f_\tau = \tau^2, \quad f_{rs} = \tau_s^2 \tag{4-46}$$

考虑到式（4-41）与式（4-45）之间的等价关系，我们得到粗糙裂隙中耦合曲折流效应的新裂–渗关系为

$$K_r = \frac{\langle \delta \rangle^3}{4\beta H_r f_\sigma} \frac{1}{\tau^2 \tau_s^2}$$ （4-47）

2）自仿射粗糙裂隙中分形裂–渗模型

裂隙端面几何满足自仿射分形特征，且端面起伏表现出方向依赖的尺度不变性，这也为粗糙裂隙中流体运移响应特征的定量描述提供了更为简洁的方法与思路。为了简便，本节在此定义裂隙端面高度为 $h(x,y)$，且为一单值函数。自仿射裂隙端面可表示如下：

$$h(x,y) = \zeta^{-\psi} h(\zeta x, \zeta y)$$ （4-48）

式中，ζ 为水平方向上的缩放因子；$\zeta^{-\psi}$ 为垂向上的缩放比例；ψ 为赫斯特指数，在二维空间下，$\psi = 2 - D_f$。

因此，我们可以将自仿射裂隙空间看成由一系列自仿射毛细管平行排列而成，记宏观流方向的特征长度为 L_c，弯曲流的实际长度为 L_t，由 Wheatcraft 和 Tyler[25] 提出的基于分形毛细管模型的观测尺度同弯曲流长度之间的关系可表示如下：

$$L_t = \varepsilon^{1-D_T} L_c^{D_T}$$ （4-49）

式中，D_T 为弯曲度分形维，$1 \le D_T \le 2$。

依据式（4-49），一些学者相继提出了毛细管径同长度之间的分形关系[23, 31]，并表示如下：

$$L_t = \langle \delta \rangle^{1-D_T} L_c^{D_T}$$ （4-50）

式中，$\langle \delta \rangle$ 为毛细管径，等同于裂隙平均开度。

基于此，由弯曲度的定义可得裂隙空间下的水文弯曲度分形模型为

$$\tau = \frac{L_t}{L_c} = \left(\frac{\langle \delta \rangle}{L_c} \right)^{1-D_T}$$ （4-51）

与此同时，依据经典"海岸线分割"统计方法[6]可得裂隙表面面积同观测尺度之间的近似关系，即 $A_s \propto N\varepsilon^2 \propto (\varepsilon^2)^{(2-D_s)/2}$。因此，当观测尺度为裂隙开度 $\langle \delta \rangle$ 时，可得端面面积：

$$A_s = A_c^{D_s/2} \left(\langle \delta \rangle \right)^{2-D_s}$$ （4-52）

依据端面曲折率的定义，我们可得端面曲折率为

$$\tau_s = \left(\frac{\langle \delta \rangle}{\sqrt{A_c}} \right)^{1-D_s}$$ （4-53）

式中，A_c 为裂隙水平投影特征面积，由自仿射裂隙端面水平方向上的各向同性可

知，$A_c = L_c^2$，因此，式（4-53）可写为

$$\tau_s = \left(\frac{\langle \delta \rangle}{L_c} \right)^{1-D_s}$$ （4-54）

由分形叠加原理和自仿射裂隙端面数学模型可得 $D_s = D_f + 1$，$D_f = 2 - \psi$，$D_f = 3 - \psi$。结合式（4-47）、式（4-51）及式（4-54），可得自仿射裂隙空间下的分形裂–渗模型为

$$K_r = \frac{\langle \delta \rangle^3}{4\beta H_r f_\sigma} \left(\frac{\langle \delta \rangle}{L_c} \right)^{2(D_T - \psi)}$$ （4-55）

2. 粗糙裂隙广义裂–渗关系模型

正如式（4-47）可以写为式（4-56）的齐次形式，相对于经典立方定律来说，三重效应渗流模型中三个参数的引入将开度 δ 缩减为有效开度 $\delta_e = \langle \delta \rangle / f_\sigma^{1/3} \tau^{2/3} \tau_s^{2/3}$。这种转化使得可再次利用经典立方定律来有效预测粗糙裂隙的渗透率：

$$K = \frac{1}{12h} \left(\frac{\langle \delta \rangle}{f_\sigma^{1/3} \tau^{2/3} \tau_s^{2/3}} \right)^3 = \frac{1}{12h} \delta_e^3$$ （4-56）

除了端面的粗糙效应外，开度的变化特征（可用标准偏差来描述）在评估裂隙输运性能中同样扮演着不可忽视的角色。这是因为开度标准偏差越大，可供流体流动的有效空间越小，如图 4-20 所示。另外，开度的起伏变化一定程度上影响了流体的运移路径，从而影响渗流行为。

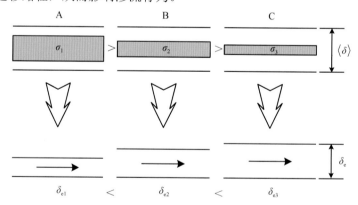

图 4-20　粗糙裂隙中流体流动的有效空间/开度示意图

其中，裂隙 A、B、C 具有相同的平均开度 $\langle \delta \rangle$，橙色区域的厚度代表开度标准偏差的大小，即标准偏差 $\sigma_1 > \sigma_2 > \sigma_3$，进而裂隙流的有效空间 $\delta_{e1} < \delta_{e2} < \delta_{e3}$

如前所述，构成裂隙的两个端面在流体渗流能力评估方面起到了关键性作用。

具体地，粗糙裂隙的组合拓扑因具有端面粗糙效应及非匹配效应，将在一定程度上对裂隙中流体的水动力行为起到综合影响。为此，结合前人关于端面粗糙几何对流体阻碍作用的认识和理解，即端面几何对渗流的三重效应，将粗糙裂隙组合拓扑形貌特征对流体的整体阻碍作用剖分为四部分：以其中一个端面为基准所产生的端面粗糙效应，即三重效应，以及剔除端面粗糙效应后，因端面间的非匹配拓扑所引发的开度粗糙效应，如图 4-21 所示。

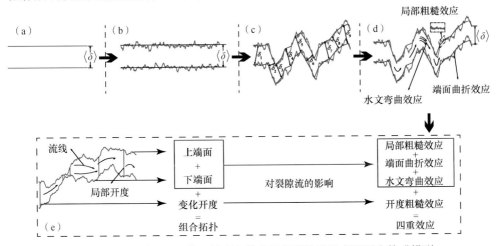

图 4-21　基于裂隙不同物理模型相继发展得到的渗透率预测定律或模型

（a）基于光滑平行板模型发展的立方定律[32]；（b）考虑局部粗糙度因子的修正立方定律[33]；（c）严格考虑开度场空间变化的局部立方定律[34]；（d）考虑局部粗糙效应、水文弯曲效应及端面曲折效应的三重效应模型[35]；（e）源于非匹配粗糙裂隙组合拓扑的四重效应[36]

因而，在式（4-56）的基础上，考虑开度粗糙分布特征对渗流行为的影响，获取新的有效开度 δ_{de} 替换 δ_e，进而可继续保持套用经典立方定律来预测粗糙裂隙渗透率的有效性[37,38]，即式（4-56）可被改写为

$$K = \frac{1}{12h}\delta_{de}^3 \qquad (4\text{-}57)$$

如果裂隙开度 $\delta(x)$ 的分布满足对数正态分布，开度的自然对数 $B(x) = \ln\delta(x)$ 则是正态分布。假设已知对数开度 $B(x)$ 的平均值 $\bar{B}$ 及方差 σ_B^2，那么，算术平均开度（力学开度）δ_m 和开度方差 σ_δ^2 可分别表示为[39]

$$\delta_m = e^{\bar{B}}e^{\sigma_B^2/2} \qquad (4\text{-}58)$$

$$\sigma_\delta^2 = e^{2\bar{B}}e^{\sigma_B^2}\left(e^{\sigma_B^2}-1\right) \qquad (4\text{-}59)$$

其中，水力开度 $\delta_h = e^{\bar{B}}$。

依据 Renshaw[39] 的工作，非匹配裂隙的有效渗透率仅取决于 $\bar{B}$，即忽略端面粗糙效应，主要考虑非均一开度场的影响。因此，针对非匹配裂隙来说，式（4-58）中的力学开度 δ_m 可被改写为有效开度 δ_e，那么，水力开度 δ_h 则等效于考虑开度粗糙分布对渗流影响后的有效开度 δ_{de}。

紧接着，式（4-58）和式（4-59）可分别改写为

$$\delta_{de} = \delta_e e^{-\sigma_B^2/2} \tag{4-60}$$

$$\sigma_\delta = \frac{\delta_e \sqrt{e^{\sigma_B^2}\left(e^{\sigma_B^2}-1\right)}}{e^{\sigma_B^2/2}} \tag{4-61}$$

结合式（4-60）和式（4-61），可进一步得到

$$\delta_{de}^2 = \frac{\delta_e^4}{\delta_e^2 + \sigma_\delta^2} \tag{4-62}$$

需要说明的是，式（4-60）和式（4-61）的关联性不严格依赖于裂隙开度分布的统计特征[40]。因此，如果开度分布并非严格遵循对数正态分布，例如满足正态分布，那么，式（4-62）所示关系也是近似有效的[39]。

将式（4-62）代入式（4-57），得到耦合端面、开度粗糙效应的非匹配粗糙裂隙中的裂–渗方程为

$$K = \frac{1}{12h}\left(\frac{\delta_e^2}{\sqrt{\delta_e^2 + \sigma_\delta^2}}\right)^3 = \frac{\delta_e^3}{12h}\frac{1}{\left[1+\left(\sigma_\delta/\delta_e\right)^2\right]^{1.5}} \tag{4-63}$$

其中，$\delta_e = \langle\delta\rangle/\left(f_\sigma^{1/3}\tau^{2/3}\tau_s^{2/3}\right)$。

明显地，式（4-63）以定量的方式明确了非匹配粗糙裂隙几何对渗透率的四种效应：水文弯曲效应（τ）、端面曲折效应（τ_s）、局部稳态端面粗糙效应（f_σ）以及开度粗糙效应（σ_δ）。因此，我们称式（4-63）为四重效应渗透率计算模型。

3. 非均一开度场对渗透率的影响

固定上下端面的相对位移不变，设置 $n_1 = 3$，通过改变 n_c 值构建多组不同非匹配范围的裂隙模型，并对流体运移过程进行了 LBM 模拟。基于裂隙模型及流场数据，计算了裂隙流宏观方向开度的粗糙度（标准偏差 σ_δ），将解析渗透率 K_{as-o}[根据式（4-10）计算得到] 与 LBM 模拟渗透率 K_{ns} 的差值随粗糙度的变化特征展示为图 4-22 所示。

计算结果发现，无论 $H = 0.8$ 还是 $H = 0.7$，$K_{as-o} - K_{ns}$ 随 σ_δ 的变化均表现出了递增趋势（这里，K_{as-o} 表示采用原始渗透率模型解析计算渗透率），即开度粗糙度越大，开度在裂隙宏观展布方向的起伏程度越强，K_{as-o} 与 K_{ns} 之间的差异也越大，这表明：①受端面非匹配行为的影响，剔除端面粗糙效应（三重效应）后，在有

效开度 δ_e 不变的情况下，继续套用经典立方定律预测裂隙渗透率，将导致结果的过高估计，且预测误差与开度粗糙度呈正比例关系；②开度的粗糙分布不利于流体在裂隙空间的有效运移，其间接削弱了裂隙的渗透性能。

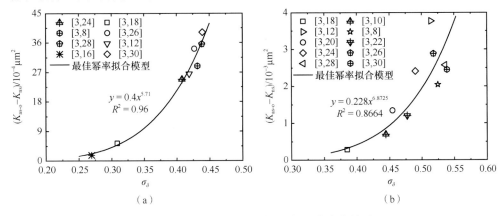

图 4-22 $K_{as-o}-K_{ns}$ 随开度粗糙度 σ_δ 的变化关系

（a）$H=0.8$；（b）$H=0.7$。图例中的范围值是非匹配范围在特定区间内的裂隙数据，具体可参见 3.3.5 节第 2 部分内容

为深入探究开度变化对三重效应模型预测非匹配裂隙渗透率的影响，我们构建了 56 条具有不同非匹配范围（即不同的开度粗糙度）和赫斯特指数 H 的粗糙裂隙，其中 H 在 0.7 到 0.9 之间以 0.05 的增量进行变化，非匹配范围则通过以间隔为 2 的波数调节来控制。接着，宏观裂隙流方向的开度粗糙度通过开度的标准偏差来计算。通过 LBM 模拟，$K_{as-o}-K_{ns}$ 随开度相对粗糙度 $\sigma_\delta/\langle\delta\rangle$ 的变化关系如图 4-23（a）所示。

很明显，无论 H 为何值，K_{as-o}/K_{ns} 和 $\sigma_\delta/\langle\delta\rangle$ 之间均表现出了严格的正相关关系。当 $\sigma_\delta/\langle\delta\rangle$ 比较小时，K_{as-o}/K_{ns} 逐渐接近于 1，那么这时对非匹配裂隙的渗透率预测来说，三重效应模型是有效且精确的致。随着 $\sigma_\delta/\langle\delta\rangle$ 的逐渐增大，K_{as-o}/K_{ns} 与 1 之间的偏差也随之增大。这表明，由于裂隙内表面之间非匹配行为的增强，如果仍然采用三重效应模型进行渗透率预测，得到的渗透率值将被过高估计，同时预测精度反比于开度粗糙度。这些结果均归因于开度非均一分布对流体运移的影响。综合以上分析结果，开度粗糙分布对流体运移的阻碍作用得到了再次证实，这与前述理论推导假设形成了较好呼应。

源于裂隙组合拓扑的多重效应，不同 H 下 $\langle\delta\rangle$ 和 K_{ns} 之间最佳幂率拟合指数各不相同，即它们的关系是发散的，具体如图 4-23（b）中的虚线所示。然而，经 δ_{de} 替换 $\langle\delta\rangle$ 后，不同 H 下 δ_{de} 和 K_{ns} 之间的最佳幂率拟合系数等于 3[图 4-23（c）]。因此，相对于 $\langle\delta\rangle$，δ_{de} 的引入是必要的，且较好地表征了裂隙组合拓扑对裂隙渗透率的多重效应。

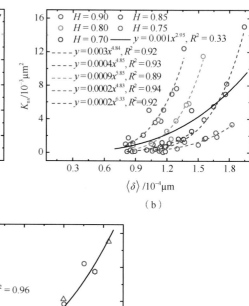

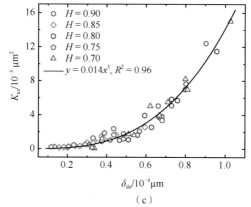

图 4-23　$\sigma_\delta/\langle\delta\rangle$、$\langle\delta\rangle$ 和 δ_{de} 对渗透率的影响

（a）$K_{as\text{-}o}/K_{ns}$ 随 $\sigma_\delta/\langle\delta\rangle$ 的变化特征；（b）和（c）分别展示了 $\langle\delta\rangle$ 和 δ_{de} 与 K_{ns} 的关系，其中黑色实线为不同 H 下耦合数据的最佳幂率拟合线，虚线则分别为不同 H（0.90、0.85、0.80、0.75 及 0.70）所对应的单一数据的最佳幂率拟合线

4. 四重效应模型的预测性能

如前所述，基于光滑平行板模型推导得到的经典立方定律[34] 对非匹配粗糙裂隙来说是失效的。然而，式（4-63）则是在综合考虑端面非匹配及粗糙特性的条件下经严格的理论解析推导得到的。对于由两个完全匹配的粗糙端面组合的裂隙来说，开度遵循均一且光滑的分布特征，即开度标准偏差 $\sigma_\delta = 0$，那么式（4-63）可简化为式（4-47）。如果裂隙端面是光滑的，即 $f_\sigma = 1$，$\tau = 1$，$\tau_s = 1$，式（4-63）可进一步简化为立方定律模型。此外，与式（4-47）相比，式（4-63）实现了源于非均一开度分布效应的数学定量表征，以进一步提升裂隙渗透率的预测性能，尤其对于那些具有较大端面非匹配程度的裂隙。

在考虑了开度变化及精度需要的条件下，局部立方定律被随后提出并进行了多次修正[40-43]，然而，因缺乏有效水力开度的具体定义，局部立方定律的广泛应用并不能为实验及现场测试结果提供有效的定量分析和解释。此外，开度的定义及分段的确定方法是多种多样的。所有这些可或多或少地影响局部立方定律对渗透率的预测性能。相反，由于对裂隙组合拓扑综合效应的深入认识，式（4-63）提供了可靠的解决方案，$\delta_{\mathrm{de}} = \langle\delta\rangle^2 / \left(f_\sigma^{1/3}\tau^{2/3}\tau_{\mathrm{s}}^{2/3}\sqrt{\langle\delta\rangle^2 + \sigma_\delta^2 f_\sigma^{2/3}\tau^{4/3}\tau_{\mathrm{s}}^{4/3}}\right)$，其中参数 f_σ、τ、τ_{s} 及 σ_δ 具有明确的物理定义且容易计算。

另一方面，Zimmerman 和 Bodvarsson[38] 针对有效水力开度与开度分布统计之间关系问题回顾了不同的解析及数值结果。基于对数正态分布，Zimmerman 和 Bodvarsson[38] 通过定义有效水力开度的表达式提出了一个渗透率计算模型：

$$K = \frac{\langle\delta\rangle^3}{12h}\left(1 - 1.5\sigma_\delta^2 / \langle\delta\rangle^2\right) \tag{4-64}$$

在式（4-64）中，通过引入 $\langle\delta\rangle$ 和 σ_δ 以修正非匹配粗糙裂隙中流体运移的有效水力开度。然而，根据 Jin 等[35] 的近期研究，仅仅引入 $\langle\delta\rangle$ 不足以完整描述端面粗糙效应。为此，式（4-63）引入其他参数（即 f_σ、τ、τ_{s}）以增强对端面粗糙效应的理解与认识。更为重要的是，对于自仿射粗糙裂隙，由尺度效应可得 τ 和 τ_{s} 是 $\langle\delta\rangle$ 的函数。忽略端面拓扑及开度分布，裂隙渗透率同平均开度之间满足一幂率模型，$K \sim \langle\delta\rangle^\xi$，与 Zhang 等[44] 所得到的结果一致。基于这一认识，式（4-63）可广义表达为 $K = c\langle\delta\rangle^\xi$，如图 4-23（b）中幂率拟合曲线所示，其中 C 为包含参数 f_σ 和 σ_δ 的一个函数。

随后，Talon 等[45] 通过识别自仿射裂隙流的三个不同缩放区域对自仿射裂隙流机理提供了深刻见解，即自仿射裂隙流在较大开度范围内三个不同的缩放区域：立方定律区域（极小开度）、中间区域、立方定律区域（极大开度），同时指出两个极端开度区域尽管均以开度的三次方进行缩放，但前因子有所差异。然而，由他们所提出的有效渗透率预测模型在实际应用中并不能将渗透率和基本且较好定义的物理属性进行有效的关联[35]。为此，Jin 等[35] 通过重新检查自仿射裂隙中的流动状态，同样证实了三个不同缩放区域的存在，并给出了各自区域渗透率同基本物理属性之间的关联关系。

基于前人的工作，我们通过再次审查式（4-63）发现，由于端面间的非匹配行为，当开度逐渐减小至裂隙上下端面即将接触时，$\langle\delta\rangle$ 大于裂隙的最小开度 $\delta_{\min}$ [图 4-24（a）]，此时以 $\langle\delta\rangle$ 作为量测尺度得到的残差端面并非光滑、平直 [图 4-24（b）]，且在此量测尺度下原始裂隙的端面曲折率未达到其最大值，仍随 $\langle\delta\rangle$ 进行比例缩放。因此，在端面非匹配的前提下，该区域的渗透率可通过四重效应模型进行有效预测。

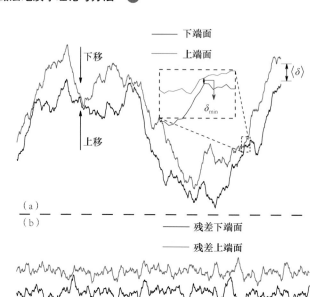

图 4-24 在裂隙端面不接触前提下⟨δ⟩与δ$_{min}$的关系（a）以及基于（a）中原始裂隙，以⟨δ⟩作为量测尺度得到的残差裂隙端面（b）

当⟨δ⟩逐渐增大至分形缩放行为开始的最大尺度L_{max}时，端面几何粗糙效应可视为稳态，此时弯曲效应及开度粗糙效应可以忽略，式（4-63）可以简化为$K = \langle\delta\rangle^3 / (12hf_\sigma)$，即含前因子的立方定律模型。

因此，在非匹配自仿射裂隙中，渗透率展现出了两种不同的缩放区域：⟨δ⟩>L_{max}时的稳态粗糙区域（立方定律模型）、δ_{min}<⟨δ⟩≤L_{max}时的非稳态粗糙区域（四重效应裂-渗模型）。这与 Talon 等[45]以及 Jin 等[35]确定的三区域渗流现象有所差异，主要归因于非匹配行为所导致的开度粗糙效应。如果非匹配行为消失，四重效应模型将回归到三重效应模型，那么自仿射裂隙渗流也将由两区域转变为三区域。

以上讨论证实了四重效应模型可概化文献中其他现有模型。为进一步于数值层面展现四重效应模型的有效性及精度优势，四重效应模型相对于其他模型的预测性能陈述如下：

一般地，为了借助式（4-63）计算解析渗透率K_{as-m}，需预先确定局部稳态粗糙度因子f_σ的值。尽管各种各样有关f_σ的研究被相继实施[34,35,37]，包括理论推导、实验及数值模拟分析，但是由于三重效应的各自独立性[35]，在获取现存的经验模型过程中并未剔除水文弯曲度及端面曲折率对裂隙流的影响。因此，我们不能确定这些模型在渗透率的精确解析计算方面的适用性。为此，我们首先借用文献[40]中的半经验方法来获取α和β的值，然后通过半经验模型$f_\sigma = 1 + \alpha\left(\sigma/\langle\delta\rangle\right)^\beta$计算$f_\sigma$。至于$\tau$和$\tau_s$的计算，为了方便，我们也使用 Jin 等[35]提出的计算方法。

因此，我们通过式（4-63）计算得到了解析渗透率 $K_{as\text{-}m}$（采用修正后的渗透率模型计算的渗透率），并与 LBM 数值模拟渗透率 K_{ns} 进行了对比，结果如图 4-25 所示。$K_{as\text{-}m}$ 与 K_{ns} 之间所展现出的较好一致性证实了四重效应模型的有效性。

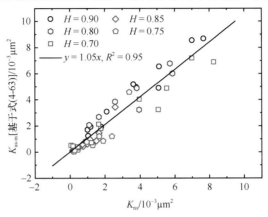

图 4-25　解析渗透率 $K_{as\text{-}m}$ 和模拟渗透率 K_{ns} 之间的关系

考虑到局部立方定律在当前模拟粗糙裂隙流运移规律中的广泛应用，我们选用 $H = 0.9$ 的一组非匹配裂隙，利用局部立方定律计算了它们的渗透率。为了尽可能提高计算精度，将样本长度为 2048 个格子的裂隙分为 2048 个相等分段，每一段的实际长度均为 $0.02\mu m$。根据各个分段的流量相等原则，推导得到等效水力开度 δ_h 的计算表达式：

$$\delta_h = \sqrt[3]{\dfrac{L}{\sum\limits_{m=1}^{n}\dfrac{l_m}{\delta_m^3}}} \qquad\qquad (4\text{-}65)$$

式中，L 为样本长度；l_m 和 δ_m 分别为第 m 个分段的长度和开度。之后，将 δ_h 代入经典立方定律求得具有非匹配特征的粗糙裂隙渗透率 K_{LCL}。

为进一步评估四重效应裂–渗模型对非匹配粗糙裂隙渗透率的预测效果，我们采用立方定律（CL）、Zimmerman-Bodvarsson 模型（ZBM）[33] 分别计算得到了对应的解析渗透率 K_{CL} 及 K_{ZB}，并对比分析了 K_{LCL}、K_{CL}、K_{ZB}、$K_{as\text{-}o}$ 及 $K_{as\text{-}m}$ 同 LBM 模拟渗透率 K_{ns} 之间的精度差异，如图 4-26（a）所示。对比结果显示，K_{CL}、K_{ZB} 及 K_{LCL} 同 K_{ns} 之间的差异明显大于 $K_{as\text{-}o}$ 及 $K_{as\text{-}m}$，其中 K_{LCL} 过于偏大的原因主要是局部立方定律中对裂隙进行分段仅消除了开度粗糙变化对渗透率的影响，而端面粗糙起伏对渗透率的影响并未剔除。相反，在三重效应模型中，着重考虑了端面粗糙度的影响，但忽视了开度变化对裂隙整体渗透性能的削弱作用，从而导致 $K_{as\text{-}o}$ 略大于 K_{ns}。在这些模型中，由四重效应模型计算得到的渗透率最接近于数值模拟渗透率。此外，经最佳幂率拟合，$K_{as\text{-}m}$ 和 $\langle\delta\rangle$ 之间的关系与 Zhang 等[44] 及

Madadi 和 Sahimi[46] 的结果相一致，即 $K \sim \langle \delta \rangle^{\xi}$，其中 $\xi = 4.18$。

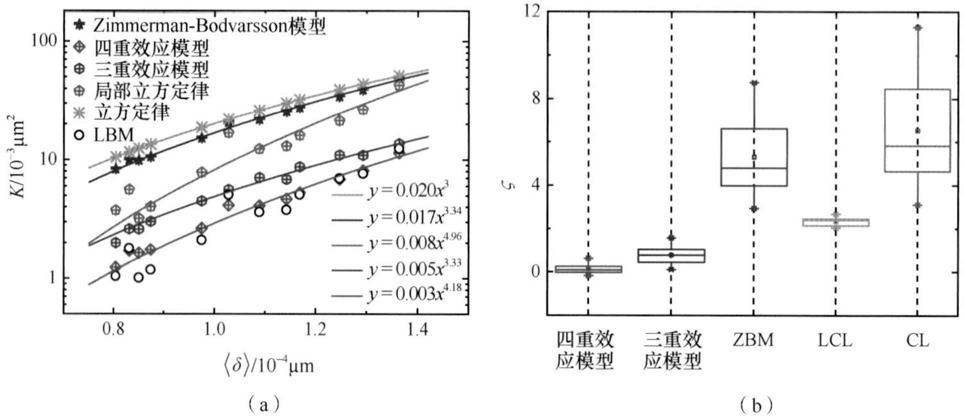

（a）　　　　　　　　　　　　（b）

图 4-26　四重效应模型与其他模型同 LBM 数值模拟渗透率之间的对比

其中，具有不同非匹配范围的裂隙赫斯特指数均为 0.9。（a）由散点图展示的预测性能对比；（b）由箱图展示的
有效误差（ς）统计

此外，四重效应模型的整体性能也可通过量化有效误差 $\varsigma_i = (K_i - K_{ns})/K_{ns}$ 来进行评估，其中，K_i 代表由不同渗透率模型所计算得到的渗透率，i 表示模型的类型，即立方定律（CL）、局部立方定律（LCL）、三重效应模型 [式（4-47）]，四重效应模型 [式（4-63）]，以及 Zimmerman-Bodvarsson 模型（ZBM）。

因此，为对四重效应模型的预测性能进行统计描述，我们计算了由上述几种模型预测得到的渗透率相对于 LBM 模拟渗透率的有效误差（ς）并绘制为箱图形式，如图 4-26（b）所示。结果表明，立方定律对渗透率偏高估计的有效误差 ς_1 在 3.1 至 11.3 之间变化，算术平均误差 $\langle |\varsigma_1| \rangle = 5.8$，这主要取决于局部稳态粗糙度、弯曲度、开度粗糙度等。在着重考虑开度粗糙效应后，ZBM 的有效误差 ς_2 减小至 $\langle |\varsigma_2| \rangle = 4.79$，而在综合考虑弯曲度及开度粗糙效应后，LCL 的有效误差 ς_3 发生了大幅度的降低，此时 $\langle |\varsigma_3| \rangle = 2.39$。类似地，考虑弯曲度及局部稳态粗糙效应后，三重效应模型的有效误差 ς_4 也减小了，此时 $\langle |\varsigma_4| \rangle = 0.75$。更重要的是，在综合考虑上述几种效应后，即局部稳态粗糙效应、弯曲效应及开度粗糙效应，四重效应模型的预测性能（有效误差 ς_5）得到了进一步增强，此时 $\langle |\varsigma_5| \rangle = 0.09$。

总体说来，因 $K_{as\text{-}m}$ 同 K_{ns} 之间展现出了较好的一致性且具有最小的算术平均误差 $\langle |\varsigma_5| \rangle = 0.09$，四重效应模型相比于其他模型的预测性能更好。与此同时，我们也可得出以下结论：四重效应模型的优势及强劲性主要表现在将所有应考虑的因素进行耦合的同时，对这些因素也做了明确而又详细的细致研究[35,37,39,47]，包括局部稳态粗糙度、弯曲度及开度粗糙度。

5. 局部稳态粗糙因子中半经验参数的确定

鉴于 f_σ 计算模型中包含两个半经验参数 α 和 β，我们很容易发现上述 f_σ 的计算过程稍显复杂，不利于渗透率的快速解析计算。

为了尽可能简化计算过程并保证预测的精度，我们构建了一系列具有固定非匹配范围、不同赫斯特指数及平均开度的非匹配裂隙，并借助 LBM 模拟计算了数值模拟渗透率 K_{ns}。如此，我们可基于式（4-63）得到 f_σ 的值，其中 $K = K_{ns}$。图 4-27（a）展示了 f_σ-1 同 $\sigma/\langle\delta\rangle$ 之间的关系。

在图 4-27（a）中，我们得到了一最佳幂率拟合模型如下：

$$f_\sigma = 1 + 4.9\left(\sigma/\langle\delta\rangle\right)^{0.75} \tag{4-66}$$

式（4-66）于经验层面较好地展示了非匹配裂隙中局部稳态粗糙效应。然而，关于新经验模型 [式（4-66）] 是否可应用于具有不同非匹配范围粗糙裂隙中 f_σ 的计算需要进一步验证。

为此，基于前述构建的非匹配裂隙模型及对应的 LBM 模拟结果。我们通过式（4-66）计算了不同的 f_σ，同时将它们代入式（4-63）以得到具有不同非匹配范围裂隙模型的解析渗透率 K_{as}。将 K_{as} 与模拟渗透率 K_{ns} 之间的关系绘制为图 4-27（b）。我们发现，无论 H 为何值，K_{as} 几乎均等于 K_{ns}，其中较小的误差则源于数值精度。因此，式（4-66）用于预测 f_σ 的有效性得到了证实。至此，四重效应模型中所有参数都具有了较好的物理定义且具有易预测性。

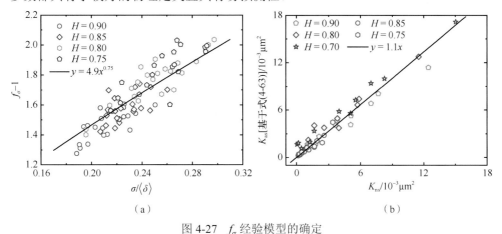

图 4-27 f_σ 经验模型的确定

（a）f_σ-1 同 $\sigma/\langle\delta\rangle$ 之间的关系；（b）f_σ 经验模型的验证

4.2.3 流体对流−扩散耦合传质过程模拟及机理分析

大量实验研究发现，煤层气在裂隙空间的渗流伴随有分子扩散的影响，导致煤层气在裂隙系统中的运移是一种多物理场（压力场和浓度场）共同驱动下的流动过程。为深入查明煤层气运移控制机理，学者们在较早以前便开始了溶质输运的基础理论研究。

早在 19 世纪中期，为有效描述分子扩散过程中传质通量与浓度梯度之间的关系，菲克就先后提出了第一扩散定律和第二扩散定律以适应稳态和非稳态条件下的分子扩散过程。后来，Lapidus 和 Amundson[48] 考虑到对流传质的影响，对菲克扩散定律进行了补充扩展，从而推动了溶质输运理论的进一步研究。

目前，对流–扩散方程是溶质输运研究领域最常用的数学模型，以此解析求得扩散通量和扩散组分的浓度分布，然而有效弥散系数的确定一直是当前研究的热点和难点问题。1953 年，Taylor[49] 通过实验方法首次基于光滑毛细直管研究了非稳态条件下溶质对流弥散行为，并给出了弥散系数的计算表达式。随后，Aris[50] 于 1956 年对 Taylor 表达式进行了扩展，通过引入可描述管道截面形状的形状因子，得出了弥散系数预测模型，即著名的 Taylor-Aris 方程。这一重大研究成果的问世，为裂隙介质中煤层气溶质弥散行为的研究提供了重要的理论基础和方法借鉴。与此同时，也吸引了大量学者对这一重大难点问题的广泛研究和关注[51,52]。

然而，溶质在裂隙系统中的运移受多种因素制约。在众多因素中，由于裂隙几何的弯曲特性及其所伴随的自仿射属性，其严重影响溶质对流–扩散过程。为此，深入了解对流–扩散过程的潜在机制对于描述和解决复杂的水动力问题具有关键而又重大的理论意义。

尽管先前已有不少有关裂隙几何对对流–扩散过程的影响研究报道，但这些研究大多基于实验分析、数值模拟或解析推导的方式，如此单一的研究方法最终可能影响结果的质量和精度。更为重要的是，诸如水文弯曲度、尺寸、尺度不变特性以及表面粗糙度等属性对自仿射端面几何结构的影响并未得到深入探索和验证。为此，本节将着重开展自仿射裂隙组合拓扑控制下溶质对流–扩散输运机理研究。

1. 耦合弯曲效应的 Taylor-Aris 弥散模型

在早期的研究工作中，裂隙被视为由两平行板及其空间组成，通过二维平直板裂隙溶质运移的弥散系数常用经典 Taylor-Aris 方程预测。然而自然裂隙多是曲折的，弥散系数的理论值与实际值往往会有偏差。因此，为探究裂隙中溶质输运过程中有效弥散系数所受到的影响，需要采用理论手段对各参数的变化展开探讨分析。

在层流条件下，平行板之间不可压缩流体的运动常常被称为泊肃叶流，裂隙剖面的局部速度满足抛物线型流速分布，其幅度取决于与裂隙中心线之间的距离：

$$U(y) = \frac{\delta^2}{8\mu} \frac{\Delta P}{L_{\max}} \left(1 - \frac{4y^2}{\delta^2}\right) \tag{4-67}$$

式中，μ 为流体黏度；y 为与裂隙中心线的垂直距离，取值范围 $y \in [-\delta/2, \delta/2]$；$\Delta P$ 为沿裂隙的压强；L_{max} 为裂隙宏观方向上的长度；δ 为平行板裂隙的开度。

因此，早期研究通过两个平行板裂隙的宏观流的平均流量 Q 从理论层面上可以表示为经典的立方定律，表达式如下：

$$Q = \frac{W_0 \delta^3 \Delta P}{12 \mu L_{max}} \tag{4-68}$$

式中，W_0 为裂隙的宽度。

在随后的研究工作中[53]，由于 $Q = AU$，其中 A 为介质的横截面，通常用 $A = W_0 h$ 来表示，并且在二维平直板裂隙中，$h \approx \delta$。因此可将通过单位横截面的流体在裂隙中平均速度计算为

$$U = \frac{\delta^2}{12 \mu} \frac{\Delta P}{L_{max}} \tag{4-69}$$

然而，自然多孔介质中的毛细管总是曲折的，沿流体流动方向的水文路径长度始终满足以下关系：$L_\tau = \tau L_{max} \geqslant L_{max}$，其中 τ 为水文弯曲度[28]，这会造成流体在裂隙中运移时的有效路径发生改变。同时，受到裂隙中两个内表面的几何形状的影响[37]，流体运移的有效开度由 δ 缩小至 δ/τ_s，其中 τ_s 被称为表面弯曲度，由 L_s/L_{max} 定义，L_s 为裂隙面的长度。鉴于弯曲效应的影响，基于式（4-69）可以得到溶质通过单个裂隙中平均流速

$$U_\tau = \frac{\delta^2}{12 \mu} \frac{\Delta P}{L_{max} \tau \tau_s^2} \tag{4-70}$$

当然，式（4-70）中水文弯曲度除了由长度比来计算以外，也可以使用 Jin 等[14] 提出的从局部弯曲度计算宏观流弯曲度的计算方法：

$$\tau \approx \frac{1}{\langle \bar{U}_x \rangle} \tag{4-71}$$

式中，$\langle \bar{U}_x \rangle = U_x / U_\tau$，$U_x$ 为介质中粒子在宏观流方向上的速度，当 U_x 与流体宏观运移方向相同时为正，反之为负，对其取绝对值再进行归一化处理得到 $\bar{U}_x$。在光滑裂隙中流体运移的路径近似等于几何路径则水文弯曲度 $\tau \approx \tau_s$，通过式（4-69）～式（4-71）可以得到裂隙中流体沿宏观方向的速度分量为

$$U_x = U \frac{1}{\tau^4} \tag{4-72}$$

参照达西定律公式，渗透系数 κ 定义为沿宏观方向流体平均流速和压力梯度 $\Delta P/L_{max}$ 之间的比例系数，关系式表示如下：

$$U_x = \kappa \frac{1}{\mu} \frac{\Delta P}{L_{max}} \tag{4-73}$$

对比式（4-72）和式（4-73）之后可以发现，渗透系数 κ 与 τ^4 满足反比关系，这与经典 K-C 方程在描述光滑裂隙系统时的水文弯曲度效果相一致。

同时，如果将多孔介质视为平行毛细管孔/毛细管束，结合菲克定理，则溶质在其内部扩散的物质流量就可表示为[54]

$$q = A_t D_E \frac{\Delta C}{L_{max}} \tag{4-74}$$

式中，D_E 为溶质扩散沿宏观方向的有效扩散系数；ΔC 为毛细管两端的浓度差；A_t 为平行毛细管束的总截面积。

类似地，在水力开度为 δ 的单根裂隙管道中，溶质扩散的物质量满足：

$$q(\delta) = A(\delta) D_m \frac{\Delta C}{L_{max}}, \quad q_\tau(\delta) = A(\delta) D_m \frac{\Delta C}{L_\tau} \tag{4-75}$$

式中，q 和 q_τ 分别为溶质在平直和弯曲裂隙管道中的扩散物质的流量。

通过比较，弯曲裂隙管道中有效分子扩散系数变为 D_m/τ。再结合式（4-70）的分析，弯曲裂隙中溶质随流体输运的有效开度也会由 δ 缩小至 δ/τ_s，因此，考虑弯曲效应后，经典 Taylor-Aris 方程可进一步修改为

$$D = \frac{D_m}{\tau} + \frac{D'_{Tyl}}{\tau} \tag{4-76}$$

式中，D'_{Tyl} 为沿着裂隙方向对流引起的扩散，且可表示为 $D'_{Tyl} = D_{Tyl}/\tau_s^6$。然而，我们主要关注的是溶质在裂隙中沿宏观方向输运时的有效弥散系数。在弯曲裂隙中，沿宏观 x 方向溶质的扩散流量 $q_{\tau(x)}(\delta) = q_\tau(\delta)/\tau$，结合式（4-76），可以得到弯曲裂隙中沿宏观方向的有效弥散系数 D_e 为

$$D_e = \frac{1}{\tau^2}\left(D_m + \frac{D_{Tyl}}{\tau_s^6}\right) = \frac{D_m}{\tau^2} + \frac{(U_x \delta)^2}{210 D_m} \tag{4-77}$$

分析式（4-77）可以知道：

（1）如果没有流体运动，则溶质有效扩散系数会降低为 D_m/τ^2。很明显，溶质分子扩散系数与水力弯曲度的平方成反比，这归因于裂隙溶质运移的水文路径的变化。

（2）在混合/扩散过程中，对流引起的溶质扩散会分别受到水文弯曲度和裂隙表面弯曲度的影响，同时，当弯曲度 $\tau = 1$ 时，式（4-77）则简化成经典的平直板裂隙中的 Taylor-Aris 弥散方程。

综上所述，建立了耦合弯曲效应的 Taylor-Aris 方程，这为预测弯曲裂隙中溶质发生 Taylor 弥散时的有效弥散系数提供了一种重要模型。

2. 自仿射粗糙裂隙中弥散系数的分形模型

在粗糙裂隙中，我们认为除了弯曲效应外，表面粗糙几何的影响也不容忽视，特别是对于微裂隙。先前的研究表明[34]，粗糙度效应被表示为 f_σ 并被称为表面粗糙度因子（SRF），以一种特殊的方式对 δ 提出"减小"效应，具有短程差异而长程稳定的特点，如式（4-78）所示：

$$f_\sigma = 1 + \alpha_c \left(\frac{\sigma}{\delta} \right)^{\alpha_e} \tag{4-78}$$

式中，σ 为假定裂隙粗糙表面在平面的前提下，量化粗糙面高度的标准偏差；α_c 和 α_e 为取决于表面几何形状的经验参数，用于表征裂隙端面几何对其流体运移的阻碍行为及强度。

在自然储层裂隙的粗糙区域，考虑到裂隙表面常常表现出粗糙不平整性，其粗糙效应会使裂隙几何残余边界处于静状态，从而导致溶质受对流影响沿裂隙方向的实际扩散改变。因此，将流体系统分为两个区，分别为沿粗糙表面和近粗糙表面的静止区和远离粗糙表面的流动区[45]。在静止区中不存在对流诱导的弥散，主要是以分子扩散为主。然而，在流动区中，溶质输运过程是一个混合/扩散过程。因此，表面粗糙度主要影响 D_{Tyl} 并将其改变为 D''_{Tyl}，为了简化且不失去一般性，我们假设 D_{Tyl} 和 D''_{Tyl} 之间的关系为

$$D''_{Tyl} = \frac{D_{Tyl}}{f_\sigma} \tag{4-79}$$

式（4-79）在粗糙裂隙中 $f_\sigma \geq 1$ 是毫无疑问的，并且只有在边界是平滑的情况下才满足 $f_\sigma = 1$。作为表面粗糙度因子（SRF），将 SRF 和弯曲效应考虑在一起，我们得到了粗糙裂隙中溶质对流-弥散过程的弥散系数耦合弯曲效应并转化为

$$D_G = \frac{D_m}{\tau^2} + \frac{D''_{Tyl}}{\tau^2 \tau_s^6} = \frac{1}{\tau^2} \left(D_m + \frac{1}{210} \frac{U_\tau^2 \delta^2}{D_m f_\sigma} \right) \tag{4-80}$$

通过对分形理论的深入研究，相关学者发现，尽管自然裂隙具有高度不规则的特征，但其端面的几何形态却遵循统计意义上的自仿射特征[55]，说明端面几何与方向相关且具有尺度不变的分形特征，这将对溶质的对流-弥散过程产生重要影响。因此，在单一的自仿射粗糙裂隙中理解这样一个过程对于复杂的水动力问题是非常重要的。为简单起见，在二维空间中，将裂隙面的高度定义为 $h(x)$，它是一个基本的单值函数，在各向同性的假设下，粗糙裂隙的表面满足赫斯特指数的表征，并具有如下的自仿射特征：

$$h(x) = P_x^{-H} h(P_x x) \tag{4-81}$$

式中，P_x 为水平方向上的缩放因子；P_x^{-H} 为垂向方向上的缩放因子。同时，自仿射

裂隙的曲线高度差 h_Δ 的概率分布满足高斯分布[56]：

$$\Pr(\Delta h) = \frac{1}{\sigma_\Delta \sqrt{2\pi}} e^{-\frac{\Delta h^2}{2\sigma_\Delta^2}} \tag{4-82}$$

式中，σ_Δ 为高度差的标准偏差；σ_Δ 与横向距离 x_Δ 之间满足如下的幂律关系式：

$$\sigma_\Delta = \psi x_\Delta^H \tag{4-83}$$

式中，H 为以测量尺度为 x_Δ 得到裂隙曲面高度差的标准偏差再通过实际计算获得的赫斯特指数；ψ 为由自仿射裂隙的分形维数 D_f 与尺度因子 ζ 确定的一个常量，计算公式如下[57]：

$$\psi = \sqrt{\frac{\Gamma(2D_f - 3)\cos(D_f \pi)}{(4 - 2D_f)\ln\zeta}} \tag{4-84}$$

从统计层面，当测量尺度为横向距离 x_Δ 时，自仿射裂隙的端面曲线实际长度的期望 $\langle \overline{L}(x_\Delta) \rangle$ 可计算为

$$\langle \overline{L}(x_\Delta) \rangle = \int_{-\infty}^{\infty} \sqrt{x_\Delta^2 + \Delta h^2} \, \Pr(h_\Delta) \mathrm{d}\Delta h \tag{4-85}$$

分析式（4-85）可知，其积分结果为一个合流超几何函数，表达式为 $U(a_1, a_2, a_3)$，当变量 a_1 与 a_2 固定时，$U(a_1, a_2, a_3)$ 为 a_3 的单调递增函数，所以式（4-85）可以改写为

$$\langle \overline{L}(x_\Delta) \rangle = \sqrt{2}\psi x_\Delta^H U\left(-\frac{1}{2}, 0, \frac{x_\Delta^{2-2H}}{2\psi^2}\right) \tag{4-86}$$

基于尺度不变的分形特征[58]，Wheatcraft 和 Tyler[25] 在多孔介质分形毛细管模型中的研究表明，当观测长度尺寸为 ε 时，各向异性介质中弯曲流体的实际长度 L_τ 与分形尺度之间满足式（4-87）中描述的分形关系：

$$L_\tau(\varepsilon) = \varepsilon^{1-D_\tau} L_c^{D_\tau} \tag{4-87}$$

式中，L_c 为沿宏观输运方向的特征长度；D_τ 为弯曲度分形维数，取值范围为 $[1, 2]$。

根据分形体观测尺度与被测尺度之间的标度关系，一些学者讨论了毛细管管径与实际几何/流体长度之间的关系[23,31]，建立了相似的缩放/弯曲度幂律模型，具体表示如下：

$$L_\tau(\langle\delta\rangle) = \langle\delta\rangle^{1-D_\tau} L_c^{D_\tau} \tag{4-88}$$

式中，$\langle\delta\rangle$ 为毛细管的管径，在裂隙中可将其视为平均开度。式（4-88）常用于二维空间的微观毛细管通道，因而弯曲度分形维数与赫斯特指数之间常满足 $H = 2-D_\tau$，因此，基于弯曲度的定义，分形毛细管中几何表面弯曲度的缩放关系如下：

$$\tau_s(\langle\delta\rangle) = \left(\frac{\langle\delta\rangle}{L_c}\right)^{H-1} \tag{4-89}$$

就式（4-86）而言，当测量尺度改为$\langle\delta\rangle$时，通过弯曲度的定义，我们可以在统计层面上得到自仿射毛细管弯曲度$\tau_s=\langle\overline{L}(\langle\delta\rangle)\rangle/\langle\delta\rangle$，同时结合（4-89），可以得到自仿射粗糙弯曲面的特征长度计算公式如下所示：

$$L_c = \left(\sqrt{2}\psi U\left[-\frac{1}{2}, 0, \frac{\langle\delta\rangle^{2-2H}}{2\psi^2}\right]\right)^{\frac{1}{1-H}} \tag{4-90}$$

对于自仿射微观裂隙，水力弯曲度τ可近似为τ_s，其空间可以视为一系列并排的自仿射毛细管组成，并且所有毛细管的长度大致相同。因此，分别通过分形叠加原理和自仿射裂隙端面数学模型，将式（4-89）和式（4-90）结合在一起，可以得到自仿射粗糙裂隙中分形 Taylor-Aris 弥散系数方程：

$$D_F = D_m\left(\frac{\langle\delta\rangle}{L_c}\right)^{2(1-H)} + \frac{D_{Tyl}}{\langle f_{\sigma_r}\rangle}\left(\frac{\langle\delta\rangle}{L_c}\right)^{8(1-H)} \tag{4-91}$$

分析式（4-91）可以发现，自仿射粗糙裂隙对有效弥散系数的影响主要包括两部分：H和$\langle\delta\rangle/L_c$共同决定的尺度/弯曲效应，以及弯曲构件变形后残余几何结构的粗糙效应。这些效应在长距离内是稳定的。

显然，式（4-91）是式经典 Taylor-Aris 方程的一般形式，因为当$H=1$和$\langle f_\sigma\rangle=1$满足时，前者可以简化为后者。综上所述，溶质在自仿射粗糙裂隙的输运过程中，由表面几何引起的对流-弥散过程有三种效应，分别是$\langle\delta\rangle$尺度下端面弯曲效应、水文弯曲效应和残余边界的平稳粗糙效应（图 4-28）。此外，所有的影响都由物理意义明确的参数定义，揭示了裂隙几何端面对输运过程中有效弥散系数的控制机制。

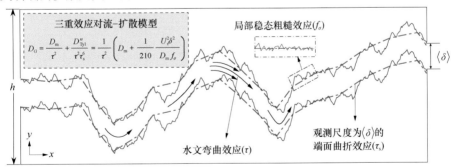

图 4-28 粗糙裂隙中弯曲效应与粗糙效应对溶质输运影响的示意图

3. 开度非均一分布及端面粗糙耦合效应

本章 4.2.2 节探讨并阐明了非匹配粗糙端面几何及其组合拓扑对裂隙渗透率的影响机制，进而推演了四重效应渗透率预测模型 [式（4-26）]。为方便描述，式

（4-26）可改写为如下形式：

$$K = \frac{\langle\delta\rangle^3}{12 h f_\sigma \tau^2 \tau_s^2} \frac{1}{\left[1+\left(\sigma_\delta/\delta_e\right)^2\right]^{1.5}} = \frac{\langle\delta\rangle^3}{12 h f_\sigma \tau^2 \left\{\tau_s\left[1+\left(\sigma_\delta/\delta_e\right)^2\right]^{3/4}\right\}^2} \quad （4-92）$$

式中，σ_δ 及 δ_e 含义同 4.2.2 节所述，即 $\delta_e = \langle\delta\rangle / \left(f_\sigma^{1/3} \tau^{2/3} \tau_s^{2/3}\right)$。

式（4-92）表明，相对于匹配裂隙端面几何对裂隙流的影响效应 [式（4-47）] 来说，裂隙端面间非匹配特性的存在在某种程度上间接导致了端面曲折率的增大，使 τ_s 增大为 $\tau_s\left[1+\left(\sigma_\delta/\delta_e\right)^2\right]^{3/4}$，进而进一步使开度 δ 减小至 $\delta / \left\{\tau_s\left[1+\left(\sigma_\delta/\delta_e\right)^2\right]^{3/4}\right\}$。

因此，结合式（4-70）、式（4-71）及式（4-92）可得，同时考虑端面非匹配及弯曲特征的裂隙中平均流速为

$$U_\tau' = \frac{U}{\tau \tau_s^2 \left[1+\left(\sigma_\delta/\delta_e\right)^2\right]^{3/2}} \quad （4-93）$$

同理可得，非匹配弯曲裂隙中沿宏观流方向的平均流速为

$$U_x' = \frac{U}{\tau^2 \tau_s^2 \left[1+\left(\sigma_\delta/\delta_e\right)^2\right]^{3/2}} \quad （4-94）$$

根据式（4-77）中对弯曲裂隙中有效扩散系数 D 的定义，可将非匹配弯曲裂隙中有效分子扩散系数改写为 D_m/τ，有效开度被改写为 $\delta / \left\{\tau_s\left[1+\left(\sigma_\delta/\delta_e\right)^2\right]^{3/4}\right\}$，$U$ 被改写为 U_τ'。基于经典 Taylor-Aris 方程，可得非匹配弯曲裂隙中有效溶质扩散系数 D' 为

$$D' = \frac{D_m}{\tau} + \frac{D_{Tyl}}{\tau \tau_s^6 \left[1+\left(\sigma_\delta/\delta_e\right)^2\right]^{9/2}} \quad （4-95）$$

结合式（4-71）、式（4-72）和式（4-95），非匹配弯曲裂隙中沿宏观扩散方向的有效扩散系数 D_e' 可表示为

$$D_e' = \frac{D_m}{\tau^2} + \frac{D_{Tyl}}{\tau^2 \tau_s^6 \left[1+\left(\sigma_\delta/\delta_e\right)^2\right]^{9/2}} \quad （4-96）$$

结合式（4-92），同时考虑局部粗糙效应、弯曲效应及开度粗糙效应 [式（4-77）、（4-96）]，式（4-96）可进一步修正如下：

$$D_{qua} = \frac{D_m}{\tau^2} + \frac{D_{Tyl}}{f_\sigma \tau^2 \tau_s^6 \left[1+\left(\sigma_\delta/\delta_e\right)^2\right]^{9/2}} = \frac{D_m}{\tau^2} + \frac{U^2 \langle\delta\rangle^2}{210 D_m} \frac{1}{f_\sigma \tau^2 \tau_s^6 \left[1+\left(\sigma_\delta/\delta_e\right)^2\right]^{9/2}} \quad （4-97）$$

因式（4-97）包含了非匹配端面几何对溶质对流−扩散的四种效应（局部粗糙效应、水文弯曲效应、端面曲折效应及开度粗糙效应），故称之为四重效应对流−扩散模型。当裂隙端面匹配时，$\sigma_\delta = 0$，此时式（4-97）可简化为式（4-77）；当裂隙端面为光滑平直面时，$\tau = \tau_s = 1$，$f_\sigma = 1$，那么，式（4-97）可进一步简化为经典 Taylor-Aris 方程。

4. 粗糙匹配裂隙中溶质对流−扩散过程的尺寸效应

对理想裂隙来说，在连续注入固定浓度溶质的前提下，非吸附性溶质弥散的经典解析方案如下[59]：

$$C(x,t) = \frac{C_0}{2}\left[\text{erfc}\left(\frac{1-t_d}{2\sqrt{t_d D/U_{ns}x}} \right) \right] \tag{4-98}$$

式中，C_0 为初始浓度；$\text{erfc}(y) = 2\int_y^\infty e^{-t^2}dt \Big/ \sqrt{\pi}$ 为余误差函数；$C(x, t)$ 为位置 x 处和时间 t 时的溶质浓度；t_d 为无量纲时间，$t_d = U_{ns}t/x$；U_{ns} 为裂隙中平均流速。那么，根据式（4-98）及 LBM 模拟的平均流速 U_{ns}、溶质浓度 $C(x, t)$ 可得到有效扩散系数 D 的模拟值 D_{ns}。

为验证 LBM 方法模拟溶质对流−扩散过程并计算有效扩散系数的有效性，我们构建了一系列开度在 4lu 和 11lu 之间变化的平直板光滑裂隙。为保证所模拟渗流过程和分子扩散过程的稳定性，我们分别设置渗流和扩散两套格子系统的无量纲松弛时间为 $\tau_f = 1.0$、$\tau_g = 0.5039$。同时，分别设置分子扩散系数与模拟的平均流速为 $D_m = 0.0013\text{lu}^2/\text{ts}$，$U_{ns} = 0.007\text{lu}/\text{ts}$（ts 为格子系统时间单位），$Pe$ 数在 $[\sqrt{210}, 2L/\delta]$ 之间变化以确保经典 Taylor-Aris 方程的有效性。当流体流动达到稳定状态时，流体在裂隙中流动的演化即刻停止，此时开始溶质在裂隙中的扩散过程，且入口和出口边界之间的浓度差为 ΔC。

基于上述参数和边界条件设置，我们采用 2.4.2 节中所述 LBM 模拟方法于孔隙尺度模拟再现了溶质在平直板光滑裂隙中的对流−扩散过程，图 4-29 则展示了溶质对流−扩散弥散系数的解析值与 LBM 模拟值的对比关系。结果表明，二者表现出了较好的一致性，这就验证了前述 LBM 方法及边界条件设置在模拟溶质对流−扩散过程方面的有效性。

对于自然界中的微裂隙，裂隙粗糙表面的赫斯特指数接近 0.8[60]。因此，为了简化研究且不失其一般性，本次研究中，我们主要关注 H 在 0.7 和 0.9 之间的二维自仿射粗糙单裂隙。因此，在模拟实验中，我们采用 3.3.5 节所述方法模拟裂隙内表面，进而合成了自仿射粗糙匹配裂隙，其中裂隙长度被固定为 5.12μm，δ 的变化范围设定为 [0.2, 0.4]。为了保证数值计算的精度，用 LBM 模拟方法（格子的尺寸为

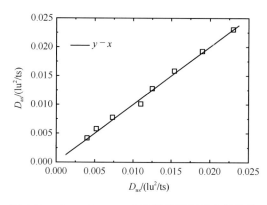

图 4-29　由 Taylor-Aris 方程解析得到的有效扩散
系数与 LBM 模拟值的关系

0.02lu）展开了大量的数值实验来探明溶质对流–扩散过程的尺度和尺寸效应。

　　首先，我们探索了自仿射粗糙裂隙中渗流场的变化。在 LBM 模拟过程中，将裂隙进/出口压差设定为 0.01，图 4-30 展示的匹配裂隙格子长度均为 18lu，当 LBM 模拟达到稳定状态时，可以观察到理想平直板裂隙和 H 值不同的自仿射裂隙中流体的流速分布。

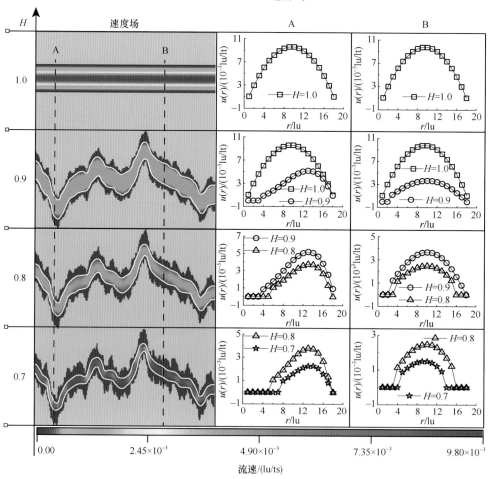

图 4-30　平直板参照裂隙和自仿射粗糙裂隙中的流速分布

其中 A（$x = 27lu$）和 B（$x = 190lu$）段的渗流场和剖面分别在左侧和右侧描绘。在剖面中 $r = 1 + y + \delta/2$

通过对比可以清楚地看到，在粗糙的裂隙中粗糙壁面附近流线几乎是不存在的，蓝色静止区域的面积比随 H 值的减小而显著增加。此外，流动区域的流速大小随 H 的增加而显著增加。接着，通过统计剖面处的离散速度来探明裂隙粗糙几何对裂隙流的影响，我们从图中可以看出，模拟得到的平行直管流速分布均为典型的抛物线模型，但随着粗糙裂隙赫斯特指数的减小，裂隙中流速呈逐渐减小趋势，且与经典抛物线模型的偏差越来越大，最终呈现出为标准正态分布。因此，经综合分析，裂隙粗糙效应将在两个方面影响粗糙裂隙中的对流现象，即减小裂隙复杂形貌中流动区域的面积，并降低流动区域中流体的平均速度。

由于自然界中溶质的输运过程是一个混合–扩散的现象，对流引起的弥散会导致更复杂的运移规律。因此，我们引入浓度场并将分子扩散系数设定为 $D_{m} = 0.0013\text{lu}^2/\text{ts}$，模拟裂隙中溶质对流–弥散过程如图 4-31 所示。数值模拟结果表明，与理想平直板裂隙相比，粗糙裂隙中的扩散行为受到严重阻碍，因为裂隙系统空间的几何限制，溶质的运移不仅因曲折流的存在大大提升溶质随流体运移轨迹的长度，还会因边界摩擦的影响，最终影响溶质的输运属性。与此同时，观察从 A 到 D 的模拟结果发现，由于裂隙端面粗糙度的存在，溶质在粗糙裂隙中迁移也被分为流动相和固定相。在流动区域内，溶质会随着流体一起快速迁移，填充较为

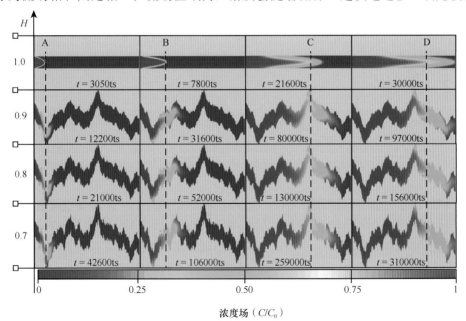

图 4-31 不同赫斯特指数和时间条件下，平直板参照裂隙和自仿射裂隙中溶质对流–弥散过程的 LBM 模拟

A ($x = 27$lu)，B ($x = 60$lu)，C ($x = 158$lu) 和 D ($x = 190$lu) 是选择的位置，用于比较参数 H 对裂隙弥散能力的影响

迅速，但是靠近粗糙裂隙壁的固定区域溶质运移缓慢，可以看到经历相当长的时间之后，溶质才填满整个空间。纵向观察不同赫斯特指数裂隙中溶质迁移模拟结果发现，裂隙的赫斯特指数对溶质的运移有显著影响，当 H 值越小，裂隙的粗糙度越大，导致溶质运移时的有效开度减小。这将进一步造成溶质达到同一横截面所需要的时间越来越长，最终，溶质更容易在 H 较大的裂隙中实现完全填充。

为了探明裂隙粗糙几何特征对浓度场中溶质浓度分布特征的影响，我们在浓度场中选取了与渗流场中相同的位置，对应图 4-31 中 A 与 D 两个位置。对比发现浓度场中的溶质剖面图与渗流场的流速剖面图的形状基本相似，这表明溶质穿透整个裂隙的过程中，机械弥散起到了明显的控制作用。在 D 位置处均出现了正态分布的情况，且靠近粗糙面的位置浓度分布较低。发生这种现象的原因大致可归纳为以下原因：首先，溶质在粗糙裂隙中的运移主要受三效应的影响，即端面弯曲效应、水文弯曲效应和残余边界的平稳粗糙效应，随着 H 指数的减小，裂隙中溶质运移的实际路径将会增加，水文弯曲度与端面弯曲度随之增大，从而导致溶质输运时的流速降低；其次，由于裂隙端面随着 H 越小而起伏越快，造成在裂隙静止区域的增大（图 4-30），分子扩散缓慢从而大大降低了溶质在裂隙端面位置处的浓度分布，导致端面位置处的溶质浓度分布相对裂隙中间位置的浓度分布较小，而且计算对比三组粗糙裂隙的有效弥散系数分别为 0.0046lu²/ts、0.0086lu²/ts 和 0.0134lu²/ts，H 越小越接近分子扩散系数，所以溶质穿透粗糙裂隙端面的能力接近其在裂隙方向上的迁移能力，溶质运移的浓度锋面轮廓变得越来越平缓。

需要指出的是，只有溶质运移与裂隙走向基本相同时才会出现溶质浓度分布特征为标准正态的情况。然而，当溶质运移至图 4-31 中 A、C 位置时，由于受自身的重力影响以及倾向于寻找最短溶质运移路径的偏好，使得溶质运移至 A 位置时下端面附近的溶质浓度相对较小，浓度较大的区域大多集中于裂隙的上端面，导致溶质浓度较小的区域出现在下端面附近，因而出现了如图 4-32（a）、（c）所示的溶质浓度明显偏向一侧的分布现象。

同时，我们再仔细对比分析图 4-32 中浓度的标准正态分布与偏正态分布的情况。这种偏正态分布情况的出现应该归因于粗糙裂隙端面几何对溶质运移的影响。当溶质运移至粗糙裂隙中 B 位置时，溶质输运会受到裂隙端面凸起几何形貌的影响，使得溶质流经 C 位置再达到 D 位置时的运移方向同 B 位置的运移方向发生巨大转变，可以看出 C 位置只是一转折点。因此，溶质浓度的分布特征呈现出从 C 位置到 D 位置这个过程中从标准正态分布逐渐演变为偏正态分布，随后再由偏正态分布演变为标准正态分布的一种逐渐过渡的过程。

虽然，结合数值模拟探明了粗糙微裂隙中溶质运移过程中受到的阻碍因素，但是，我们仍然面临一个严重的问题：如何使用基本的物理参数来定量描述微观

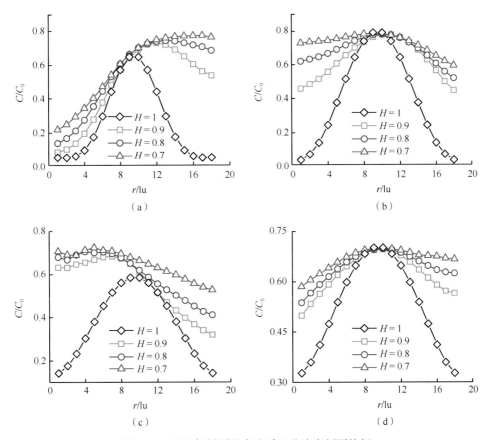

图 4-32 匹配粗糙裂隙中溶质运移浓度剖面特征

其中 $r = 1 + y + \delta/2$，（a）、（b）、（c）、（d）分别为对应图 4-31 的 A、B、C、D 四个位置的浓度剖面线

几何与输运属性之间的关系。由我们前面的分析可知，引起弥散系数不同的主要原因在于粗糙单裂隙的表面几何结构对溶质运移的影响，裂隙中溶质的 Taylor 弥散不仅受到弯曲效应的影响，还受到局部粗糙度因子的影响，弯曲效应对弥散系数的影响已在前面通过理论推导的方式给出了具体的表征方法及验证。然而，对于局部粗糙度因子却只给出了未知参数 f_σ，未对局部粗糙度效应的表征进行详细的分析推导。因此，为了确定粗糙度对溶质运移过程的数值影响，只有从粗糙裂隙面分离出粗糙成分和弯曲成分，才能够对各个因素对弥散系数模型的影响进行定量化分析。

为了获得局部粗糙度因子，使用以下方法：首先，基于原始粗糙裂隙 $Z(x)$，以裂隙平均开度 $\langle\delta\rangle$ 为尺度去测量并得到相应的大尺度裂隙端面并定义为 $Z_{\langle\delta\rangle}(x)$（如图 4-33 中蓝色虚线所示），迭代一次后，得到原始粗糙裂隙的残差面 $Z_r(x) = Z(x) - Z_{\langle\delta\rangle}(x)$（如图 4-33 中红色实线所示）。基于残差面 $Z_r(x)$，在保证 $\langle\delta\rangle_r \geqslant \langle\delta\rangle$ 的条件下，以开度 $\langle\delta\rangle_r$ 继续形成一系列趋势面并进行剔除，直到获取的趋势面高度为 0 时，停止迭代。此时，趋势面形状达到一个平面形状，以开度 $\langle\delta\rangle_r$ 为量测尺度的弯曲成分被逐渐剔除，最终形成的残差面逐渐趋于平稳（如图 4-33 中的黄色实线所示）。剔除大趋势面后的裂隙残差面将可视为只有平稳粗糙度对溶质运移的影响，而没有弯曲效应的影响。当用式（4-80）来描述此时裂隙中的有效弥散系数时，反演可得裂隙中粗糙度因子的计算表达式如下：

$$\langle f_{\sigma_r}\rangle_{\mathrm{ns}} = \frac{U_\tau^2 \delta^2}{210 D_{\mathrm{m}}\left(D_{\mathrm{ns}}\tau^2 - D_{\mathrm{m}}\right)} \tag{4-99}$$

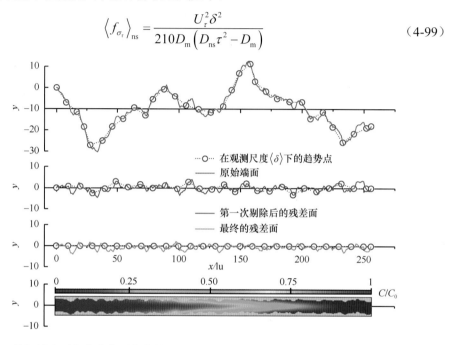

图 4-33　从粗糙表面上去除曲面弯曲的几何分量（以平均开度 $\langle\delta\rangle$ 缩放）的迭代过程以及新合成裂隙中对流–弥散过程的 LBM 模拟

为了精确计算得到粗糙单裂隙局部粗糙度因子的具体数值，通过模拟构建一系列赫斯特指数在 0.7～0.9 之间的粗糙单裂隙来验证式（4-99），设定残差面裂隙开度 $\langle\delta\rangle_r \geqslant \langle\delta\rangle$，根据残差面高度均方根，利用式（4-78）计算残差面 $Z_{\langle\delta\rangle}(x)$ 的粗糙度因子，并对原始裂隙局部粗糙度系数求平均值。$\langle f_{\sigma_r}\rangle_{\mathrm{ns}}$ 和 $\langle f_{\sigma_r}\rangle_{\mathrm{as}}$ 之间的关系如图 4-34 所示，后者来自式（4-99）根据原始自仿射裂隙的 LBM 模拟结果，数值结果 $\langle f_{\sigma_r}\rangle_{\mathrm{ns}}$ 与解析值 $\langle f_{\sigma_r}\rangle_{\mathrm{as}}$ 几乎都围绕着直线 $y = x$ 上下波动，从而有效地证明了粗糙效应与对流诱导的扩散成反比。

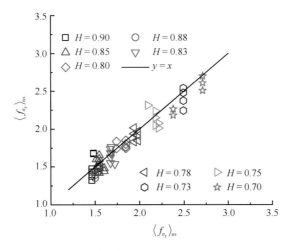

图 4-34 $\langle f_{\sigma_r} \rangle_{\mathrm{ns}}$ 和 $\langle f_{\sigma_r} \rangle_{\mathrm{as}}$ 之间的相关性

不同符号表示具有不同 H 值的自仿射裂隙所对应的数据，黑色实线为参考线

　　虽然我们结合数值模拟验证了粗糙效应对溶质输运弥散系数影响，但仔细分析式（4-80）可以发现它只是我们提出的一个概念模型，自仿射粗糙裂隙端面几何参数的意义和作用方式无法准确表达，这不利于对机理的描述。如果我们重新检验本书的特征长度 L_{c}，自仿射粗糙裂隙模型可以被看作是赫斯特指数 H 和以裂隙开度 $\langle \delta \rangle$ 作为观测尺度的合流超几何函数。因此，为了验证粗糙裂隙中水文弯曲度与裂隙端面几何之间的关系，我们基于数值模拟的结果，采用 Jin 等[14] 提出的水文弯曲度计算方法，对水文弯曲度与裂隙开度的关系进行了统计分析。最后，LBM 模拟的结果如图 4-35 所示。水文弯曲度与裂隙开度的拟合结果表明，它们满足 $\tau = c_{\tau} \langle \delta \rangle^{1-D_{\tau}}$ 的幂律关系，但随着裂隙赫斯特指数的减小，c_{τ} 反而增大，这表明其系数和指数与自仿射粗糙裂隙的物性参数相关。然而，对比水文弯曲度 τ 和 $\langle \delta \rangle / L_{\mathrm{c}}$ 之间的关系，如图 4-35 右上角的图形所示，它们满足 $\tau = c_{\tau} \left(\langle \delta \rangle / L_{\mathrm{c}} \right)^{\beta}$ 的幂律关系，拟合的结果表明系数 c_{τ} 是一个与 H 无关的常数，接近于 1，而指数则接近 H–1，较小误差归因于计算的精度。

　　基于几何分形理论，我们对式（4-77）进行了改进，进一步推导了分形传质模型。图 4-36 展示了推导公式的解析值与数值模拟结果之间的关系，线性拟合结果表明理论值与实验值基本一致。其主要原因为，式（4-91）中弯曲度的计算考虑了裂隙自仿射属性的控制因素 H 对弯曲度的影响，从而更能准确地表示裂隙端面几何参数与弯曲度之间的关系。

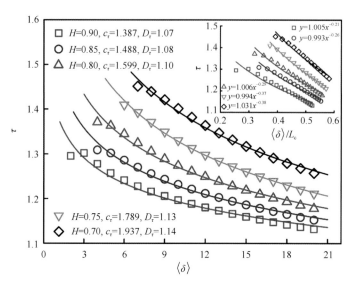

图 4-35　自仿射裂隙 H 在 0.70 和 0.90 之间变化条件下，流体的水文弯曲度 τ 和 $\langle\delta\rangle$、$\langle\delta\rangle/L_c$ 之间的关系

　　到目前为止，粗糙效应和弯曲效应在自仿射粗糙裂隙中已经得到了很好的定义，并明确了它们对溶质对流–弥散过程的影响。同时，阐明了控制机理，复杂形貌在自仿射裂隙中的作用得到了明确定义，并具有明确的物理意义。

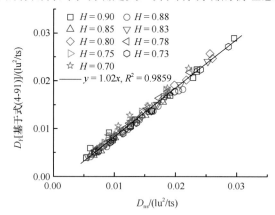

图 4-36　粗糙裂隙中理论推导的弥散系数预测模型与 LBM 模拟得到的 D_{ns} 之间的关系

5. 裂隙组合拓扑对溶质对流–扩散过程的影响

　　为探究裂隙端面几何及开度非均一分布耦合行为对溶质对流–扩散过程的综合效应，我们首先构建了多条具有不同 H 值及非匹配范围的自仿射非匹配粗糙裂隙，裂隙长度固定为 10.24μm，通过固定 $n_1=3$ 不变、n_c 在 [8, 18] 之间变化以控制裂隙

的非匹配程度；其次，基于模拟得到的非匹配裂隙，采用 LBM 方法模拟再现了溶质在非匹配粗糙裂隙中的对流–扩散过程。为了突出端面粗糙及非匹配特性对溶质对流–扩散过程的影响，我们将模拟结果与光滑直管裂隙中的溶质对流–扩散进行了对比，具体分析过程如下陈述：

当 LBM 模拟达到稳定态时，流体在光滑直管裂隙和非匹配粗糙裂隙中流动的速度分布情况如图 4-37 所示。A 列和 B 列分别为 H 影响下的流场对比（$n_c = 18$）及相应的剖面位置在 $x = 380$lu 处的流速分布曲线；D 列和 C 列则分别为非匹配范围影响下的流场对比（$H = 0.8$）及相应的剖面位置在 $x = 380$lu 处的流速分布曲线。通过对比发现：①受端面不规则起伏的影响，粗糙裂隙中的流速远小于光滑直管裂隙中的流速；②对于粗糙裂隙，在同一剖面位置处的流体流速随着 H 的减小而逐渐减小（见 B 列中流速分布曲线）；③针对具有相同赫斯特指数的非匹配裂隙，非匹配范围的差异导致同一位置处的流速也有所差异（见 C 列中流速分布曲线）。根据前文的研究结果可知，端面赫斯特指数 H 的减小及非匹配程度的增强将对裂隙流有效开度起到一定的削弱作用，进而降低裂隙空间内流体的平均流速，如 A

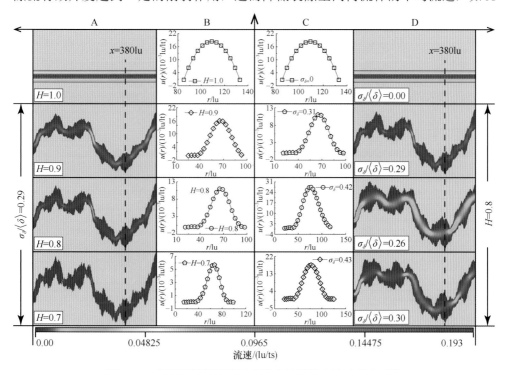

图 4-37 非匹配粗糙裂隙及光滑直管裂隙中流速分布对比

其中，A 列为对比光滑直管裂隙及三组不同分形维数但具有相同非匹配范围的粗糙裂隙的流速场；B 列为 A 列中对应位置 $x=380$lu 处的速度分布曲线；D 列为对比光滑直管裂隙及三组具有不同非匹配范围但赫斯特指数均为 0.8 的粗糙裂隙的流速场；C 列则为 D 列中对应位置 $x=380$lu 处的速度分布曲线；在速度分布曲线中，$r = 1 + y + \delta/2$

列和 D 列的流场模拟结果所示。因此，概括来讲，裂隙端面粗糙效应和开度非均一分布均以影响裂隙流有效开度的形式对流体在裂隙中的流动行为（平均流速）进行相应的约束。

在流场的基础上所对应的溶质对流–扩散过程模拟结果见图 4-38。结果显示，①在相同时刻，与光滑直管裂隙相比，溶质在粗糙裂隙中的对流–扩散行为明显滞后，且随着赫斯特指数 H 的逐渐减小，溶质在粗糙裂隙中发生扩散迁移的距离在逐渐缩小（见图 4-38 中 A 和 B），意味着在端面粗糙的影响下溶质扩散的能力在逐渐降低；②在赫斯特指数固定（$H=0.8$）及溶质迁移时间相同（$t=2000$ts 或 $t=4000$ts）的前提下，溶质在具有不同非匹配程度的裂隙中发生扩散迁移的距离也表现出了明显差异，且整体上均小于光滑直管裂隙中迁移的距离，如图 4-38 中 C 和 D 所示。

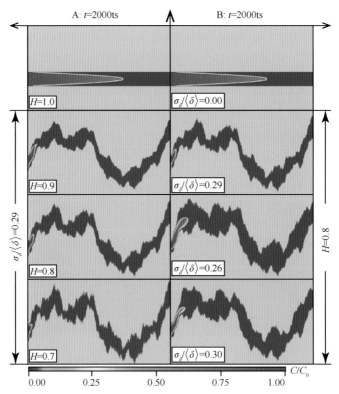

图 4-38　非匹配粗糙裂隙及光滑直管裂隙中对流–扩散过程的 LBM 模拟

其中，左侧 A 列表示具有不同赫斯特指数的裂隙在相同时间内的溶质弥散情况对比；右侧 B 列表示相同赫斯特指数下不同非匹配范围裂隙中的溶质弥散情况对比。t 表示从入口边界到一确定位置处的弥散时间

此外，我们也观察对比了不同时刻溶质扩散浓度锋面形态，如图 4-39 所示。在固定溶质注入速率下，随着时间的加长（溶质不断注入到裂隙空间），溶质前锋

面变得越来越尖锐，这表明溶质在裂隙空间中的对流–扩散行为先以纵向对流弥散为主导，其次逐渐显现横向上的分子扩散，即此时分子扩散开始起主导作用，导致可供发生纵向弥散的溶质分子数量逐渐减少。然而，分子扩散速度远小于对流弥散速度，因此，在此情况下表现出在溶质迁移方向平均浓度发生缓慢降低而非突降，同时在纵剖面上溶质分布范围逐渐缩小的现象。需要特别说明的是，与光滑直管裂隙相比，这一现象在端面粗糙且非匹配的裂隙中更为明显。

基于图 4-39 的分析结果可知，产生不同溶质迁移距离及浓度锋面形态的表象为端面粗糙及开度非均一分布对溶质扩散能力的影响，但究其根本则源于端面粗糙特性及开度非均一分布对流体平均流速的制约。因此，我们得出结论：溶质在粗糙裂隙中的扩散受端面粗糙和非匹配的双重影响，且均以降低平均流速 U_{τ} 的形式影响对流诱导下的弥散行为。

如前所述，裂隙端面间的非匹配在一定程度上导致了端面曲折率的增大，进而降低了可供溶质发生弥散的有效开度。为进一步于数值层面揭示开度非均一分布对溶质弥散的影响机理，首先得到了基于 LBM 的有效弥散系数 D_{ns}，其次采用文献 [40] 中方法计算端面曲折率 τ_{s}。

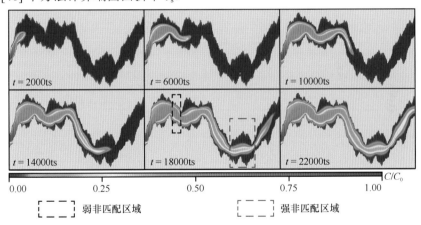

图 4-39　不同时刻下的溶质扩散浓度锋面形态对比

基于以上计算结果，我们重点分析了开度非均一分布对溶质对流–扩散过程的影响特征，如图 4-40 所示。在图 4-40（a）中，σ_{δ} 和 τ_{s} 之间具有良好的正相关关系，明显与前面所述的端面非匹配间接导致端面曲折率的增大这一理论假设相一致。

类似于引入三个参数（f_{σ}、τ 和 τ_{s}）分别表征局部稳态粗糙效应、水文弯曲效应以及端面曲折效应[37,61]，这里我们引入新参数 f_{m} 来表征端面非匹配效应。根据式（4-97），$f_{\mathrm{m}} = 1 + (\sigma_{\delta}/\delta_{\mathrm{e}})^2$，即端面非匹配因子。基于此，我们分析了 U_{τ}' 随 f_{m} 的变化并绘制为图 4-40（b），相应的参数值列为表 4-1 所示。结果表明，无论 H 为多大，整体上 U_{τ}' 和 f_{m} 之间展示出了一反 S 型递减关系，这与式（4-94）以及渗流场模拟结果相一致。具体地，当 f_m 从 1 开始增大时，平均速度 U'_τ 的递减速率（反S 型曲线的斜率）逐渐增大但接着降低为 0，其中斜率的增大对应于端面非匹配对流速的主导作用的增强。与此同时，两内表面间非接触设置则贡献于斜率的降低，以及 $U'_\tau \neq 0$。相反，当 f_m 逐渐降低至 1 时，即端面非匹配的影响越来越弱，U'_τ 将逐渐接近于一个固定值，此时两个内表面完全匹配。

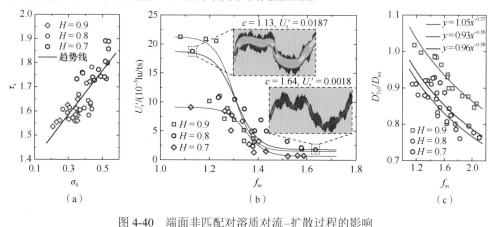

图 4-40　端面非匹配对溶质对流–扩散过程的影响

（a）端面曲折率与开度粗糙度的变化关系；（b）平均速度随端面非匹配因子的变化关系；（c）纵向弥散系数随端面非匹配因子的变化关系

　　考虑到 U'_τ 的变化将影响纵向弥散系数并最终改变对流–扩散过程，我们也对对流诱导下的弥散系数随 f_m 的变化情况进行了分析，并将其绘制为图 4-40（c），其中纵坐标为对流诱导下的弥散系数 U'_Tyl 与总扩散系数 D_ns 的比，$U'_\text{Tyl} = D_\text{ns} - D_m / \tau^2$。结合图 4-40（b），$U'_\text{Tyl} / D_\text{ns}$ 与 f_m 间的负相关性表明端面非匹配通过降低 U'_τ 影响纵向对流诱导下的弥散。更为重要的是，对任何 H 所表现出的近似相同的幂律拟合指数（–0.38），进一步表明 f_m 对对流–扩散的影响独立于端面粗糙度，而这则归因于拟合系数的差异。

　　上述分析从另一角度证实了端面非匹配对溶质在裂隙中发生有效迁移的间接削弱作用，且与前面模拟结果相吻合。与此同时，也因此反映出了探究并量化端面组合拓扑对对流–扩散过程控制作用的必要性，并与解析推导结果相呼应。

表 4-1　图 4-40（b）中通过模拟和计算得到的参数值

H	U'_τ	σ_δ	δ_e	H	U'_τ	σ_δ	δ_e	H	U'_τ	σ_δ	δ_e
	0.0071	0.36	0.7		0.005	0.43	0.69		0.0027	0.52	0.87
0.9	0.0031	0.3	0.48	0.8	0.0018	0.36	0.45	0.7	0.0007	0.44	0.58
	0.0102	0.34	0.77		0.0077	0.42	0.77		0.0091	0.38	1.09

4 传质重构及机理分析 203

续表

H	U'_τ	σ_δ	δ_e	H	U'_τ	σ_δ	δ_e	H	U'_τ	σ_δ	δ_e
	0.0213	0.23	0.81		0.0187	0.3	0.83		0.0013	0.39	0.62
	0.0033	0.3	0.52		0.0023	0.31	0.5		0.0006	0.45	0.63
	0.0037	0.33	0.53		0.0019	0.37	0.49		0.0008	0.48	0.64
	0.0051	0.34	0.58		0.0021	0.39	0.52		0.0015	0.49	0.74
0.9	0.0069	0.36	0.65	0.8	0.0032	0.41	0.57	0.7	0.0032	0.52	0.82
	0.0089	0.36	0.69		0.005	0.43	0.65		0.0049	0.54	0.88
	0.011	0.36	0.73		0.0088	0.44	0.75		0.0067	0.54	0.93
	0.0206	0.36	0.75		0.0105	0.43	0.79		0.0083	0.53	1.01
	0.0209	0.36	0.83		0.0108	0.42	0.87		0.0084	0.52	1.01

6. 四重效应对流–扩散模型的预测性能分析

此前，Roux 等[62]建议溶质在变开度裂隙中的弥散包含三个不同的弥散区域，即分子扩散区域、宏观弥散区域以及 Taylor 弥散区域。依据 Roux 等[62]的工作，Detwiler 等[63]将有效弥散系数的表达式表示为以上三个不同成分的求和：

$$D_{RD} = \frac{D_m}{\tau} + c_{macro} D_m Pe + c_{Taylor} D_m Pe^2 \tag{4-100}$$

式中，c_{macro} 和 c_{Taylor} 分别为表示宏观弥散和 Taylor 弥散贡献大小的无量纲系数；Pe 为佩克莱数，$Pe = U_{if}\langle\delta\rangle/D_m$，其范围由开度场的统计特征控制。很明显，当 $c_{macro} = 0$，$c_{Taylor} = 1/210$，$\tau = 1$ 时，公式（4-100）将可简化为经典 Taylor-Aris 方程。

依据 Roux 等[62]和 Detwiler 等[63]的工作，宏观弥散由沿裂隙面上的速度变化诱发。因此，对于变开度裂隙，$c_{macro} = 0$ 是不可避免的，且 c_{macro} 随着开度变化程度的增大而增大。此外，Detwiler 等[63]指出，在变开度裂隙中，$c_{Taylor} = 1/210$ 是对 Taylor 弥散所做贡献的一个较好预测。

最近，在涡流不存在的假设下，Dejam 等[64]也推导得到了溶质在变开度任意几何形状裂隙中发生弥散的弥散系数预测模型：

$$D_{Dejam} = D_m + \frac{2}{105}\frac{U_{aver}^2}{D_m}\frac{\frac{1}{L}\int_0^L b^6(x)\,dx}{\left(\frac{1}{L}\int_0^L b^2(x)\,dx\right)^2} \tag{4-101}$$

式中，$b(x)$ 为 x 位置处粗糙裂隙的半开度；U_{aver} 为平均开度。

上述两种模型的共性是它们均提供了一种对溶质在变开度裂隙中发生对流扩散的有效弥散系数预测方法。然而，在这一过程中端面粗糙及非匹配效应并未得到较好的定义和阐明，这明显有悖于如前所述的溶质对流–扩散行为所亟须的深入认识和精确表征。

为进一步评估四重效应对流–扩散模型的有效性和预测性能，分别采用经典 Taylor-Aris 方程、式（4-80）、式（4-97）、式（4-100）、式（4-101）解析计算了有效扩散系数 D_{as}（即 D_{TA}、D_{tri}、D_{qua}、D_{RD}、D_{Dejam}），随后与数值模拟值 D_{ns} 进行了对比，如图 4-41 所示。需要特别说明的是，为了简化计算过程且不降低预测精度，我们采用了在文献 [41] 中所建立的经验模型 $\left[f_{\sigma} = 1 + 4.9\left(\langle \sigma/\delta \rangle\right)^{0.75}\right]$ 解析计算端面局部粗糙度因子 f_{σ}。

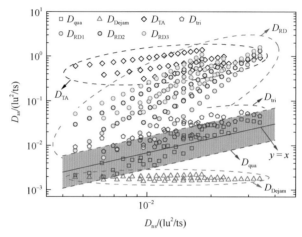

图 4-41　采用不同计算模型得到的有效扩散系数 D_{as} 与模拟值 D_{ns} 的对比

在代表相同模型 [式（4-100）] 的 D_{RD1}、D_{RD2} 和 D_{RD3} 中，其 c_{macro} 分别取值为 0、0.5 和 1

对比结果表明，D_{TA}，D_{RD} 和 D_{Deiam} 与 D_{ns} 之间具有较大或较小的偏差。正如在文献 [61] 中所讨论的情形，产生较大的 D_{TA} 和 D_{RD} 可能归因于在这两个模型中端面粗糙效应并未得到剔除。相反，正因开度非均一性对对流诱导下弥散所引发削弱效应的忽视才产生了较大的 D_{tri}。在这些模型中，采用四重效应对流–扩散模型预测得到的有效扩散系数与 LBM 模拟值保持了较好的一致性，微小误差可能来源于在采用经验模型计算 f_{σ} 时所产生的数值误差以及格子精度对数值结果的影响这两个方面。因此，在忽略上述误差的情况下，我们据此建立了四重效应对流–扩散模型在预测溶质在非匹配粗糙裂隙中发生对流–扩散的有效扩散系数的有效性和适用性。

需要特别说明的是，上述研究采用解析推导和数值模拟的方式揭示了裂隙组合拓扑对对流–扩散过程的控制机理。这一过程主要基于小尺度裂隙完成，如此一来，由于弥散的尺度依赖性 [65]，若将四重效应对流–扩散模型预测值直接应用于大尺度或场尺度情形可能是不合理的。尽管 Jia 等 [66] 推导并证实了基于 Lagrangian

的输运模型在场尺度下弥散的有效性,但其在变开度裂隙中溶质输运机理的解释方面仍然是受限的。然而,这一局限性在我们当前的工作中得到了进一步改善,同时,鉴于四重效应对流–扩散模型可捕捉到在升尺度裂隙中溶质弥散的可变性,一些广义结果也可基于四重效应对流–扩散模型得到。另一方面,正如在我们前期工作中讨论所述[38],Bisdom 等[67] 和 Hooker 等[68] 的研究证实了开度变化场对流体流动这一效应对大/场尺度建模的重要性。基于此并考虑到开度变化对溶质输运的影响,新的输运模型在捕捉大/场尺度模拟中溶质弥散的自然变化性方面的基本且重要的作用也因此得到了确定。

正如前所述,由于端面粗糙和开度的非均匀性,与穿越曲线(breakthrough curve,BTC)的早到达和长拖尾相关的非菲克输运行为经常出现在单裂隙中。作为可解释非菲克输运行为的模型之一,移动–静止(mobile-immobile,MIM)模型似乎是解释实验或现场数据的最佳候选者[69,70],因为该模型对移动区和非移动区进行了分割,以展示溶质输运的不同支配机制。与 MIM 模型相比,我们当前工作证实四重效应对流–扩散模型的优势和先进性主要体现在对流–扩散控制效应的确定与量化[38],同时在量化模型中,表征参数具有清晰的物理意义且相互独立。因此,我们建立的新修正输运模型将有助于溶质在单裂隙中输运机理的精准解释,并可为溶质在裂隙介质或天然储层中复杂输运行为的进一步分析和认识提供启示。

7. 分形裂隙网络中溶质输运规律

在前面的内容中,我们探讨了自仿射粗糙单裂隙中溶质输运规律,提出了四重效应对溶质输运过程的影响,并给出了弥散系数的预测模型。然而,在自然储层中,裂隙岩石通常是由原生岩块和分割岩块的裂隙组合而成。通过不同方向、不同规模、不同性质的裂隙按一定排列方式组合在一起的裂隙网络占据了储层孔隙的绝大部分。在裂隙网络中,主干裂隙是储层流体流动的主要通道,流体交换作用强烈;枝干裂隙是流体储存的主要场所,流速慢,交换作用弱。两者之间的物质交换作用主要通过主干、枝干裂隙的交叉处进行,其在孔隙结构方面的差异,往往会对溶质的运移过程产生较大影响。因此本节我们将探讨裂隙网络中不同的主干、枝干裂隙对溶质输运过程的影响,以期为实际工程中弥散参数的选取提供参考意见。

1)主干–枝干裂隙网络模型的构建

按照第 3 章所述方法,根据不同的物性参数进行建模计算,具体参数如表 4-2 所示,构建生成的八组不同主干–枝干裂隙网络模型,如图 4-42 所示,为表征不同原始复杂性对分形结构的影响,图中八个原始事件的固相和孔隙相的比例和分布均不相同,所有裂隙网络的第一级主干裂隙管径相同,枝干裂隙管径按照分形拓扑迭代生成，因此，该类型属于孔隙分形模型。

表 4-2　图 4-42 中裂隙网络模型的分形拓扑参数

F	N_{sum}	P	孔隙度 φ
2	2	1.4593	0.2479
3	3	1.8064	0.2877
4	4	2.1022	0.3409
5	5	2.3954	0.4086
1	5	2.3915	0.1575
2	5	2.3887	0.1903
3	5	2.3963	0.2508
4	5	2.3886	0.3244

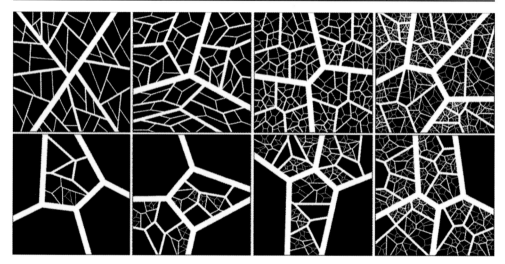

图 4-42　二维分形裂隙网络图

第一行小图从左到右分别单相分形裂隙网络，第二行从左往右分别为多相分形裂隙网络

　　综上所述，裂隙网络模型中裂隙管道随机且呈各向异性，不同的缩放对象可以具有相同的分形行为并形成分形体，因此基于分形拓扑得到的模型中裂隙形态独立于缩放对象。分形拓扑模型中管径尺寸具有分级现象，且连续两级管径尺寸之间存在 P 的关系，控制着模型分形行为的复杂性；裂隙管道数量之间满足 F 倍数，控制着模型的原始复杂性。当 $N_{sum}=F$ 时，生成的第一行为单相分形裂隙网络模型；$N_{sum}\neq F$ 时，生成的第二行为多相分形裂隙网络模型，两者之间反映出了固相的非均质性对分形结构的影响。

　　为了验证本节构建的分形裂隙网络模型的有效性，我们结合 Jin 等[71] 研究建立的分形孔隙度计算公式进行对比验证：

$$\varphi_{\text{Jin}} = \frac{x_p}{x_p + x_s} \left[1 - x_f \left(\frac{\lambda_{\min}}{\lambda_{\max}} \right)^{d - D_f} \right] \tag{4-102}$$

在本次验证中，构建的主干–枝干裂隙网络模型的实际孔隙度则通过 ArcGIS 软件进行统计计算。首先通过设置 ArcGIS 软件编辑器将构建的模型进行图像化，并分别用 0 和 1 来区分固相和孔隙相；然后通过栅格处理对模型图像中固相和孔隙相赋予不同的颜色并用像素灰度识别统计；最后通过采样将得到的灰度图像二值化，同时用 0 和 1 的二维矩阵表示。通过统计矩阵数据中 0 的个数，即可得到二维裂隙网络模型图像中孔隙相所占的比例。对于随机生成的每组模型，因第一级裂隙孔径相同而分形拓扑参数不同，因而其最终具有不同的分形维数和几何形貌特征。据此，利用孔隙度公式 [式（4-65）] 计算得到理论孔隙度并与实际模型统计得到的孔隙度进行对比，结果如图 4-43 所示，两者良好的线性拟合结果证明了本节构建模型的有效性。

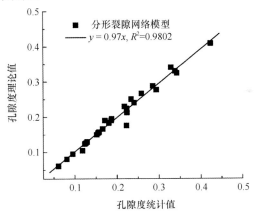

图 4-43　孔隙度的理论值与实际统计值之间的关系

2）分形裂隙网络中溶质输运过程模拟及规律探讨

结合分形裂隙网络数字模型，在 LBM 计算域中，所有裂隙网络模型的 x 轴、y 轴长度均为 10cm，第一级裂隙管径宽度为 0.1cm，模型的分辨率为 0.02。通过 LBM 模拟首先进行压力驱动下的流场分析，将左边界设为入口边界，左右两端的压力差设定为 0.01Pa。下面我们将针对性地讨论枝干与主干裂隙管径之间不同的分形拓扑参数对裂隙网络中渗流场的影响。

图 4-44 列举展示了通过多次迭代，流体达到稳定时得到的 LBM 模拟结果，其中流体局部流速较快的区域用红色表示，而流体的局部流速较慢的区域用蓝色表示，具体如图中图例所示。从渗流场分布图中可以看到，随着 F 值的增大，枝干

裂隙的数量越来越多，裂隙网络模型越来越复杂，然而由于流体的惯性和黏滞性使得流体主要沿路径较短的主干裂隙流动，流量大，渗透性好，而在小尺度的管道中流体流速相对较小，可基本视为零流动，渗透性较差。这进一步表明流体输运性能决定于管径较大的裂隙管道组成的运移通道，且从各个不同拓扑结构的模型中流体运移路径所反映的现象均基本相同，体现了裂隙网络的低渗高连通特性。

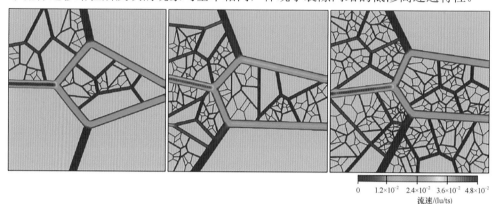

图 4-44　分形裂隙网络中流体模拟

从左到右 F 依次为 2、3、4，$N_{sum}=5$ 时，裂隙网络模型的渗流场

根据达西定律可知，流速的变化一定程度上决定了渗透率的大小，因此我们统计分析了裂隙网络不同分形拓扑参数下渗透率的变化特征，具体如图 4-45 所示。从图 4-45（a）中可以看出，当 F 较小时，裂隙网络的渗透率逐渐减小，而当裂隙网络的原始复杂性 F 较大时，渗透率却出现急剧减小现象。因此 F 越大对渗透率的影响越大，具体地，裂隙网络模型中管径数量的增加幅度比枝干裂隙管径尺寸的减小幅度更强，从而对裂隙网络的渗透率影响较大；图 4-45（b）为裂隙网络的

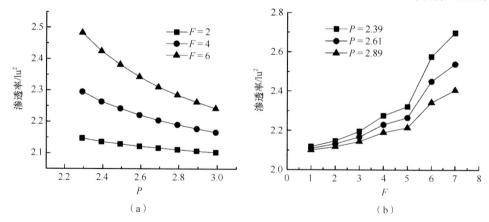

图 4-45　分形裂隙网络拓扑参数对渗透率的影响

（a）P 对渗透率的影响；（b）F 与渗透率之间的关系

行为复杂性 P 对渗透率的影响分析，由图可知，当 P 为一定值时，随着 F 的增加，裂隙网络的拓扑参数 F 与渗透率之间呈正比例关系，当 F 较小时，F 对裂隙网络渗透率变化的影响作用十分微小，而随着 F 的增加，F 对裂隙网络的渗透率影响越来越明显；但是无论 P 如何变化，裂隙网络的渗透率随 F 的变化趋势基本一致。综上，随着 F 值的减小，F 对渗透率的影响也逐渐减弱，而分形拓扑参数 P 对渗透率的影响则恰恰相反。

紧接着，结合浓度场进行压力–浓度耦合机制下的溶质输运规律研究，并针对性地讨论了不同主干与枝干管径之间的关系对裂隙网络中溶质运移规律的影响。浓度场中左右两端的浓度差为1。图 4-46 展示了通过 LBM 模拟计算得到的多相

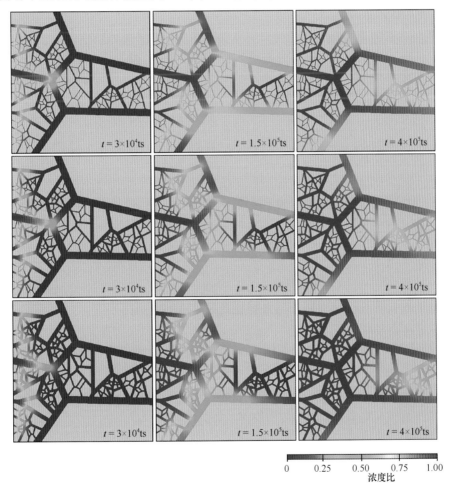

图 4-46　裂隙网络中不同分形拓扑参数对溶质输运现象的影响

从下到上，控制裂隙网络的分形拓扑参数 P 值分别为 1.6923、1.98762 和 2.39627；从左到右，LBM 模拟迭代的时间越来越长

分形裂隙网络模型中不同时刻物质输运的情况，由下到上分别展示了 P 为 1.6923、1.98762 和 2.39627 且主干裂隙管径均为 5lu 时，迭代时间分别为 3×10^4ts、1.5×10^5ts、4×10^5ts 的浓度分布图。图中红色区域表示为溶质完全填充，而蓝色区域表示为裂隙中溶质尚未填充的部分，灰色代表固相区域，相应的各个模拟计算参数见表 4-3。

表 4-3　分形拓扑参数不同的裂隙网络模型中 LBM 模拟结果

P	平均流速	渗透率	水文弯曲度	弥散系数
1.6923	0.000653	5.96412	1.13839	0.070298
1.98762	0.000557	5.1208	1.1312	0.091779
2.39627	0.000493	4.56141	1.12393	0.098679

对比渗流场（图 4-44）可以明显看出，由于溶质分子的弥散作用，溶质输运不仅发生在沿水平压力梯度方向上的主干裂隙管道中，还发生在枝干裂隙管道中，直到浓度达到平衡。同时，对比图 4-46 左边的三幅小图，从裂隙网络模型的浓度场可以明显地看出在迭代步长 $t = 3\times10^4$ts、分形拓扑参数 $P = 1.6923$ 时，溶质沿着裂隙网络的主干裂隙及固相区域的枝干裂隙缓慢地从左向右迁移，裂隙网络中优势通道并不明显。随着裂隙管径间分形拓扑参数的增大，同一时刻，溶质运移所到达的水平位置有明显变化，当 P 值增加到 2.39627 时，溶质运移锋面出现了明显的不均匀变化，溶质更多地汇聚到裂隙网络的主干裂隙管道中，快速地按照水平压力梯度的方向从左侧运移到右侧。在该情形下，在裂隙网络左右部分形成了较为明显的优势通道，而在靠近主干裂隙上下两侧固相区域内的枝干裂隙管道中运移距离很短，此时主干裂隙管径的大小对溶质运移过程逐渐产生了决定性的影响作用。因此，溶质的运移受主干、枝干裂隙的管径及其分形拓扑参数的影响，当 P 值越来越大时，由于固相区域的枝干裂隙管径的减小使孔隙度越来越小，从而导致裂隙网络的弥散系数、渗透系数和渗流速度越来越小，主干裂隙管道内优势流现象越来越明显。

其次，我们单独观测在分形拓扑参数 $P = 2.39627$ 这一条件下，溶质随时间的运移状况。分别选取 $t = 3\times10^4$ts、1.5×10^5ts、4×10^5ts 三个不同时刻的溶质输运浓度场，从中可以看出，模拟初期，溶质沿着水平压力梯度的方向在主干裂隙管道中快速向右运移，形成明显的优势流现象，随着时间的推移，由于分子扩散的影响，物质开始向固相区域的枝干中扩散，并在近似垂直于水平压力梯度方向上的区域，溶质开始形成滞留和淤积；模拟后期，可明显地看到在沿着水平压力梯度方向的区域形成优势通道，物质在其中快速运移，而在其他区域物质运移缓慢或停滞，最终裂隙网络浓度达到平衡。因此，主干、枝干裂隙管径之间的关系也是影响裂隙网络浓度平衡的一个重要因素，P 值越大，裂隙网络中溶质完全填充所需的时间也越长。

基于以上的分析，通过 LBM 数值模拟不同分形裂隙网络并获得溶质输运的弥散系数，统计相对应裂隙网络的孔隙率，从而探究孔隙结构与弥散系数之间的关系变化（图 4-47）。其中图 4-47（a）和（b）为分形拓扑参数 F 值不同的模型中孔隙度与弥散系数之间的关系，弥散系数随着孔隙度的增加而增加且呈指数形式增长，R^2 都在 0.9 以上，且随着裂隙网络的原始复杂性的变化，F 值较大时，弥散系数的变化范围更大。图 4-47（c）和（d）为分形拓扑参数 P 值不同的模型中孔隙度与弥散系数的关系，从图中可知，该条件下的有效弥散系数同样随着孔隙度的增加而呈指数形式增加，但是 P 值的改变对弥散系数的变化范围没有明显的影响。综上所述，有效弥散系数与孔隙度之间呈正比例关系，而且裂隙网络的原始复杂性对溶质运移的弥散系数具有主控因素。这是由于裂隙网络中孔隙相所占比例不断增大，从而导致流体在裂隙网络的平均流速不断增大，溶质运移的有效弥散系数也因此得到了进一步增大。

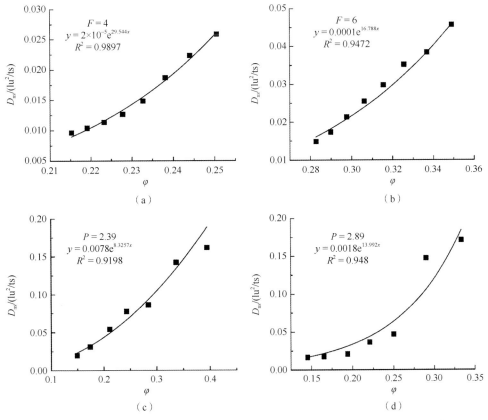

图 4-47　分形拓扑参数 F、P 作用下裂隙网络的孔隙度与弥散系数之间的关系

前文所构建的模型保持了主干裂隙的管径不变，模拟并探讨了裂隙网络模型

中分形拓扑参数对溶质运移过程的影响，取得了初步认识。为了研究裂隙网络中主干裂隙管径变化以及不同的尺度范围对溶质运移规律的影响，通过改变主干裂隙管径的范围（将第一级管径记作 λ_{max}），其余枝干裂隙中最小的裂隙管径记作 λ_{min}，由此构建一系列分形裂隙网络模型并结合 LBM 数值模拟展开分析。

图 4-48 展示了在分形拓扑参数相同时，裂隙网络中弥散系数分别与 λ_{max} 和 $\lambda_{max}/\lambda_{min}$ 之间的数量关系，从图中可以看到它们之间满足幂律关系，且判定系数 R^2 都大于 0.95，说明相关性良好。图 4-48（b）所示裂隙网络中溶质的弥散系数具有随 $\lambda_{max}/\lambda_{min}$ 的增大而增大的趋势，这是由于裂隙网络中管径的尺度效应越大，增强了各级固相区域间的连通性，使得裂隙网络的整体渗透性增强，所以溶质运移的速度加快。同样，由图 4-48（a）可知，溶质对流–弥散过程中表现出随 λ_{max} 的增大对流–弥散作用增强的规律，这说明裂隙管径大小决定水流平均流速大小。

然而，对于不同裂隙管径大小的分形裂隙网络的弥散度，通过 LBM 模拟统计的数值结果如表 4-4 所示。从表 4-4 中可以看出，分形裂隙网络的 λ_{max} 分别为 4lu、5lu、6lu 管径下的等效弥散度有所变化，但变化范围不大，在允许的误差范围内可忽略不计。这表明在该模拟条件下管径大小对裂隙网络模型的等效弥散度影响不显著，即裂隙管径大小不是影响裂隙网络模型等效弥散度的主要因素。根据溶质运移理论的分析可知，弥散系数的大小与流速有关，而弥散度与流速无关，因此两者具有一致性。同时还应指出的是，在本次模拟中，溶质的输运过程是在对流占优的条件下，主要受到对流和弥散作用的影响，因此，尽管数值模拟中主干裂隙管径大小对等效弥散度的影响不显著，但是由于不同裂隙管径的裂隙网络模型中流体的平均速度有差异，同种裂隙网络在相同尺度效应时，主干裂隙管径大小的变化对溶质运移穿透曲线的影响明显可见，如图 4-48（a）所示。

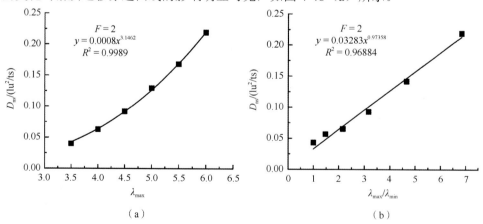

（a）　　　　　　　　　　　　　　（b）

图 4-48　分形裂隙网络中裂隙管径、尺度效应与弥散系数之间的关系

图 4-49 中记录的不同类型裂隙网络模型中溶质的浓度穿透曲线（BTC）均选自裂隙网络右侧的出口端，且具有相同水力梯度和浓度梯度，其中 t/t_0 为模拟迭代的总时长 t_0 对模拟过程的迭代步数 t 进行归一化处理后的无量纲时间，C/C_0 为无量纲浓度。从图 4-49（a）可知，λ_{max} 越大的裂隙网络中溶质首先发生穿透，其次是 λ_{max} 为 5 和 4 的裂隙网络中发生穿透。这是因为溶质运移的路径相同，λ_{max} 越大的裂隙网络模型中管道内水流速度越大。溶质在 $\lambda_{max}=4$lu 的裂隙网络模型中的穿透曲线较为缓和，同时在其他两个裂隙管径下溶质穿透曲线缓和程度基本一致，这说明裂隙管径的变化造成穿透曲线的"拖尾"现象的变化并不明显。整体来看，三种不同裂隙管径的裂隙网络中溶质穿透曲线缓和程度虽然有差异，但并不明显，其中主要差别还是体现在由速度差异而导致发生穿透时间的不同。

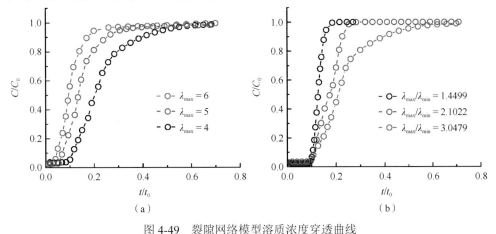

图 4-49　裂隙网络模型溶质浓度穿透曲线

（a）同一尺度效应下，不同主干裂隙管径对溶质穿透曲线的影响；（b）相同管径时，不同尺度范围对溶质穿透曲线的影响

为了讨论裂隙网络中不同尺度效应的裂隙管径对溶质运移的影响，在 λ_{max} 相同的情况下，绘制不同级别的裂隙网络模型，并借助 LBM 进行模拟研究。从图 4-49（b）可以看出：三者几乎同时发生穿透现象，但 $\lambda_{max}/\lambda_{min}$ 越大的裂隙网络模型中溶质的穿透曲线最为缓和（穿透曲线的坡度较小），溶质完全穿透所需要的时间也最长，这是由于 $\lambda_{max}/\lambda_{min}$ 越大时，裂隙网络中固相区域的枝干裂隙数量越多，由于在对流占优的情况下，溶质在流速较大的主干裂隙管道区域快速移动生成优势流，而在流速缓慢的枝干裂隙中多以分子扩散为主，输运缓慢，从而导致 BTC 的"拖尾"程度，即 $\lambda_{max}/\lambda_{min}$ 越大的裂隙网络，连通方式越复杂，"拖尾"现象越严重。

从表 4-4 的模拟统计结果来看，随着裂隙网络尺度效应的增大，弥散度也在明显变大。结合图 4-49（b）的分析，裂隙网络弥散度的大小也与穿透曲线缓和程度呈正相关，因此从一定程度上来看，裂隙网络几何参数的变化可以反映对溶质迁移的影响。综合之前的分析，如果对野外某一区域范围内的裂隙网络有较好的掌握，观测所得裂隙网络中主干裂隙的大小，那么基本可以确定对溶质输运过程影响程度，并通过模型反演得到的弥散参数可大致确定等效弥散度的范围。在这一过程中，同时还需考虑其他因素的影响，因为通过数值模拟实验分析结果也可看出不同尺度效应下的等效弥散度差别较大。以上工作将对研究地区内溶质迁移等实际工程问题中弥散参数的选取具有一定的参考意义。

表 4-4   主干–枝干管径不同尺度效应影响下的裂隙网络 LBM 模拟结果

λ_{max}	$\lambda_{max}/\lambda_{min}$	渗透率/lu^2	弥散系数	弥散度
4	1.4499	1.5669	0.0183	80.2865
4	2.1022	1.6122	0.0320	136.0575
4	3.0479	1.65927	0.0492	203.6818
4	4.4201	1.68282	0.0630	257.2644
5	1.4499	3.06589	0.0354	79.7117
5	2.1022	3.14598	0.0575	125.5236
5	3.0479	3.23525	0.0914	194.4922
5	4.4201	3.28486	0.1296	271.8423
6	1.4499	5.29539	0.0568	74.2387
6	2.1022	5.4319	0.0927	117.5176
6	3.0479	5.58138	0.1419	175.421
6	4.4201	5.66153	0.2193	267.6584

4.2.4   吸附–解吸界面控制及其细观重构

1. 界面吸附行为机理研究概况

长期以来，国内外相关学者对不同气体在固体表面的吸附行为进行了深入研究，根据界面类型与吸附方式的不同，先后建立了不同的吸附模型。其中，煤层气在孔–固界面上的吸附行为常通过图 4-50 中的几种吸附模型来描述。

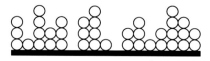

（a）   （b）

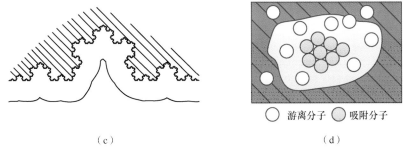

（c） （d）

图 4-50 常用的气体吸附模型[72-74]

（a）朗缪尔单分子层吸附模型；（b）BET 多分子层吸附模型；（c）FHH 多分子层吸附模型；（d）微孔充填吸附
模型

1）朗缪尔单分子层吸附模型

朗缪尔单分子层吸附模型通过以下假设对吸附进行了解释[75]：①吸附剂为一理想表面，并由一系列可绑定吸附质的不同位点组成；②在吸附剂表面发生定位吸附，即一个吸附位只容纳一个吸附质分子；③忽略吸附分子之间的作用力，当吸附速率等于解吸速率时达到吸附平衡，得出朗缪尔等温吸附线。具体表达式如下：

$$\theta = \frac{V}{V_{\mathrm{m}}} = \frac{K^{\mathrm{eq}} p_{\mathrm{a}}}{1 + K^{\mathrm{eq}} p_{\mathrm{a}}} \tag{4-103}$$

式中，θ 为吸附覆盖率，即吸附体积与饱和吸附体积的比；V 为在平衡压力 p_{a} 处的吸附体积；V_{m} 为单层吸附饱和体积；K^{eq} 为朗缪尔吸附常数，满足 $K^{\mathrm{eq}} = k_{\mathrm{a}}/k_{\mathrm{d}}$（其中 k_{a} 和 k_{d} 分别为吸附速率常数和解吸速率常数）。

2）BET 多分子层吸附模型

实验结果显示，等温吸附线在两个不同的压力区域展示出不同的形态，即低压区的等温线是凹的，高压区则凸向于压力轴。尽管式（4-66）可较好地解释低压区凹的部分，但是由于多分子吸附的影响，并不适用于解释高压区凸的部分。为此，Brunauer、Emmett 及 Teller 对朗缪尔单层吸附理论进行了扩展，并作出以下假设[76]：①吸附是多层的，但各层之间相互独立；②第一层为化学吸附，其他层为物理吸附；③吸附和解吸只发生在吸附层与气体接触的最表层。据此，将朗缪尔吸附延伸到多层吸附，即 BET 吸附模型，具体表达式如下：

$$\frac{V}{V_{\mathrm{m}}} = \frac{C_{\mathrm{BET}} \times p_{\mathrm{a}}}{[1 + (C_{\mathrm{BET}} - 1) p_{\mathrm{a}} / p_0](p_0 - p_{\mathrm{a}})} \tag{4-104}$$

式中，C_{BET} 为常数，当 $C_{\mathrm{BET}} > 2$，符合 Ⅱ 型等温线；当 $C_{\mathrm{BET}} < 2$，符合 Ⅲ 型等温线。

p_0 为实验温度下使气体凝聚为液体的饱和蒸气压。

3) FHH 多分子层吸附模型

在 BET 模型之后，Frenkel-Halsey-Hill 提出了另外一种理论来描述多层吸附覆盖率，即著名的 "FHH 理论" [77]。在 FHH 理论中，假定吸附表面由润湿底板的液体板组成，则吸附厚度为平衡压力 p_a 与温度 T 的函数，用 $\xi(p_a, T)$ 进行表示。薄膜化学势（μ）与液体化学势（μ_b）之间的差异由范德瓦耳斯弥散能的差异给出，如下：

$$\mu - \mu_b = -\alpha \xi^{-3}(p_a, T) \tag{4-105}$$

式中，ξ 为薄膜厚度；α 为同时考虑底板及吸附剂与吸附质之间相互作用的吸附动力学参数。

通过替换相对饱和蒸汽的化学势差，薄膜厚度可修改为

$$\xi(p_a, T) = \left[\frac{\alpha}{k_B T \ln(p_0 / p_a)} \right]^{1/3} \tag{4-106}$$

式中，k_B 为玻尔兹曼常数。在薄膜不可压缩假设下，当压力为 p_a 时，分形表面上被吸附的分子数量所表示的覆盖率为

$$V = V_m \left(\frac{\xi_{p_a}}{r_m} \right)^{3 - D_f} \tag{4-107}$$

式中，ξ_{p_a} 为 $\xi(p_a, T)$ 的简写；V_m 表示分子尺寸为 r_m 的单层覆盖率，则 $D_f = 2$ 表示特殊情形下的平板表面。

结合式（4-106）和式（4-107），式（4-103）中由 V/V_m 定义的 θ 则正比于 $\ln(p_0/p_a)$，如下：

$$\theta \propto \left[\ln\left(\frac{p_0}{p_a} \right) \right]^{-1/s} \tag{4-108}$$

式中，s 为 FHH 指数，用于表征多层区域吸附等温线形态的参数，类似于 C_{BET}。该式即为忽略单层或多层吸附的经典 FHH 吸附模型。

4) 微孔充填吸附模型

Dubinin 和 Stoeckli[78] 在 Polanyi 吸附势理论基础上，提出了微孔容积充填理论，认为由于微孔孔壁势能场的叠加，大大增加了固体表面与吸附质分子的作用能，从而在极低压下就可能有大的吸附量，直至将微孔全部填充。作为描述微孔吸附剂的吸附特性，D-R 方程为吸附剂微孔中气体的吸附特性描述了较好的解决方案[79]。

$$\lg W = \lg W_0 - \frac{R^2 T^2 k}{2.303 \beta^2} \lg^2 (p_0 / p) \qquad (4\text{-}109)$$

式中，W 为相对压力 p_0/p 时孔隙中吸附质体积；W_0 为微孔总体积；k 为吸附剂孔隙尺寸分布的特征参数；β 为吸附质的亲和系数；p_0 为实验温度下的饱和蒸气压；p 为气体的平衡压力；T 为实验温度；R 为普适气体常数。

综上所述，朗缪尔单分子层吸附模型是基于单层、平稳选择、分子间无相互作用的假设推导出来的吸附–解吸模型；BET 多分子层吸附模型突破了单层假设的限制，考虑了分子间的相互作用，拓宽了对吸附现象的描述范围；FHH 多分子层吸附模型引入了界面几何的分形特征，突破了几何维度的限制，拓宽了应用范围；D-R 公式既能解决经典吸附势理论无法给出等温吸附方程式的问题，同时又能提供根据等温吸附线中低压和中压部分的实验结果来测定微孔吸附剂中微孔体积的途径。但是这些吸附模型均未摆脱吸附选择性的平稳假设，尚未考虑吸附厚度的尺度不变特征，分形几何的应用仍停留在定性应用的层面，这严重制约了吸附–解吸控制机理的深度挖掘。

2. 吸附分形拓扑的定义及界面吸附能力的测定

1）分形界面吸附现象本质解释

众所周知，朗缪尔吸附模型和 BET 模型都是基于理想表面的假设得到的，故二者缺乏对粗糙表面或分形表面气体吸附机理的研究。尽管 Pfeifer 等[74] 基于 FHH 理论提出了适用于广义分形界面上的多层吸附模型，并指出在范德瓦耳斯力状态下，固–气表面的势能控制着吸附过程。然而，该模型中多层吸附的吸附厚度为当前压力下吸附总体积相对于单层饱和体积的厚度，其并未阐释不同孔径下吸附厚度之间的尺度变化规律，即缺乏对各尺度下空间几何或结构的变化对吸附量的控制机制研究。因此，我们基于传统吸附理论发现界面吸附过程存在以下几个关键的节点：①当压力 $P = 0$ 时，未被任何分子覆盖的表面，其表面分数代表的是吸附位所占的比例；②当压力 $P = P_0$ 时，发生充分的吸附作用，吸附分子刚好铺满吸附位，即单层饱和吸附；③当压力 $P = P_{0+}$ 时，随着压力逐渐增加，气体分子继续在第一层分子界面上进行吸附，其吸附的分子数量随着层数的增加而减小；④当压力 $P = P_0$ 且压力稳定时，气体达到吸附平衡状态。具体界面吸附过程示意图如图 4-51 所示，可以发现气体分子在界面的吸附过程实际上是一种随吸附界面尺度有规律变化的迭代过程。

已有研究表明，储层孔隙结构的孔径分布满足尺度不变分形特征，进而可能导致孔–固界面气体吸附随孔径尺度的变化而有所差异，这为借助分形理论来挖掘界面吸附机理提供了理论依据。因此，基于分形吸附的假设，并依托于分形拓扑

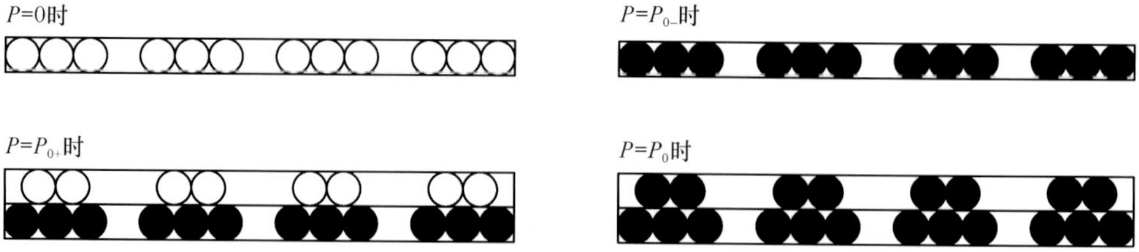

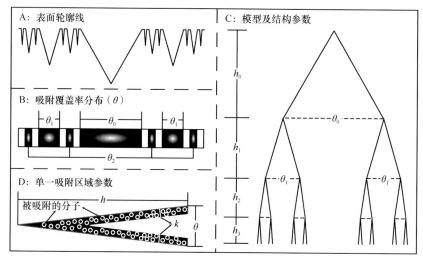

图 4-51　界面吸附过程示意图

理论在解释分形尺度不变现象方面的优势，可通过定义相应的尺度不变参数来解释分形表面的吸附现象本质，如图 4-52 所示。

图 4-52　分形表面吸附原理示意图

　　通常情况下，吸附覆盖率一般指当前压力下所对应的吸附量占总吸附量的比例，而这往往会弱化不同尺度下局部覆盖率的差异可能引起的突变或连续变化。因此，根据广义分形拓扑中尺度缩放间隙度的定义[80]，我们将其推广到吸附覆盖率的缩放间隙度（P_θ），以此反映不同尺度的几何空间所对应的吸附覆盖率之间的尺度不变特征，如图 4-52 中的 B 所示。众所周知，孔容积与孔大小呈正相关关系，因此单个孔隙尺度的几何空间越大，吸附覆盖率也越大，即吸附覆盖率的缩放间隙度可假定与孔径的尺度缩放间隙度 P_λ 等效，定义为 $P_\theta = \theta_i/\theta_{i+1} = P_\lambda > 1$。图 4-52 中的 C 展示了单层吸附状态下各尺度吸附空间的分布模式，其几何形态主要受尺度参数 h 的缩放间隙度 P_h 与吸附覆盖率缩放间隙度 P_θ 的关系控制，两者关系满足 $P_h = h_i/h_{i+1} = P_\theta^H > 1$。

　　为了更加完整地表达多层吸附的本质内涵，我们将吸附厚度 ξ 定义为单个吸附体处于多层吸附状态下的吸附层厚度，如图 4-52 中的 D 所示。由此，单个吸

附体的吸附量由 h、ξ、θ 这三个参数共同决定。基于图 4-51 可知，不同尺度吸附体对应的吸附厚度之间应满足尺度不变特征，并用吸附厚度的缩放间隙度表示 $P_\xi = \xi_i / \xi_{i+1} > 1$，这是由孔隙空间较大导致吸附量较大的事实所决定。由于 P_h 与 P_θ 之间存在转换关系，我们可以发现两个连续尺度的吸附体之间的吸附量尺度缩放比主要是由尺度不变参数 P_θ 和 P_ξ 来决定。当然，图 4-52 只是对分形界面上气体吸附原理的基本界定，上述尺度不变参数之间的拓扑关系及其对界面吸附行为的具体控制机理将在下一节进行详细阐述。

2）吸附分形拓扑

为了完整描述分形多孔介质中孔–固界面吸附机理，我们基于传统吸附理论中单层/多层吸附机理的假设和分形拓扑的定义，从尺度不变属性的角度对吸附覆盖率、吸附厚度及吸附区域数量随尺度变化的关系进行了探讨和分析，并提出了应用于孔–固界面吸附行为描述的分形拓扑模型，将其定义为 $\Omega((P_\theta, P_\xi), F_\theta)$。其中，$P_\theta$ 和 P_ξ 的具体定义前文已有描述，在此不再赘述。F_θ 为吸附区域数量的缩放覆盖率，表示连续两级具有不同吸附能力区域的数量比，即

$$F_\theta = \frac{N(\theta_{i+1}, \xi_{i+1})}{N(\theta_i, \xi_i)} \tag{4-110}$$

根据式（2-31）对分形维数的定义，在不考虑吸附厚度的前提下，可得与尺度覆盖率 θ 对应的吸附拓扑的分形维数 D_θ 为

$$D_\theta = \frac{\lg F_\theta}{\lg P_\theta} \tag{4-111}$$

结合前文所述可知，在孔–固界面上发生的吸附行为势必受多孔介质分形拓扑结构的影响。此外，考虑到多孔介质本身具有的非均质特征，在同一孔–固界面上的不同位置对吸附质的吸附能力也有所不同。据此，我们认为在孔–固界面上吸附剂对吸附质的吸附满足分形拓扑特征，即存在分形面吸附模式，并作出以下假设：

（1）借鉴非均质特性，在孔–固界面上将表现出吸附强与吸附弱的不同区域（见图 4-53 中的②）。

（2）因孔–固界面吸附能力的横向差异，吸附覆盖率在界面上将表现出尺度不变特征（见图 4-53 中的②，红、橙、绿、蓝等彩色区域代表分级吸附区域）；

（3）某一区域选择性吸附了吸附质后，将与更难吸附区域表现出相同吸附能力（见图 4-53 中的③和④）。

如前所述，在广义分形拓扑理论中指出，分形体存在两种类型的复杂性，即行为复杂性和原始复杂性，且它们之间相互独立，其中原始复杂性由缩放对象的几何特征决定，行为复杂性由分形行为控制。因此，基于上述分形面吸附假设可知，

分形吸附体的原始复杂性受界面初始吸附能力的控制，行为复杂性主要受吸附行为中的分形拓扑影响，它决定了吸附过程中气 固界面各级区域的吸附能力，进而控制吸附量的变化，直接反映为尺度不变参数 P_θ、P_ξ 以及吸附区域数量的覆盖率 F_θ 对分形行为的控制，具体如图 4-53 所示。

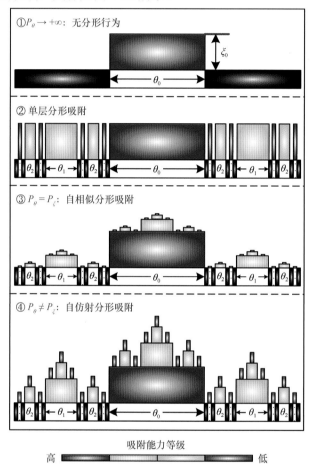

图 4-53　孔–固界面吸附行为中的分形拓扑

（1）当 $P_\theta \to +\infty$ 时，只存在一个尺度的吸附空间，此时吸附体不存在分形吸附行为。

（2）孔–固界面的吸附为单层吸附模式，认为吸附厚度始终保持不变，为一固定值（$P_\xi = 1$），而吸附覆盖率则遵从分形迭代规律（$P_\theta > 1$），其分形维数满足 $D_\theta = \lg F_\theta / \lg P_\theta$。发生单层吸附的分形迭代过程具体表现为，在第 0 级吸附中，吸附能力最强的界面（即红色区域，化学势最大）首先发生吸附，此时对应的吸附厚度

为 ξ_0，吸附覆盖率为 θ_0，吸附区域数量为 1。第 0 级吸附完成后，紧接着开始第 1 级吸附（橙色区域），吸附厚度保持不变，根据吸附覆盖率缩放间隙度的定义可得对应的吸附覆盖率为 $\theta_1 = \theta_0 / P_\theta$；根据缩放覆盖率的定义 [式（4-72）] 可得此时同级吸附区域的数量为 F_θ（$P_\theta = 3$，$F_\theta = 2$）。随后发生第 2 级吸附（绿色区域），此时吸附厚度仍然保持不变，对应的吸附覆盖率为 $\theta_2 = \theta_0 / P_\theta^2$，同级吸附区域数量为 F_θ^2（$P_\theta = 3$，$F_\theta = 2$）。同理，继续进行更多级别的吸附行为，直到单层吸附达到饱和。

（3）此时为多层吸附模式，与单层吸附不同的是不同级别的吸附区域其吸附厚度有所区别，即 $P_\xi \neq 1$，且孔–固界面发生的是多层吸附的自相似分形迭代过程（$P_\xi = P_\theta = 3$），吸附覆盖率 θ 在孔–固界面上发生不同级别迭代的分形规律与单层吸附相同，而在纵向上的吸附厚度在不同级别的分形迭代过程中满足 $\xi_i = \xi_0 / P_\xi^i$，对应的分形维数为 $D_\theta = \lg F_\theta / (2\lg P_\theta)$。具体的，根据缩放覆盖率的定义（式（4-72））可知，在第 0 级吸附完成后，继续在同一孔–固界面上产生 F_θ 个吸附能力相同的次级（1 级）吸附区域，这些区域分布在直接暴露于吸附质的吸附剂表面上（包括孔–固界面和发生 0 级吸附的吸附质表面，此时被 0 级吸附区域所吸附的吸附质被转变为新的吸附剂）。同时，根据吸附覆盖率缩放间隙度的定义及吸附厚度缩放间隙度可得发生 1 级吸附区域的吸附覆盖率 $\theta_1 = \theta_0 / P_\theta$，吸附厚度 $\xi_1 = \xi_0 / P_\xi$。第 1 级吸附完成后，继续在直接暴露于吸附质的吸附剂表面上（固体表面、0 级吸附表面和 1 级吸附表面）产生吸附能力相同的 F_θ^2 个 2 级吸附区域，此时吸附覆盖率和吸附厚度分别为 $\theta_2 = \theta_0 / P_\theta^2$，$\xi_2 = \xi_0 / P_\xi^2$。同理，继续进行更多级别的吸附行为，直到达到吸附饱和。

（4）类似于自相似分形多层吸附迭代过程，自仿射分形的吸附覆盖率与吸附厚度随空间几何尺度变化所表现出的不规则程度更高（$P_\xi \neq P_\theta$），分形维数满足 $D_\theta = \lg F_\theta / \left[\lg(P_\theta P_\zeta)\right]$。

基于上述结合分形拓扑对孔–固界面上吸附行为所进行的描述可知，吸附分形拓扑很好地揭示了吸附厚度及吸附覆盖率的尺度不变参数 P_θ、P_ζ 与界面吸附能力之间的关系。值得注意的是，两者都在一定程度上与界面几何或吸附空间的大小相关。因此，如果能够定义一个与空间几何有关的物性参数来代替上述尺度不变参数来直接指示吸附能力的强弱，那么这将对煤储层资源潜力评价具有重要的理论指导意义。为此，我们在下一节中着重开展吸附界面空间几何尺度对界面吸附难易程度的定量表征模型研究。

3）界面几何尺度影响下的吸附能力表征模型

自吸附势理论提出以来，其已在国际范围内取得了较大的进展和广泛应用，同时也为多分子层吸附和微孔填充理论的发展奠定了基础。该理论假设吸附固体表面附近存在一个固定的吸附空间，即势能场，越接近孔–固界面势能越大。为了进一步扩展吸附势对吸附空间及吸附厚度的物理意义，并给出界面几何尺度影响下的吸附能力判定依据，我们类比渗透率用于表征多孔介质传导流体能力及电阻用于表征导体对电流阻碍作用的物理意义，特提出吸附阻的概念，并结合孔径大小、空间的几何长度、吸附厚度等参数对其进行定义。

根据吸附平衡状态的控制方程，通过类比朗缪尔和 BET 等温吸附方程式，认为吸附级数 l_i（i 为吸附层数）上的脱附速度等于吸附级数 l_i+1 的吸附速度。根据图 4-54 可得

$$\frac{\theta_i}{\theta_{i-1}} = \frac{p_a}{p_0}, \quad \frac{\theta(h_j) \times N(h_j)}{\theta(h_{j+1}) \times N(h_{j+1})} = \frac{P_\theta^H}{F} \tag{4-112}$$

对其进行进一步简化可得

$$\theta_i = \theta(h_j) \times N(h_j) = C\theta_m \left(\frac{p_a}{p_0}\right)^{\frac{\xi_j}{r_m}} \tag{4-113}$$

若设 V_m 为单分子层饱和吸附量，则总吸附量 V 为

$$V = V_m \sum_{i=0}^{n} i\theta_i = V_m C\theta_0 \sum_{i=0}^{n} i\left(\frac{p_a}{p_0}\right)^i \tag{4-114}$$

根据式（4-114），可得每一尺度下的吸附量：

$$V(\theta_j) = V_m \times i \times \theta_i = V_m \times \frac{\xi(\theta_j)}{r_m} \times \theta(h_j) \times N(h_j) = V_m \frac{\xi_0 \theta(h_0) N(h_0)}{r_m} \times \left(\frac{F}{P_\xi P_\theta^H}\right)^j \tag{4-115}$$

结合式（4-113），式（4-115）可进一步简化如下：

$$V(\theta_j) = V_m C\theta_m \times \frac{\xi_0}{r_m} \times \left(\frac{1}{P_\xi}\right)^j \times \left(\frac{p_a}{p_0}\right)^{\xi_j/r_m} \tag{4-116}$$

式（4-115）表明，吸附量由吸附厚度、吸附覆盖率和吸附区域数量共同决定，分为两种情况：①当 $F \leqslant P_\xi P_0^H$ 时，随着空间几何尺度的减小，吸附量也随之减小；②当 $F > P_\xi P_0^H$ 时，随着空间几何尺度的增大，吸附量随之增大。同时，式（4-116）表明，吸附量由吸附厚度和相对压力共同决定，即吸附厚度一定时，压力越小，吸附量越小。据此，我们定义吸附阻如下：

$$I(\theta_j) = F^j, \quad R(\theta_j) = \left(\frac{1}{P_\xi P_\theta^H}\right)^j = \frac{\xi_0}{\xi_j} \times \frac{h_0}{h_j} \quad j = 0, 1, \cdots, n \tag{4-117}$$

若假定 $P_\theta = C_1 P_\lambda$，$P_\xi = C_2 P_\lambda$，则式（4-117）可改写为

$$R(\lambda) = \left(\frac{1}{C_1^H C_2}\right)^{\log_{P_2}(\lambda_0/\lambda)} \times \left(\frac{\lambda}{\lambda_0}\right)^{(1+H)} \tag{4-118}$$

$$C_1 = C_2 = 1, \ R(\lambda) = \left(\frac{\lambda}{\lambda_0}\right)^{(1+H)} \tag{4-119}$$

基于前文的论述，对于分形多孔介质，其吸附空间的几何结构随尺度呈现自相似或自仿射特征，因此在大尺度吸附空间还可能叠加了小尺度吸附空间，如图 4-54 所示。结合式（4-119）中吸附阻的定义可对上述不同尺度下吸附势的变化特征解释为：孔隙尺度越小，对应吸附空间的吸附厚度越小，吸附阻越小，从而导致吸附势进一步增大。

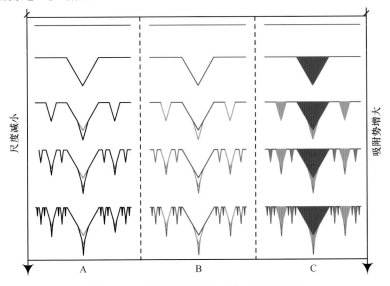

图 4-54　基于吸附阻的吸附势原理示意图

其中，A 为分形表面，B 为不同尺度下所对应的吸附能力（表示为不同的颜色），C 为不同尺度下所对应的吸附量

上述对吸附势解释的一大亮点是借助吸附阻的概念实现了对吸附能力随几何尺度变化特征的描述，以查明尺度不变参数与吸附量之间的内在联系，进而为以后基于吸附等温线的形态特征挖掘局部吸附状态的定量化描述提供理论支撑。

4）吸附体积分形预测模型及其对常规吸附特征描述的有效性

根据上述分形面吸附模式和吸附拓扑的定义可得出分形表面吸附体积（吸附量）的数学计算模型为

$$V_s = \theta_0 \xi_0 \left[1 - \left(\frac{F_\theta}{P_\theta P_\xi} \right)^{i-1} \right] \frac{P_\theta P_\xi}{P_\theta P_\xi - F_\theta} \tag{4-120}$$

为了验证该模型对 BDDT（Brunauer-Deming-Deming-Teller）分类中五种气体等温吸附形态进行描述的有效性和适配性，本节基于提出的分形吸附体积计算模型 [式（4-120）] 选取了不同的 P_θ、P_ξ 和 F_θ 来获取不同的吸附体积模拟数据，并与五种吸附等温线进行形态对比分析，结果如图 4-55 所示。

需要特别说明的是，吸附级数 i 的多少反映了吸附量的大小，同时吸附量与相对压力成正比，因此，我们将级数 i 类比于相对压力 $\ln(p_0/p_a)$，进而保证由式（4-82）得到的吸附体积变化特征与常规吸附等温线的可对比性。

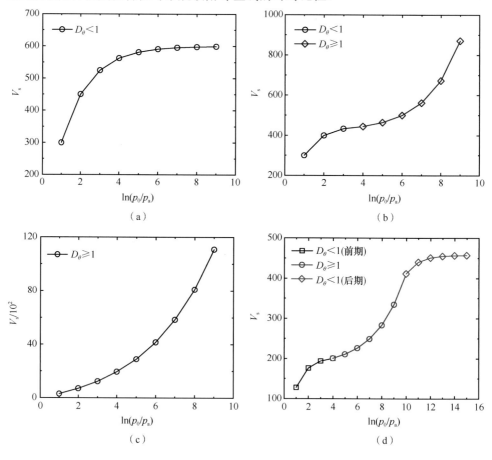

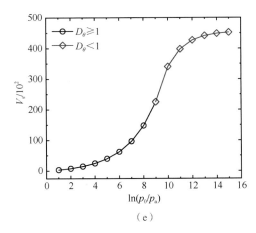

图 4-55　基于分形面吸附假设的吸附体积变化与常规吸附特征对比

V_s 表示吸附体积

①$F_\theta < P_\theta P_\xi$（$D_\theta < 1$）：得到的吸附体积与相对压力之间的关系曲线如图 4-55（a）所示。在开始阶段，气体吸附体积在较低的相对压力下迅速增加，之后其逐渐趋于稳定，符合单层朗缪尔吸附模型及 I 型等温吸附线特征。

②前期 $F_\theta < P_\theta P_\xi$（$D_\theta < 1$），后期 $F_\theta \geqslant P_\theta P_\xi$（$D_\theta \geqslant 1$）：据此得到的吸附曲线整体符合 II 型等温吸附线特征，即前期与 I 型吸附曲线相同，后期随着相对压力的逐渐增大发生多层吸附，吸附量迅速增加，符合 BET 吸附模型，如图 4-55（b）所示。

③$F_\theta \geqslant P_\theta P_\xi$（$D_\theta \geqslant 1$）：随着压力的逐渐增大，气体发生多层吸附，吸附体积急剧增大，此时符合 III 型等温吸附线，如图 4-55（c）所示。

④前期 $F_\theta < P_\theta P_\xi$（$D_\theta < 1$），中期 $F_\theta \geqslant P_\theta P_\xi$（$D_\theta \geqslant 1$），后期 $F_\theta < P_\theta P_\xi$（$D_\theta < 1$）：前期和中期与 II 型等温吸附特征类似，之后由于毛孔凝聚作用的结束而导致多层吸附的终止，出现吸附体积逐渐接近稳定的状态，此时符合 IV 型等温吸附线特征，如图 4-55（d）所示。

⑤前期 $F_\theta \geqslant P_\theta P_\xi$（$D_\theta \geqslant 1$），后期 $F_\theta < P_\theta P_\xi$（$D_\theta < 1$）：在相对压力逐渐增大的前期，吸附特征与 III 型等温吸附线一致，而在后期因拐点的出现导致吸附体积逐渐趋于稳定，整体则符合 V 型等温吸附线，如图 4-55（e）所示。

上述模拟分析结果表明，基于吸附拓扑对界面吸附行为的描述与物理实验测试得到的常规吸附特征达成了完美契合，这同时也间接验证了采用吸附分形拓扑模型作为查明界面空间几何尺度特征对吸附量控制机制的数学理论基础的可行性与有效性。

3. 分形界面甲烷的吸附模拟与分析

1）单层吸附模型等温吸附曲线特征

（1）基于吸附拓扑的单层吸附模型

对于多孔介质，累积覆盖率 θ_t 通常指的是在单层吸附状态下，在确定压力和温度下，孔–固界面所吸附的气体总量占饱和吸附量的比例，反映了不同类型多孔介质的孔隙结构吸附甲烷等气体的能力。基于上述界面吸附行为的假设，本节基于吸附拓扑构建了单层吸附条件下的等温吸附模型，具体构建过程如图 4-56 所示。

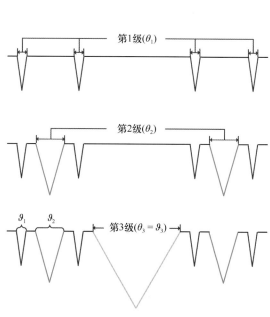

图 4-56　单层吸附条件下等温吸附模型构建示意图

由图 4-56 可知，当前模型的单层吸附分形控制机理为：在第 1 级吸附中，吸附能力最强的界面（即红色区域，吸附势最大）首先发生吸附；第 1 级吸附完成后，紧接着开始第 2 级吸附（绿色区域）；随后发生第 3 级吸附（黄色区域）。同理，继续进行更多级别的吸附行为，直到单层吸附达到饱和。其中，可以发现每一级 θ_i 是各子区域覆盖率 ϑ_i 的总和，满足：

$$\theta_i = \sum_i \vartheta_i N(\vartheta_i) \tag{4-121}$$

式中，θ_i 为第 i 级的总覆盖率；ϑ_i 为第 i 级单个吸附区域覆盖率。

（2）吸附拓扑参数

若单个吸附区域最小（第 1 级）覆盖率表示为 ϑ_i，最小孔径为 λ_1。根据吸附分形拓扑，对应吸附覆盖率的缩放间隙度满足 $P_\vartheta = \vartheta_{i+1}/\vartheta_i$，孔径的缩放间隙度满足 $P_\lambda = \lambda_{i+1}/\lambda_i$，吸附区域数量的缩放覆盖率满足 $F_\vartheta = N(\vartheta_i)/N(\vartheta_{i+1}) > 1$。因此，依据吸附拓扑参数可以探讨不同级 i、P_ϑ、F_ϑ 对吸附热和累积覆盖率的影响。

假设甲烷分子在煤孔隙表面的吸附为单分子层吸附，通过分析采自沁水盆地武乡区块 6 个泥页岩样本的液氮吸附数据，可以发现最小孔径（1.9～2.0nm）孔隙表面积占累积孔隙表面积的比例大致在 0.001～0.01 范围内波动，如样品 W27-2 的比例为 0.0021。因此，将第 1 级单个吸附区域覆盖率设置为比 0.001 更小的数量等级，即 $\vartheta_1 = 0.0001$。当第 1 级区域数量设为 $N(\vartheta_1) = 40$ 时，第 1 级的总覆盖率为 $\theta_1 = \vartheta_1 \times N(\vartheta_1) = 0.004$，符合真实测试结果的范围。基于吸附拓扑可计算的第 i 级的总吸附覆盖率为

$$\theta_i = \vartheta_i \times N(\vartheta_i) = \theta_1 \Big/ \left(\frac{F_\vartheta}{P_\vartheta}\right)^{i-1} \tag{4-122}$$

最后计算累积覆盖率 $\theta_t = \sum_{i=1}^{n} \theta_i$。

根据微孔填充理论，气体最先从孔径最小处开始吸附，此时吸附压力也最小，且孔径越大对应吸附压力也越大，因此孔径 λ 可以类比吸附压力 p。当两者满足线性关系，即 $\lambda = kp$ 时，若初始孔径对应压力为 $p(\lambda_1) = 1$，则下一级孔径对应的压力满足：

$$p(\lambda_i) = P_\lambda^{i-1} \times p(\lambda_1) \tag{4-123}$$

（3）吸附热计算模型

吸附热的产生是由于吸附质分子在吸附过程中从能级较高位置跃迁到能级较低位置，系统内部发生能量转变并表现为外在热量的释放，也就是吸附态和游离态甲烷之间的能量差值。当碰撞在煤表面的甲烷分子能小于吸附位的吸附势阱深度时，就能够产生吸附行为，从而导致煤体表面能降低，剩余能量转化为热能并释放[38]。所以吸附热可以间接反映煤吸附甲烷能力的强弱。与之对应，本节构建的吸附模型中，发生吸附时，吸附势大的吸附位先吸附，浅吸附势位后吸附，即图 4-56 中第 1 级先吸附，第 2 级后吸附。

在 R、T 不变的情况下，设定初始压力 $p(\lambda_1) = 1$，$P_\lambda = 2$，当吸附体系达到热力学平衡状态时，甲烷分子能量服从玻尔兹曼分布[6]，即

$$\frac{N_{\mathrm{CH_4}}(>\varepsilon)}{N_{\mathrm{CH_4}}}=\exp\left(-\frac{\varepsilon}{RT}\right) \tag{4-124}$$

由于孔–固分形表面具有不同吸附热的吸附位分布具有非均质性，能够克服各吸附热对应能量的甲烷分子数量 $N_{\mathrm{CH_4}}(>\varepsilon)$ 也应满足非均质分布，两者数量分布可以一致，也可以有所差异。为了方便分析吸附覆盖率差异导致的吸附热变化，本节假设 $N_{\mathrm{CH_4}}(>\varepsilon)$ 与当前已吸附甲烷的吸附位数量一致，满足

$$N_{\mathrm{CH_4}}(>\varepsilon)=\theta_{\mathrm{t}}\times a_{\mathrm{m}} \tag{4-125}$$

式中，a_{m} 为煤孔隙表面吸附位总数，且 $N_{\mathrm{CH_4}}=2a_{\mathrm{m}}$，则式（4-125）服从：

$$\theta_{\mathrm{t}}=2\exp\left(-\frac{\varepsilon}{RT}\right) \tag{4-126}$$

式中，ε 为吸附热；R 为气体常数，取值为 8.314J/（mol·K）；T 为吸附温度。

（4）吸附模型等温吸附曲线特征

为了探明吸附拓扑参数 P_9 或 F_9 对等温吸附特征的影响，依据单层吸附模型的相关假设和控制参数，在 P_λ 不变的情况下（孔径相同），通过调整 P_9 或 F_9 构建不同的吸附模型，对比分析吸附压力与覆盖率、吸附热的关系，得到如下规律：

当 F_9 固定，且 $P_\lambda=2$，$F_9=3$ 时，对于不同 P_9，煤孔隙表面覆盖率随吸附压力升高而增大，且 P_9 越大覆盖率增加越快 [图 4-57（a）、（b）]。其吸附曲线特征可以归纳为以下三种情况：$P_9=P_\lambda\times F_9=6$，覆盖率随吸附压力线性递增；$P_9<6$，覆盖率随吸附压力对数递增；$P_9>6$，覆盖率随吸附压力指数递增。同时，吸附热随吸附压力升高而降低，且 P_9 越大吸附热减小越快 [图 4-57（c）]。

当 P_9 固定，且 $P_\lambda=2$，$P_9=9$ 时，对于不同 F_9，煤孔隙表面覆盖率随吸附压力升高而增大，且 F_9 越小覆盖率增加越快 [图 4-57（d）、（e）]。其吸附曲线特征仍表现为三种情况：$F_9=P_9/P_\lambda=4.5$，覆盖率随吸附压力线性递增；$F_9<4.5$，覆盖率随吸附压力指数递增；$F_9>4.5$，覆盖率随吸附压力对数递增。同时，吸附热随吸附压力升高而降低，且 F_9 越小吸附热减小越快 [图 4-57（f）]。

因此，根据上述三种曲线特征（指数、线性和对数）可以将 P_λ、F_9 和 P_9 三个参数的对应关系划分为三类：$P_\lambda\times F_9<P_9$，$P_\lambda\times F_9=P_9$，以及 $P_\lambda\times F_9>P_9$。通过对比图 4-57（a）和（b）以及图 4-57（d）和（e），可以发现，在煤与甲烷等温吸附过程中，当 P_λ 不变，对于不同 P_9、F_9 组合，其等温吸附曲线表现为对数型、线性和指数型这三种形态，但总体趋势仍表现为煤孔隙表面覆盖率随吸附压力升高而增大，吸附热随吸附压力升高而降低。结果显示，基于不同吸附拓扑参数所构建的吸附模型可以代表多种类型的等温吸附线中单层吸附的情况，说明基于分形拓扑构建的吸附模型对描述煤储层非均质界面上吸附甲烷特性及吸附热的变化规

律是有效的。

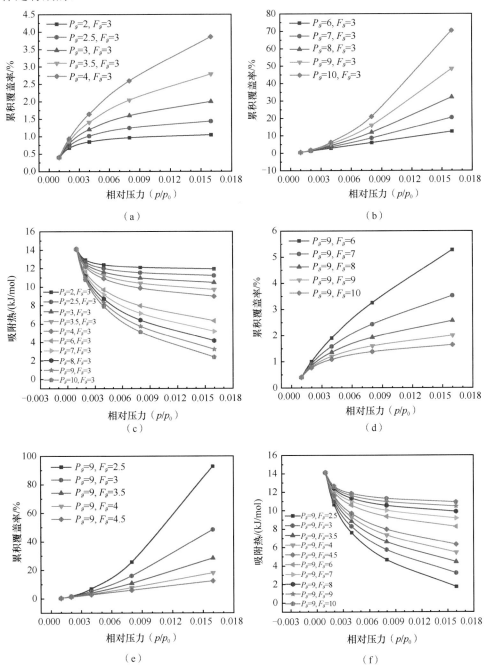

图 4-57　不同模型等温吸附过程覆盖率与吸附热的变化规律

（5）吸附模型的验证

选取沁水盆地武乡区块的富有机质泥页岩作为实验样本，样本采自武乡区块深度为 1542～1889m 的 5 口气井，取至 3 号煤层和 15 号煤层的顶底板。基于其中 W04-1、W04-5、W04-4、W18-6、W27-6 和 W27-2 六个岩样的低温液氮吸附实验数据进行模型的有效性验证。根据低温液氮吸附实验数据绘制得到其吸附–脱附曲线，如图 4-58 所示。根据国际纯粹与应用化学联合会（IUPAC）[81] 对等温吸附线及滞后环类型的划分方案（图 4-59），除样本 W27-2 的滞后环类型与 H3 型相似之外，其余样本液氮吸附曲线及滞后环类型主要与 II 型等温吸附线和 H4 型滞后环类型相似。H4 型滞后环吸附分支通常是 I 型和 II 型等温吸附线的复合，说明当前大多数煤样是由微孔、介孔和大量狭缝状孔隙组成的。此外，煤样 W04-1、W04-5 和 W27-6 的等温吸附–脱附线还存在着滞后环不闭合的现象，这可能是由其中的微孔吸附 N_2 后产生的吸附膨胀效应所造成的 [82]，常见于孔隙结构较为发育的高变质程度煤和低变质程度煤中 [83-85]。

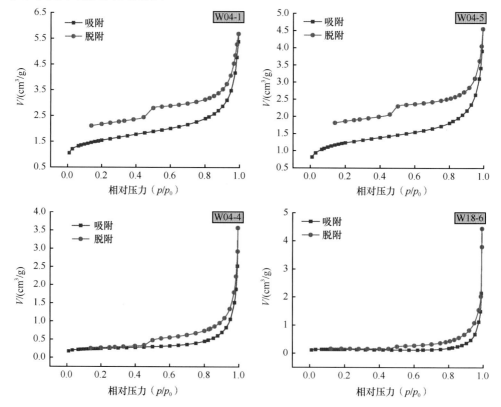

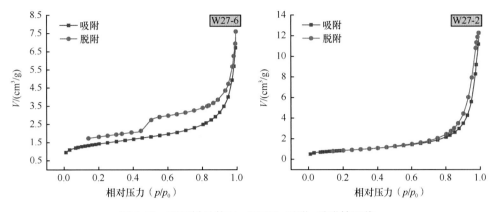

图 4-58 不同样品的 N_2（77K）吸附–脱附等温线

与此同时，图 4-58 显示在较低相对压力条件下，随着相对压力的增加吸附量上升较慢，发生单层吸附。随后曲线逐渐平稳，标志着第一层吸附大致完成，并于拐点处（相对压力为 0.1 左右时）达到单层吸附饱和状态，接着曲线开始趋向线性增长，多层吸附开始发生。可以看出，发生单层吸附压力范围（相对压力 0～0.1 区间）等温吸附线符合对数型曲线的形态特征，与图 4-57（a）、（d）等温吸附线类型一致。因此，可以根据对数型曲线对应的吸附模型进行模型的有效性验证。

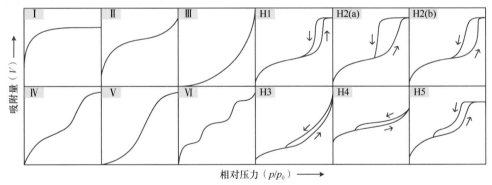

图 4-59 IUPAC 物理等温吸附线（Ⅰ～Ⅵ）和吸附–脱附滞后环（H1～H5）类型

由于当前样品在单层吸附压力范围内吸附曲线的趋势与前文构建的吸附模型大致相似，本节从中选取了 W04-1 和 W27-6 两个样本的液氮吸附数据进行验证。首先，在相对压力 0～0.1 范围内存在 5 组数据，根据这 5 组数据可以拟合得到朗缪尔公式。其次，根据实验结果可得最小孔径范围（1.9～2nm）内孔隙表面积占总表面积的比例 S_t，将其假定为吸附模型的初始覆盖率。通过将实验数据中相对压力在 0.1 附近的吸附量作为饱和吸附量 V_m，可得对应吸附为 $V_m \times S_t$，将其代入拟合的朗缪尔公式可得相对压力 p_1/p_0，将其设置为初始相对压力。最后，通过调

整 P_λ、P_ϑ 和 F_ϑ 三个参数，分别得到两个样品实验吸附曲线与模拟吸附曲线的对比图，如图 4-60 所示。结果表明，对于样本 W04-1，当初始相对压力、P_λ 和 P_ϑ 固定时，此处 $P_\lambda = 3$，$P_\vartheta = 3$，当且仅当 $F_\vartheta = 2.7$ 时吸附模型的吸附曲线与实验吸附曲线的趋势近乎一致，但相同压力下两曲线的累积覆盖率明显存在一定偏差，且偏差随相对压力逐渐累加，如图 4-60（a）所示。而通过调整吸附模型初始压力的累积覆盖率（初始覆盖率），可以发现两吸附曲线基本吻合，如图 4-60（b）所示。对于样本 W27-6，当初始相对压力固定，且 P_ϑ 和 F_ϑ 与样本 W4-1 一致（$P_\vartheta=3$，$F_\vartheta=2.7$），通过调整 P_λ 也可以使模拟吸附曲线与实验吸附曲线的趋势一致，但两者的累积覆盖率仍存在较大偏差，经校正后可见两条曲线形态基本一致，如图 4-60（c）和（d）所示。因此，在实际应用中，通过调整 P_λ、P_ϑ、F_ϑ，可以使得当前吸附模型对应的吸附曲线与实验结果形态一致，根据两者累积覆盖率的偏差，可以得到当前吸附模型对应的初始覆盖率，进而为之后分形动力学模型的构建提供科学依据。

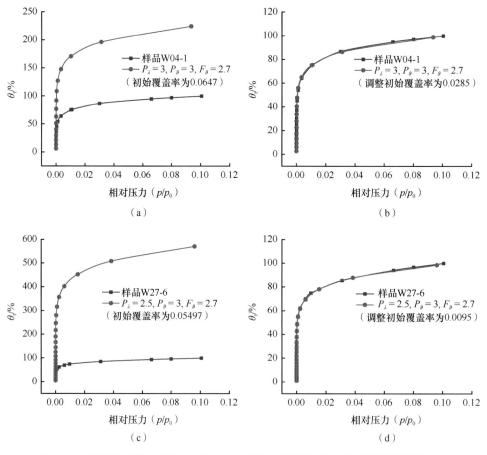

图 4-60　校正前后样品 W04-1 和 W27-6 实测吸附等温线与模拟吸附等温线对比

2）分形界面分子动力学模拟及吸附特征

传统的吸附理论往往多采用实验测试的手段，但其仅能表征吸附剂与吸附质之间的宏观规律，不能有效表征其分子之间的相互关系。分子动力学模拟虽然可以有效指示吸附分子之间的相互关系，而多数学者在进行吸附分析时往往将吸附界面设定为平板型狭缝孔，这往往忽略了吸附界面的分形特征及粗糙性对吸附的影响。同时，已有研究表明，煤储层孔隙结构具有明显的分形特征[86,87]，而孔隙结构的分形特征对吸附的影响特征研究目前少有报道。为此，本节选用巨正则蒙特卡罗算法（grand canonical Monte Carlo，GCMC）和分子动力学（molecular dynamics，MD）模拟，并结合分形拓扑理论，探究了相同孔容积条件下的狭缝型孔及具有三种不同分形特征的粗糙型狭缝孔对甲烷吸附特征的影响。

本节采用面心立方晶格结构（face centered cubic，FCC）排列碳原子骨架以表征孔–固界面[88,89]，其中碳原子晶格常数为 3.34Å[90]。据此，分别构建了无分形特征狭缝孔以及具有不同缩放覆盖率（P）和缩放间隙度（F）的分形狭缝孔，孔容积大小均为 29nm^3（图 4-61）。

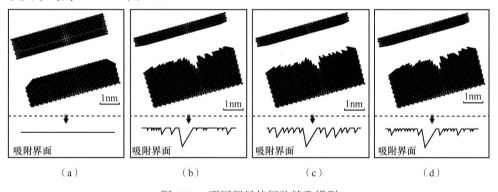

（a） （b） （c） （d）

图 4-61 不同粗糙特征狭缝孔模型

（a）无分形特征狭缝孔；（b）$P = 3$，$F = 3$；（c）$P = 2$，$F = 3$；（d）$P = 3$，$F = 4$

（1）巨正则蒙特卡罗模拟结果

基于 2.4.3 节所述理论与方法，本小节以 10MPa 压力下甲烷分布结果为例（图 4-62、图 4-63），探究了不同粗糙界面对甲烷吸附行为及密度分布的影响。

从图 4-63（b）和（d）可以得出，在 P 相同时，不同的 F 会影响甲烷密度的堆积。对比图 4-63（b）和（c），在 F 相同时，不同的 P 同样会影响甲烷密度的堆积。具体地，在图 4-63（d）中，在原始复杂性区域其甲烷密度最大，为 1.05g/cm^3，一次迭代和二次迭代区域最大甲烷密度基本维持在 0.25～0.3g/cm^3；在图 4-61（c）中，$P = 2$ 时，界面粗糙尺度变化小，相应的其吸附空间体积较大，致使其在一次迭代和二次迭代区域甲烷密度均较高，分别为 0.79g/cm^3、0.32g/cm^3；在图 4-63（b）

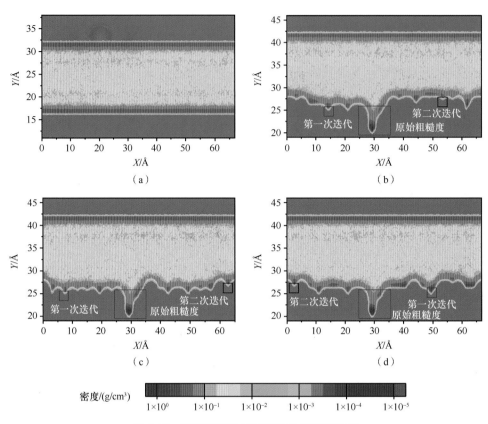

图 4-62　不同粗糙特征狭缝孔甲烷密度分布

（a）无分形特征狭缝孔；（b）$P=3$，$F=3$；（c）$P=2$，$F=3$；（d）$P=3$，$F=4$

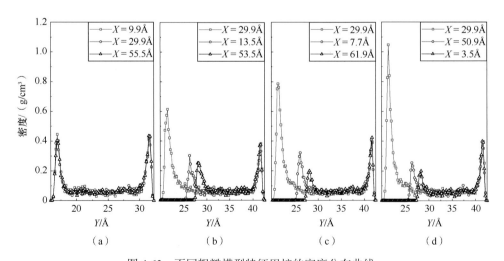

图 4-63　不同粗糙模型特征甲烷的密度分布曲线

（a）无分形特征狭缝孔；（b）$P=3$，$F=3$；（c）$P=2$，$F=3$；（d）$P=3$，$F=4$

中，在其原始复杂性区域，甲烷密度最小，为 0.61g/cm^3，一次迭代和二次迭代区域甲烷密度基本维持在 $0.25 \sim 0.3 \text{g/cm}^3$。同时，在无分形的一侧，甲烷密度基本没有发生改变。由此我们可以得出，界面在横向和纵向的粗糙度均会影响甲烷的堆积。

由上述论述可知，界面在横向复杂性（L/N，其中 L 为模型宽度，N 为纵向变化数量）和纵向的粗糙性（$h/P^0 + h/P \times F + h/P^2 \times F^2$）方面均影响界面对甲烷的吸附能力。基于此，我们参考表征界面粗糙度的概念[91]，提出将纵向粗糙度和横向复杂性之比定义为界面稳定性指数（stability index，SI），用以表征界面的综合复杂程度对吸附性能的影响。结合 2.2.1 节中提到的分形拓扑中 P 和 F 的定义，我们将具有粗糙度的界面稳定性指数计算公式定义为

$$\text{SI} = \frac{h/P^0 \times F^0 + h/P \times F^1 + h/P^2 \times F^2}{L/(F^0 + F^1 + F^2)} = \frac{h[(F/P)^0 + (F/P)^1 + (F/P)^2]}{L/(F^0 + F^1 + F^2)} \qquad (4\text{-}127)$$

由上述公式计算得出，$P = 3$、$F = 4$，$P = 3$、$F = 3$，$P = 2$、$F = 3$ 时的稳定性指数（SI）分别为 18.71、8.27、12.24。界面的稳定性指数越大，所表现出的吸附能力越强，相应的甲烷密度也越大。这进一步表明，界面分布的同一级尺度数量越多，在同一界面上表现的均质性则越强，界面越趋于稳定，吸附能力也越强，同时会影响界面在一级分形区的吸附能力。如图 4-63（d）中所示，$F = 4$ 时甲烷堆积的密度最大，吸附量也相较其他较多；在 $P = 2$、$F = 3$ 时，界面分布尺度变化越小，其界面稳定性也会较大，相应的其吸附能力也较大；如图 4-63（c）所示，当 $P = 2$ 时，界面纵向尺度变化较小，甲烷在此处的堆积密度较大，其吸附能力较强；当 $P = 3$ 时，界面尺度变化较大，吸附能力会随界面尺度变化呈现出明显的差异。同时当 $P = 3$ 时，界面分布也相对不均匀，导致界面稳定性指数最小，吸附能力最差，吸附量最小。如图 4-63（d）所示，甲烷在三种分形粗糙界面堆积密度最小，堆积量也最少。

（2）原始复杂性对甲烷吸附的影响

较多的研究表明，吸附为动态过程，而吸附势是用来描述气体在吸附状态下逃逸的难易程度[92]。吸附的气体需要消耗更多的动能来克服壁面的吸引作用才能从吸附位置逃逸，从而势能越高，气体的积累就越多，这也是吸附层主要沿孔道壁面形成的原因。基于此，本节提取不同粗糙度下甲烷分子势能，探究分形特征狭缝孔中原始复杂性对甲烷分子势能的具体影响。首先，分别构建原始复杂性为平板型界面，以及具有粗糙特征的原始复杂性界面，并将原始复杂性开度（K）与深度（H）之比分别设置为大于 1、等于 1 及小于 1 三种情况（图 4-64）。

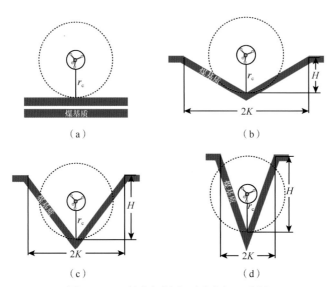

图 4-64　甲烷在粗糙表面受力机理分析

研究证实，甲烷分子在煤基质表面所发生的吸附为物理吸附，主要受到分子之间的斥力与引力。甲烷的吸附过程中，其所受的引力为主要的作用力，忽略斥力的影响，当表面不存在粗糙特征时 [图 4-64（a）]，甲烷在表面处为平板界面对其的吸引力，其受力则有

$$\int_0^{r_c} f(r)\mathrm{d}r = F(r_c) - F(0) = -F_f(0) \tag{4-128}$$

式中，负号仅代表力的方向，上述公式中，在甲烷分子在极限距离时，其受力大小可视为 0。则有界面粗糙处甲烷分子所受的力为两个非平面所提供的合力。公式（4-128）可以变化为 $2\int_{r_c\sin\theta}^{r_c} f(r)\mathrm{d}r$，该式中，$\theta$ 为粗糙界面夹角的一半。因此我们可以得出

$$2\int_{r_c\sin\theta}^{r_c} f(r)\mathrm{d}r = 2\left[F(r_c) - F(r_c\sin\theta)\right] = -2F_f(r_c \cdot \sin\theta) \tag{4-129}$$

据三角形几何定律有 $\sin\theta = K/\sqrt{K^2+H^2}$，$\theta \in (0°, 90°)$，式（4-129）可以变换为

$$2\int_{r_c\sin\theta}^{r_c} f(r)\mathrm{d}r = -2F_f(r_c \cdot K/\sqrt{K^2+H^2}) \tag{4-130}$$

已知，两分子间的引力大小表现为距离越近分子间引力越大，距离越远分子间引力越小，$f(r) \propto 1/r$，则有：

①如图 4-64（b）所示，$K > H$，$K/\sqrt{K^2+H^2} > 1/\sqrt{2}$，$F_f(r_c \cdot K/\sqrt{K^2+H^2}) < F_f(r_c \cdot 1/\sqrt{2})$；

②如图 4-64（c）所示，$K=H$，$K/\sqrt{K^2+H^2} = 1/\sqrt{2}$，$F_f(r_c \cdot K/\sqrt{K^2+H^2}) = F_f(r_c \cdot 1/\sqrt{2})$；

③如图 4-64（d）所示，$K<H$，$K/\sqrt{K^2+H^2}<1/\sqrt{2}$，$F_f(r_c\cdot K/\sqrt{K^2+H^2})>F_f(r_c\cdot 1/\sqrt{2})$。

已有研究报道，在孔径小于 2nm 时孔隙中能吸附更多的甲烷分子[93]，并且当孔径尺度小于 1.5nm 时甲烷的主要赋存方式为微孔填充[94]。通过图 4-65 可知，无分形特征狭缝孔中吸附态甲烷分子势能大小主要集中在 0.5～1.0kcal/mol，而粗糙型狭缝孔中吸附态甲烷分子的势能大小受界面粗糙明显，界面势能最大值均在粗糙面处[95]，分别为 1.51kcal/mol、1.48kcal/mol、1.50kcal/mol。

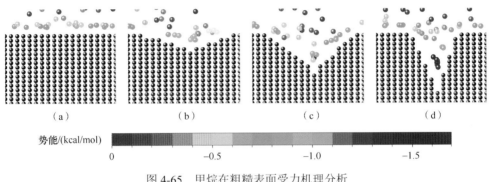

图 4-65　甲烷在粗糙表面受力机理分析

具有分形特征狭缝孔吸附态甲烷分子势能普遍大于无分形特征狭缝孔，证明其受力状态因界面的原始复杂性而发生改变，以微孔填充的形式赋存于粗糙表面。特别是在粗糙界面的原始复杂性区域，其粗糙面开度和深度均较大，证明在该区域内吸附能力较强。综上所述，分形界面的原始复杂性从力学性质上不仅会影响甲烷分子在界面上的势能大小，同时也会改变甲烷分子在吸附界面的赋存方式，同时也决定了甲烷分子在界面吸附的难易程度以及稳定程度。

（3）行为复杂性对甲烷吸附的影响

由上文可知，界面粗糙度的原始复杂性会改变甲烷分子的赋存方式，而行为复杂性则是影响吸附量的关键因子。实验中常用的甲烷吸附量为超额吸附量，而 GCMC 方法所模拟的结果为绝对吸附量，既包含孔隙中以游离态存在的甲烷，又包含以吸附态存在的甲烷。通过式（4-131）计算得出超额吸附量[96]：

$$n_{ex}=n_{abs}-V_g\rho_g \tag{4-131}$$

式中，n_{ex} 超额吸附量，mol/m³；n_{abs} 绝对吸附量，mol/m³；V_g 孔隙体积，m³；ρ_g 自由相密度，mol/m³，通过 PR 方程计算得出。

由图 4-66（a）可知，随着压力的增大，超额吸附量变化曲线呈现出 0～5MPa 快速增加，5～10MPa 增加缓慢，10MPa 之后呈现出减小的趋势。因为随着压力的增大，自由相密度增加，导致超额吸附量呈现下降趋势[97,98]，如图 4-66（b）所示。结合朗缪尔曲线拟合 [R^2 为 0.96，图 4-66（a）] 及甲烷分子的密度分布所呈现出的对称性双峰特征 [图 4-63（a）]，得出无分形特征狭缝孔内甲烷为单层吸附，并且由上述分析可知，无分形特征的狭缝孔均质性最强，其吸附能力最强，吸附量最多，其最大吸附量可达 3722.32mol/m³。

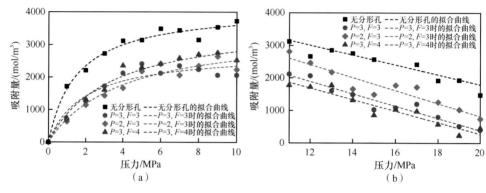

图 4-66　超额吸附量等温吸附曲线

当前，较多的学者认为比表面积是影响吸附量的主要因素。从图 4-62 可以看出，在不同的分形行为中，原始复杂性区域吸附态甲烷密度均较高，但是在一级及二级迭代区域（蓝色和棕色框线）甲烷的密度普遍小于 0.3g/cm³，而平板型狭缝孔甲烷密度均大于 0.3g/cm³。虽然界面的粗糙程度确实增大了孔隙结构的比表面积，但受到粗糙度的宽度和深度的影响，导致在吸附面上形成较多甲烷无法进入的微孔，进而影响狭缝孔的可吸附体积。同时已有研究表明，微孔填充式吸附微孔体积是决定吸附量的关键因素[81]，分形狭缝孔会随着分形行为的不同，导致可吸附孔体积变化，致使分形狭缝孔吸附量均小于无分形狭缝孔。由此我们得出比表面积并非为决定吸附量的绝对因素[99]，并且表面的行为复杂性会减小孔隙的可吸附体积，导致分形界面吸附量减少。

综上所述，甲烷在煤基质表面的吸附是一种复杂的物理吸附过程，在平板型狭缝孔内甲烷分子会呈现出单层吸附的特征，并且吸附量会随着压力的增大呈现出先增大而后缓慢增加最后下降的趋势；在粗糙型狭缝孔内会受到界面原始复杂性和影响，呈现出微孔填充的吸附方式，同时受到行为复杂性的影响，在更小尺度下（小于 0.38nm），甲烷分子无法填充，且受壁面作用力影响，吸附量较平板型狭缝孔更快达到最大吸附量，并随着压力的增大而减小。同时，无论是平板型狭缝孔还是粗糙型狭缝孔均不会影响自由态甲烷的力学性质及其密度分布。

4.2.5 多相态耦合传质研究探讨

如前所述，煤层气在煤储层裂隙中的传质过程为对流—扩散—吸附等多物理过程的耦合。因此，为查明上述多物理过程耦合的煤层气传质控制机理，基于前文研究基础，我们对其研究方法和研究内容做以下探讨：

1. 对流—扩散—吸附等多物理过程的孔隙尺度模拟与再现

为模拟煤层气溶质分子在裂隙中的对流—扩散—吸附等多物理耦合过程，流场的建立是基础，对流—扩散耦合场的布施是重点，溶质分子因与裂隙壁面碰撞而发生吸附的边界条件设置则是关键，如图 4-67 所示。具体地：①采用 LBM 方法建立裂隙中煤层气流动速度场；②在①的基础上，在流场稳定后建立溶质扩散场以模拟溶质对流—扩散耦合过程；③通过设置特定的边界条件，使溶质分子在与裂隙壁碰撞后发生部分分子的吸附行为，并经一定时间后从裂隙壁解吸，返回至裂隙空间。

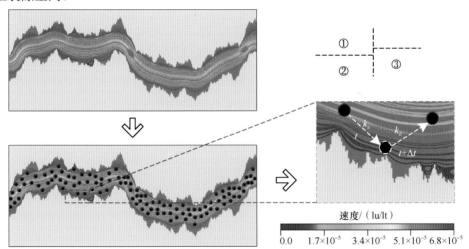

图 4-67　粗糙裂隙中煤层气溶质分子对流—扩散—吸附多物理耦合过程的数值模拟方法
黑色实心圆为溶质分子。①流场的建立；②对流—扩散耦合模拟；③溶质分子在裂隙壁面的吸附过程模拟。k_a 和 k_d 分别为吸附速率和解吸速率

前文通过建立两套格子系统已经实现了煤层气渗流及溶质分子扩散的 LBM 耦合模拟，因此，目前应聚焦于在对流—扩散的基础上对孔-固界面吸附行为的耦合。而这一技术的关键则在于 LBM 模拟边界条件的设置。在此可将 Guo 等[100] 提出的非平衡外推格式应用于裂隙空间范围边界（入口和出口）和孔-固界面的水动力边界条件设置。浓度分布函数则通过所有未知函数的求和得到并通过权重系数进行分配[101]，具体如式（4-132）所示：

$$g_{i(\bar{c}_i\cdot\boldsymbol{n}>0)}=\frac{\left(C_\omega-\sum_{i(\bar{c}_i\cdot\boldsymbol{n}\le 0)}g_i\right)\omega_i}{\sum_{i(\bar{c}_i\cdot\boldsymbol{n}>0)}\omega_i}$$ （4-132）

式中，ω 为权重系数；$\boldsymbol{n}$ 为边界格点的法线方向。

接下来的重点就是确定边界浓度 C_ω。根据前文对对流—扩散耦合场的边界参数设置，可知入口的 C_ω。关于浓度通量条件，可引入式（4-133）所示的精确三点有限差分方案来匹配浓度梯度：

$$\frac{\partial C_\omega}{\partial \boldsymbol{n}}=\frac{3C_\omega-4C_{(j,n+1)}+C_{(j,n+2)}}{2\Delta n}$$ （4-133）

对于出口和裂隙上下壁面，在无浓度通量条件下浓度设为 0。与此同时，在孔–固界面，式（4-133）与经典朗缪尔吸附动力学 [式（4-134）] 进行耦合以求解 C_ω。

$$D\frac{\partial C}{\partial \boldsymbol{n}}=\frac{\partial N}{\partial t}=k_a C(N_m-N)-k_d N$$ （4-134）

式中，C 为孔–固界面气体浓度；N 为吸附相数量；N_m 为饱和吸附相的数量。

2. 溶质分子在孔–固界面的吸附对煤层气运移的影响机理探究

众所周知，溶质弥散常常伴随着在孔–固界面上发生的吸附–解吸过程。假设溶质被吸附在管道壁面，其不能随流体流动而发生输运过程，这将导致额外的溶质扩散行为。为此，前人针对经典 Taylor-Aris 理论进行了相继扩展，以适用于溶质发生吸附—扩散—对流多物理耦合过程的有效数学描述。其中，Golay[102] 在不考虑吸附层厚度的前提下，同时忽略吸附层中溶质的扩散，通过使用拉普拉斯变换求解偏微分方程，得到圆形管道中受孔–固界面吸附影响的溶质有效扩散系数 D 为

$$D=\frac{D_m}{1+r_f'}+\frac{1+6r_f'+11r_f'^2}{(1+r_f')^3}\frac{u_{av}^2 R^2}{48D_m}$$ （4-135）

式中，u_{av} 为流体平均流速；R 为圆形管道直径；r_f' 为滞留因子，表示稳态相（吸附层）中溶质数量与流动相（流动流体）中溶质数量之比。

很明显，上述有效扩散系数 D 取决于滞留因子 r_f'，且适用于稳态相与流动相中溶质的瞬间界面交换情况。为考虑界面阻力对传质的影响，Khan[103] 对式（4-135）进行了进一步扩展，如式（4-136）所示：

$$D=\frac{D_m}{1+r_f'}+\frac{1+6r_f'+11r_f'^2}{(1+r_f')^3}\frac{u_{av}^2 R^2}{48D_m}+\frac{r_f'}{(1+r_f')^3}\frac{u_{av}^2 \xi}{k_d}$$ （4-136）

式中，ξ 为吸附层厚度；k_d 为解吸速率。

式（4-136）表明，界面阻力对 D 的影响正比于吸附层厚度 ξ，反比于解吸速率 k_d，即吸附层厚度越大，越不利于溶质的有效扩散，而解吸速率越大，尤其当 $k_d \to \infty$ 时，溶质在界面的交换不影响溶质的有效扩散。

另外，根据分形吸附拓扑面吸附假设，溶质分子在孔-固界面的吸附为一随机事件且满足尺度不变分形特征，由此通过位点吸附概率 p 来表征界面吸附位发生吸附事件的几何空间及能量限制程度[103]：p 越大，界面几何空间及能量对发生吸附事件的限制越小，反之亦然。此外，为体现溶质吸附对整体传质的影响，前人还引入了吸附滞留时间 ℓ，即 ℓ 越大，可供发生有效扩散的溶质分子数量越少，进而降低了溶质整体传质能力，而 $\ell = 0$ 则意味着溶质分子与孔-固界面碰撞后立即反弹至孔隙空间，溶质分子在孔-固面发生了瞬间的吸附-解吸过程，此时计算溶质有效扩散系数可采用 Golay[102] 所提出的理论模型 [式（4-135）]。

很明显，位点吸附概率 p 和吸附滞留时间 ℓ 共同决定溶质在孔-固界面上吸附的相对数量，即滞留因子 r_f' 的大小依赖于 p 和 ℓ，同时 ℓ 的大小又决定了因发生界面吸附而影响溶质整体传质能力的强弱。因此，Hlushkou 等[51] 通过微观随机方法模拟了光滑管道中耦合吸附-解吸过程的 Taylor-Aris 弥散，并给出了具备均一吸附滞留时间的弥散系数解析表达式：

$$D = \frac{D_m}{1 + r_f'} + \frac{1 + 6r_f' + 11r_f'^2}{\left(1 + r_f'\right)^3} \frac{u_{av}^2 R^2}{48 D_m} + \frac{r_f'}{\left(1 + r_f'\right)^3} \frac{u_{av}^2 \ell}{2} \tag{4-137}$$

然而，因参数 r_f'、ξ、k_d、u_{av}、ℓ 均为宏观系统下确定的物理量，其不能概化局部系统中流体流动及界面几何发生的吸附行为对溶质扩散的影响，故上述理论并不适用于溶质在非均一界面系统中的扩散行为描述。换句话说，针对粗糙裂隙中溶质的扩散行为，上述理论不能有效体现溶质在粗糙裂隙中的多物理过程耦合特征。

如前所述，溶质在理想裂隙中发生扩散的纵向扩散系数可由式（4-138）近似计算得到

$$D = D_m + \frac{U_{if}^2 \delta^2}{210 D_m} \tag{4-138}$$

结合式（4-137），可对式（4-138）进一步改写，得到裂隙空间下受界面吸附/解吸及流体流动影响的溶质扩散系数计算表达式：

$$D = \frac{D_m}{1 + r_f'} + \frac{1 + 6r_f' + 11r_f'^2}{\left(1 + r_f'\right)^3} \frac{U_{if}^2 \delta^2}{210 D_m} + \frac{r_f'}{\left(1 + r_f'\right)^3} \frac{U_{if}^2 \ell}{2} \tag{4-139}$$

根据前文的研究结果可知，裂隙端面几何拓扑特征极大程度影响了溶质对

流–扩散耦合过程，且以降低平均流速的形式影响溶质在非匹配粗糙裂隙中的扩散行为，具体的有效扩散系数计算表达式如式（4-97）所示。对比经典 Taylor-Aris 方程可以看出，裂隙端面的弯曲及非匹配特性整体上影响了流体的平均流速，使平均流速 U_{if} 减小至 $U_{if}/\{\tau\tau_s^3[1+(\sigma_\delta/\delta_e)^2]^{9/4}\}$，同时水文弯曲度以 D_m/τ^3 的形式对分子扩散进行了相应的削弱。因此，可对式（4-139）进一步修正如下：

$$D = \frac{D_m}{(1+r_f')\tau^2} + \frac{1+6r_f'+11r_f'^2}{(1+r_f')^3} \frac{U_{if}^2\delta^2}{210D_m\tau^2\tau_s^6\left[1+(\sigma_\delta/\delta_e)^2\right]^{9/2}}$$
$$+ \frac{r_f'}{(1+r_f')^3} \frac{U_{if}^2\ell}{2\tau^2\tau_s^6\left[1+(\sigma_\delta/\delta_e)^2\right]^{9/2}}$$

（4-140）

此外，局部稳态粗糙度因子 f_r 则以 D_{Tyl}/f_r 的形式影响对流引导下的溶质弥散，据此对式（4-140）做最终修正如下：

$$D = \frac{D_m}{(1+r_f')\tau^2} + \frac{1+6r_f'+11r_f'^2}{(1+r_f')^3} \frac{U_{if}^2\delta^2}{210D_mf_r\tau^2\tau_s^6\left[1+(\sigma_\delta/\delta_e)^2\right]^{9/2}}$$
$$+ \frac{r_f'}{(1+r_f')^3} \frac{U_{if}^2\ell}{2\tau^2\tau_s^6\left[1+(\sigma_\delta/\delta_e)^2\right]^{9/2}}$$

（4-141）

式（4-141）表明，溶质在粗糙裂隙中的迁移受三个方面的影响：一是因浓度差异而产生的分子自由运动，即分子扩散；二是因非均一速度场的存在所导致的溶质弥散；三是介于流动相和稳态相之间的溶质分子吸附–解吸过程，包括不考虑分子滞留时间的瞬间交换过程（对分子扩散和对流弥散均有影响）和考虑滞留时间而产生的界面阻力（对整体传质产生直接影响）。

在上述理论模型的基础上，通过 LBM 多场耦合体系的构建与模拟，可重点分析粗糙裂隙物性结构对界面吸附的影响特征（如裂隙端面组合拓扑对滞留因子的影响）及吸附概率、滞留因子等吸附参数对溶质扩散的控制效应，以此实现多过程耦合下的煤层气传质控制机理揭示（图 4-68）。

4.3 小结

本章借助 LBM 开放框架体系于微观层面对煤储层裂隙中煤层气渗流、对流—扩散耦合等过程进行了模拟分析，并探究了裂隙端面几何及其组合拓扑对上述多种物理过程的控制性影响。基于分形拓扑理论，探索并发掘了孔–固界面几何对气体吸附的微观控制机制，借此为煤层气吸附–解吸、对流—扩散等多过程耦合控制机理的揭示提供基本理论支撑。取得的主要成果和认识如下：

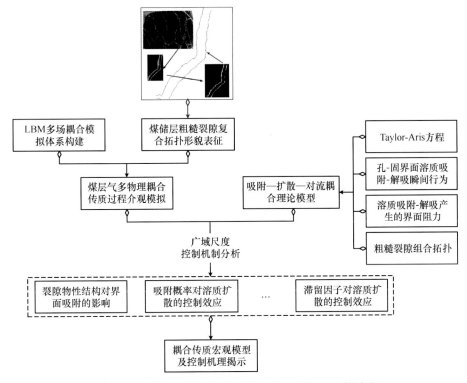

图 4-68　煤层气多物理过程耦合传质控制机理分析流程

（1）依据裂隙拓扑形貌对流体运移的作用方式及强度，识别了裂隙流的四种控制效应：端面局部稳态粗糙效应、端面曲折效应、水文弯曲效应以及开度粗糙效应。基于经典立方定律，以有效开度为主线，推导建立了耦合上述四种效应的裂–渗关系模型（简称四重效应模型），进而确定了分别与四种效应相关联的四个物理参数，分别为局部粗糙度因子 f_σ、端面曲折率 τ_s、水文弯曲度 τ 及开度粗糙度 σ_δ。通过与现有模型的对比，于数值层面证实了四重效应模型的有效性和较好的预测性能，进而实现了粗糙裂隙流渗透率预测模型的广义定义。此外，基于非匹配裂隙流 LBM 模拟结果，重新确定了局部粗糙度因子的经验计算模型，即 $f_\sigma = 1 + 4.9 \left(\sigma / \langle \delta \rangle \right)^{0.75}$。

（2）粗糙裂隙空间下溶质运移过程受端面几何拓扑的影响主要分为两个方面：一是源于粗糙端面的局部稳态粗糙效应、端面曲折效应、水文弯曲效应与源于开度非均一分布的开度粗糙效应对对流诱导下弥散行为的共同影响；二是水文弯曲效应对分子扩散的影响。具体地：①溶质在粗糙裂隙中的扩散受端面粗糙和非匹配的双重影响，且均以降低平均流速 U_τ 的形式影响对流诱导下的弥散行为；②端面粗糙和非匹配对溶质纵向弥散的共同影响具体表现为对流诱导下的弥散系数反比于 $f_\sigma \tau^2 \tau_s^6 = \left[1 + \left(\sigma / \langle \delta \rangle \right)^2 \right]^{4.5}$。基于以上认识，推导建立了四重效应对流—扩散方程，同时，经与 LBM 模拟结果对比证实了其预测有效扩散系数的有效性。

（3）在孔–固界面上发生的吸附行为受控于多孔介质分形拓扑结构。基于此，考虑到多孔介质本身所具有的非均质特征，提出了孔–固界面对吸附质吸附的分形面吸附模式，并定义了对应的吸附分形拓扑模型。

（4）通过类比渗透率和电阻的物理意义提出了吸附阻的概念，并建立了吸附阻同界面几何尺度参数间的定量关系模型，以此可直接指示不同尺度下界面吸附能力的强弱，即空间几何尺度越小，吸附阻越小，对应的吸附势就越大，吸附能力就越强。

参考文献

[1] Pillalamarry M, Harpalani S, Liu S M. Gas diffusion behavior of coal and its impact on production from coalbed methane reservoirs. International Journal of Coal Geology, 2011, 86(4): 342-348.

[2] Yu B M, Li J H. Some fractal characters of porous media. Fractals, 2001, 9(3): 365-372.

[3] 何雅玲, 王勇, 李庆. 格子 Boltzmann 方法的理论及应用. 北京: 科学出版社, 2009.

[4] Tuncer E, Gubański S, Nettelblad B. Dielectric relaxation in dielectric mixtures: Application of the finite element method and its comparison with dielectric mixture formulas. Journal of Applied Physics, 2001, 89(12): 8092-8100.

[5] Qian Y H, D'Humières D, Lallemand P. Lattice BGK models for Navier-Stokes equation. Europhysics Letters, 1992, 17(6): 479-488.

[6] Mandelbrot B B. The Fractal Geometry of Nature. New York: WH Freeman, 1983.

[7] Perrier E, Bird N, Rieu M. Generalizing the fractal model of soil structure: The pore-solid fractal approach. Geoderma, 1999, 88(3): 137-164.

[8] Wang B Y, Jin Y, Chen Q, et al. Derivation of permeability-pore relationship for fractal porous reservoirs using series-parallel flow resistance model and lattice Boltzmann method. Fractals, 2014, 22(3): 1440005.

[9] Ghanbarian B, Hunt A G. Comments on "More general capillary pressure and relative permeability models from fractal geometry" by Kewen Li. Journal of Contaminant Hydrology, 2012, 140-141: 21-23.

[10] Jin Y, Zhu Y B, Li X, et al. Scaling invariant effects on the permeability of fractal porous media. Transport in Porous Media, 2015, 109(2): 433-453.

[11] Yu B M, Cheng P. A fractal permeability model for bi-dispersed porous media. International Journal of Heat and Mass Transfer, 2002, 45(14): 2983-2993.

[12] Carman P C. Fluid flow through granular beds. Chemical Engineering Research and Design, 1997, 75: S32-S48.

[13] Ghanbarian B, Hunt A G, Ewing R P, et al. Tortuosity in porous media: A critical review. Soil Science Society of America Journal, 2013, 77(5): 1461-1477.

[14] Jin Y, Dong J B, Li X, et al. Kinematical measurement of hydraulic tortuosity of fluid flow in porous media. International Journal of Modern Physics C, 2015, 26(2): 1550017.

[15] Matyka M, Khalili A, Koza Z. Tortuosity-porosity relation in porous media flow. Physical Review E, 2008, 78(2): 26306.

[16] Comiti J, Renaud M. A new model for determining mean structure parameters of fixed beds from pressure drop measurements: Application to beds packed with parallelepipedal particles. Chemical Engineering Science, 1989, 44(7): 1539-1545.

[17] Mota M, Teixeira J A, Bowen W R, et al. Binary spherical particle mixed beds: porosity and permeability relationship measurement. Transactions of the Filtration Society, 2001, 1(4): 101-106.

[18] Ghanbarian B, Hunt A G, Sahimi M, et al. Percolation theory generates a physically based description of tortuosity in saturated and unsaturated porous media. Soil Science Society of America Journal, 2013, 77(6): 1920-1929.

[19] Valdés-Parada F J, Porter M L, Wood B D. The role of tortuosity in upscaling. Transport in Porous Media, 2011, 88: 1-30.

[20] Henderson N, Brêttas J C, Sacco W F. A three-parameter Kozeny-Carman generalized equation for fractal porous media. Chemical Engineering Science, 2010, 65(15): 4432-4442.

[21] Liu S, Masliyah J H. Steady developing laminar flow in helical pipes with finite pitch. International Journal of Computational Fluid Dynamics, 1996, 6(3): 209-224.

[22] Feng Y J, Yu B M. Fractal dimension for tortuous streamtubes in porous media. Fractals, 2007, 15(4): 385-390.

[23] Yu B M, Li J H, Li Z H, et al. Permeabilities of unsaturated fractal porous media. International Journal of Multiphase Flow, 2003, 29(10): 1625-1642.

[24] Duda A, Koza Z, Matyka M. Hydraulic tortuosity in arbitrary porous media flow. Physical Review E, 2011, 84(3): 36319.

[25] Wheatcraft S W, Tyler S W. An explanation of scale-dependent dispersivity in heterogeneous aquifers using concepts of fractal geometry. Water Resources Research, 1988, 24(4): 566-578.

[26] Xu P, Yu B M. Developing a new form of permeability and Kozeny-Carman constant for homogeneous porous media by means of fractal geometry. Advances in Water Resources, 2008, 31(1): 74-81.

[27] Costa A. Permeability-porosity relationship: A reexamination of the Kozeny-Carman equation based on a fractal pore-space geometry assumption. Geophysical Research Letters, 2006, 33(2): L238.

[28] Bear J. Dynamics of Fluids in Porous Media. New York: American Elsevier, 1972.

[29] 金毅, 郑军领, 董佳斌, 等. 自仿射粗糙割理中流体渗流的分形定律. 科学通报, 2015, (21): 2036-2047.

[30] 金毅, 祝一博, 吴影, 等. 煤储层粗糙割理中煤层气运移机理数值分析. 煤炭学报, 2014, (9): 1826-1834.

[31] Pitchumani R, Ramakrishnan B. A fractal geometry model for evaluating permeabilities of porous preforms used in liquid composite molding. International Journal of Heat and Mass Transfer, 1999, 42(12): 2219-2232.

[32] Lomize G. Flow in Fractured Rocks. Moscow: Gosemergoizdat, 1951.

[33] Witherspoon P A, Wang J S Y, Iwai K, et al. Validity of cubic law for fluid flow in a deformable

rock fracture. Water Resources Research, 1980, 16(6): 1016-1024.

[34] Mourzenko V V, Thovert J F, Adler P M. Permeability of a Single Fracture: Validity of the Reynolds Equation. Journal De Physique II, 1995, 5(3): 465-482.

[35] Jin Y, Dong J B, Zhang X Y, et al. Scale and size effects on fluid flow through self-affine rough fractures. International Journal of Heat and Mass Transfer, 2017, 105: 443-451.

[36] Zheng J L, Jin Y, Dong J B, et al. Reexamination of the permeability-aperture relationship for rough fractures with mismatched self-affine surfaces. Journal of Hydrology, 2022, 609: 127727.

[37] Niya S M, Selvadurai A P S. Correlation of joint roughness coefficient and permeability of a fracture. International Journal of Rock Mechanics and Mining Sciences, 2019, 113: 150-162.

[38] Zimmerman R W, Bodvarsson G S. Hydraulic conductivity of rock fractures. Transport in Porous Media, 1996, 23(1): 1-30.

[39] Renshaw C E. On the relationship between mechanical and hydraulic apertures in rough-walled fractures. Jounal of Geophysical Research, 1995, 100(B12): 24629-24636.

[40] Zimmerman R W, Kumar S, Bodvarsson G S. Lubrication theory analysis of the permeability of rough-walled fractures. International Journal of Rock Mechanics and Mining Sciences & Geomechanics Abstracts, 1991, 28(4): 325-331.

[41] Ju Y, Dong J B, Gao F, et al. Evaluation of water permeability of rough fractures based on a self-affine fractal model and optimized segmentation algorithm. Advances in Water Resources, 2019, 129: 99-111.

[42] Wang L C, Cardenas M B, Slottke D T, et al. Modification of the Local Cubic Law of fracture flow for weak inertia, tortuosity, and roughness. Water Resources Research, 2015, 51(4): 2064-2080.

[43] Wang L C, Cardenas M B. Development of an empirical model relating permeability and specific stiffness for rough fractures from numerical deformation experiments. Journal of Geophysical Research: Solid Earth, 2016, 121(7): 4977-4989.

[44] Zhang X D, Knackstedt M A, Sahimi M. Fluid flow across mass fractals and self-affine surfaces. Physica A: Statistical Mechanics and its Applications, 1996, 233(3-4): 835-847.

[45] Talon L, Auradou H, Hansen A. Permeability of self-affine aperture fields. Physical Review E, 2010, 82(4): 46108.

[46] Madadi M, Sahimi M. Lattice Boltzmann simulation of fluid flow in fracture networks with rough, self-affine surfaces. Physical Review E, 2003, 67(2): 26309.

[47] Murata S, Saito T. Estimation of tortuosity of fluid flow through a single fracture. Journal of Canadian Petroleum Technology, 2003, 42(12): 39-45.

[48] Lapidus L, Amundson N. The effect of longitudinal diffusion in ion exchange and chromatographic columns. Journal of Physical Chemistry, 1952, 56: 984-988.

[49] Taylor G I. Dispersion of soluble matter in solvent flowing slowly through a Tube. Proceedings of the Royal Society of London. Series A, Mathematical and Physical Sciences, 1953, 219(1137): 186-203.

[50] Aris R. On the Dispersion of a solute in a fluid flowing through a tube. Proceedings of the Royal Society of London: Series A, 1956, 235: 67-77.

[51] Hlushkou D, Gritti F, Guiochon G, et al. Effect of adsorption on solute dispersion: A microscopic stochastic approach. Analytical Chemistry, 2014, 86(9): 4463-4470.

[52] Biswas R R, Sen P N. Taylor dispersion with absorbing boundaries: A stochastic approach. Physical Review Letters, 2007, 98(16): 164501.

[53] Ge S. A governing equation for fluid flow in rough fractures. Water Resources Research, 1997, 33(1): 53-61.

[54] Welty J, Rorrer G L, Foster D G. Fundamentals of Momentum, Heat, and Mass Transfer. Hoboken: John Wiley & Sons, 2020.

[55] Cox B L, Wang J S Y. Fractal surfaces: Measurement and applications in the earth sciences. Fractals, 1993, 1(1): 87-115.

[56] Slámečka K, Pokluda J, PoNížil P, et al. On the topography of fracture surfaces in bending-torsion fatigue. Engineering Fracture Mechanics, 2008, 75(3-4): 760-767.

[57] Chen Y P, Zhang C B, Shi M H, et al. Role of surface roughness characterized by fractal geometry on laminar flow in microchannels. Physical Review E, 2009, 80(2): 26301.

[58] Weiss J. Self-affinity of fracture surfaces and implications on a possible size effect on fracture energy. International Journal of Fracture, 2001, 109: 365-381.

[59] Brigham W E. Mixing equations in short laboratory cores. Society of Petroleum Engineers Journal, 1974, 14(1): 91-99.

[60] Auradou H, Hulin J P, Roux S. Experimental study of miscible displacement fronts in rough self-affine fractures. Physical Review E, 2001, 63(6): 66306.

[61] Zheng J L, Liu X K, Jin Y, et al. Effects of surface geometry on advection-diffusion process in rough fractures. Chemical Engineering Journal, 2021, 414: 128745.

[62] Roux S, Plouraboué F, Hulin J P. Tracer dispersion in rough open cracks. Transport in Porous Media, 1998, 32: 97-116.

[63] Detwiler R L, Rajaram H, Glass R J. Solute transport in variable-aperture fractures: An investigation of the relative importance of Taylor dispersion and macrodispersion. Water Resources Research, 2000, 36(7): 1611-1625.

[64] Dejam M, Hassanzadeh H, Chen Z X. Shear dispersion in a rough-walled fracture. SPE Journal, 2018, 23(5): 1669-1688.

[65] Dai Z X, Ritzi Jr R W, Huang C C, et al. Transport in heterogeneous sediments with multimodal conductivity and hierarchical organization across scales. Journal of Hydrology, 2004, 294(1-3): 68-86.

[66] Jia S D, Dai Z X, Zhou Z C, et al. Upscaling dispersivity for conservative solute transport in naturally fractured media. Water Research, 2023, 235: 119844.

[67] Bisdom K, Bertotti G, Nick H M. The impact of different aperture distribution models and critical stress criteria on equivalent permeability in fractured rocks. Journal of Geophysical Research: Solid Earth, 2016, 121(5): 4045-4063.

[68] Hooker J N, Gale J F W, Gomez L A, et al. Aperture-size scaling variations in a low-strain opening-mode fracture set, Cozzette Sandstone, Colorado. Journal of Structural Geology, 2009, 31(7): 707-718.

[69] Dou Z, Sleep B, Zhan H B, et al. Multiscale roughness influence on conservative solute transport in sclf-affine fractures. International Journal of Heat and Mass Transfer, 2019, 133: 606-618.

[70] Qian J Z, Chen Z, Zhan H B, et al. Solute transport in a filled single fracture under non-Darcian flow. International Journal of Rock Mechanics and Mining Sciences, 2011, 48(1): 132-140.

[71] Jin Y, Li X, Zhao M Y, et al. A mathematical model of fluid flow in tight porous media based on fractal assumptions. International Journal of Heat and Mass Transfer, 2017, 108: 1078-1088.

[72] 邹卓. 不同变质程度煤岩吸附特性及其热力学变化规律研究. 北京: 中国地质大学（北京）学位论文, 2020.

[73] 金彦任, 黄振兴. 吸附与孔径分布. 北京: 国防工业出版社, 2015.

[74] Pfeifer P, Wu Y J, Cole M W, et al. Multilayer adsorption on a fractally rough surface. Physical Review Letters, 1989, 62(17): 1997-2000.

[75] Langmuir I. The Adsorption of gases on plane surfaces of glass, mica and platinum. Journal of the American Chemical Society, 1918, 40(9): 1361-1403.

[76] Brunauer S, Emmett P H, Teller E. Adsorption of gases in multimolecular layers. Journal of the American Chemical Society, 1938, 60(2): 309-319.

[77] Pfeifer P, Avnir D. Chemistry in noninteger dimensions between two and three. I. Fractal theory of heterogeneous surfaces. The Journal of Chemical Physics, 1983, 79(7): 3558-3565.

[78] Dubinin M M, Stoeckli H F. Homogeneous and heterogeneous micropore structures in carbonaceous adsorbents. Journal of Colloid and Interface Science, 1980, 75(1): 34-42.

[79] Hutson N D, Yang R T. Theoretical basis for the Dubinin-Radushkevitch (D-R) adsorption isotherm equation. Adsorption-Journal of the International Adsorption Society, 1997, 3(3): 189-195.

[80] Jin Y, Liu X H, Song H B, et al. General fractal topography: An open mathematical framework to characterize and model mono-scale-invariances. Nonlinear Dynamics, 2019, 96: 2413-2436.

[81] Thommes M, Kaneko K, Neimark A V, et al. Physisorption of gases, with special reference to the evaluation of surface area and pore size distribution (IUPAC Technical Report). Pure and Applied Chemistry, 2015, 87(9-10): 1051-1069.

[82] Mastalerz M, He L L, MelnichenkoY B, et al. Porosity of coal and shale: Insights from gas adsorption and SANS/USANS techniques. Energy & Fuels, 2012, 26(8): 5109-5120.

[83] Nie B S, Liu X F, Yang L L, et al. Pore structure characterization of different rank coals using gas adsorption and scanning electron microscopy. Fuel, 2015, 158: 908-917.

[84] Mastalerz M, Solano-Acosta W, Schimmelmann A, et al. Effects of coal storage in air on physical and chemical properties of coal and on gas adsorption. International Journal of Coal Geology, 2009, 79(4): 167-174.

[85] Yao Y B, Liu D M, Tang D Z, et al. Fractal characterization of adsorption-pores of coals from North China: An investigation on CH_4 adsorption capacity of coals. International Journal of Coal Geology, 2008, 73(1): 27-42.

[86] Yu B M. Analysis of flow in fractal porous media. Applied Mechanics Reviews, 2008, 61(5): 050801.

[87] Yu B M. Fractal character for tortuous streamtubes in porous media. Chinese Physics Letters,

2005, 22(1): 158-160.

[88] Zhang H W, Moh D Y, Wang X, et al. Review on pore-scale physics of shale gas recovery dynamics: Insights from molecular dynamics simulations. Energy & Fuels, 2022, 36(24): 14657-14672.

[89] Wang S, Feng Q H, Javadpour F, et al. Oil adsorption in shale nanopores and its effect on recoverable oil-in-place. International Journal of Coal Geology, 2015, 147: 9-24.

[90] He J, Ju Y, Hou P. Thermal diffusion and flow property of CO_2/CH_4 in organic nanopores with fractal rough surface. Thermal Science, 2019, 23: 1577-1583.

[91] Magsipoc E, Zhao Q, Grasselli G, et al. 2D and 3D roughness characterization. Rock Mechanics and Rock Engineering, 2019, 53(3): 1495-1519.

[92] Wu H A, Chen J, Liu H. Molecular dynamics simulations about adsorption and displacement of methane in carbon nanochannels. The Journal of Physical Chemistry C, 2015, 119(24): 13652-13657.

[93] Ortiz L, Kuchta B, Firlej L, et al. Methane adsorption in nanoporous carbon: The numerical estimation of optimal storage conditions. Materials Research Express, 2016, 3(5): 55011.

[94] An F H, Cheng Y P, Wu D M, et al. The effect of small micropores on methane adsorption of coals from Northern China. Adsorption, 2013, 19(1): 83-90.

[95] He J, Ju Y, Kulasinski, K, et al. Molecular dynamics simulation of methane transport in confined organic nanopores with high relative roughness. Journal of Natural Gas Science and Engineering, 2019, 62: 202-213.

[96] Chen L, Liu K Y, Jiang S, et al. Effect of adsorbed phase density on the correction of methane excess adsorption to absolute adsorption in shale. Chemical Engineering Journal, 2021, 420: 127678.

[97] Xiong F Y, Rother G, Tomasko D, et al. On the pressure and temperature dependence of adsorption densities and other thermodynamic properties in gas shales. Chemical Engineering Journal, 2020, 395: 124989.

[98] Zhou S W, Xue H Q, Ning Y, et al. Experimental study of supercritical methane adsorption in Longmaxi shale: Insights into the density of adsorbed methane. Fuel, 2018, 211: 140-148.

[99] Byamba-Ochir N, Shim W G, Balathanigaimani M S, et al. High density Mongolian anthracite based porous carbon monoliths for methane storage by adsorption. Applied Energy, 2017, 190: 257-265.

[100] Guo Z L, Zheng C G, Shi B C. Non-equilibrium extrapolation method for velocity and pressure boundary conditions in the lattice Boltzmann method. Chinese Physics, 2002, 11(4): 366-374.

[101] Zhou L, Qu Z G, Ding T, et al. Lattice Boltzmann simulation of the gas-solid adsorption process in reconstructed random porous media. Physical Review E, 2016, 93(4): 43101.

[102] Golay M J E. Theory of chromatography in open and coated tubular columns with round and rectangular cross-sections. Gas Chromatography, 1958, 2: 36-55.

[103] Khan M. Non-equilibrium theory of capillary columns and the effect of interfacial resistance on column efficiency. Gas Chromatography, 1962: 3-17.

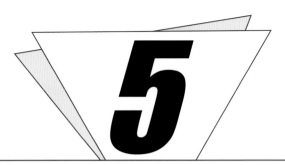

总结与展望

5.1 主要成果

本书从基础理论与方法、储层孔裂隙结构表征以及传质重构与机理分析三个方面重点阐述了团队近几年的最新研究成果。主要表现为分形拓扑理论的发展与逐步完善、储层复杂组构概念的提出、多孔介质复杂类型的等效提取及唯一反演、储层孔–裂隙结构分形特征的定量表征及其适配性评价,以及孔–裂隙空间流体传质的细观重构及控制机理分析。具体如下:

(1)基于两个尺度不变参数(缩放覆盖率、缩放间隙度),给出了分形维数的严格数学定义。在此基础上,厘清了统计分形/精确分形、多分形/单分形、自仿射/自相似/自相同三种尺度不变类型的本质内涵,甄别了它们之间的内在联系与递进关系,实现了分形从定性层面向定量层面的过渡;与此同时,以分形拓扑理论体系为依托,提出了分形集的概念,厘清了原始复杂性和行为复杂性之间的"纲领"关系,明确界定了任意分形对象中的复杂类型及其组构机制。

(2)探讨了原始复杂性对孔隙类型的控制机制,将分形多孔介质孔隙类型划分为单相/多相、单尺度/多尺度、单类型/多类型等。基于分形拓扑理论提出了一系列不同类型分形多孔介质的定量表征方法,主要包括利用改进的 QSGS 算法实现了颗粒填充型分形多孔介质复杂组构的定量表征。根据 Koch 曲线的生成过程,基于管径–数量分形拓扑和长度–数量分形拓扑提出了分形毛细管束模型的构建方法以等效表征致密储层孔隙结构;基于 Vorinoi 算法,结合尺度不变参数发展了分形网络模型的定量表征方法,依据孔隙和裂隙的类型及其耦合方式的不同,分别提出了裂隙分形网络模型、孔–裂隙分形多孔介质模型及孔隙–孔喉耦合分形多孔介质模型。

（3）依托于分形拓扑理论以及复杂组构的概念，提出了孔—喉—固—网—连分形多孔介质定量表征模型，实现了单尺度/多尺度、单相/多相、单类型/多类型的颗粒填充型、裂隙网络型、孔–裂隙型等分形多孔介质复杂孔隙结构的统一表征。在充分验证该模型有效性的基础上，论述了其对碳酸盐岩储层、不同物性特征储层、不同储集空间类型储层和煤层气储层孔隙结构精细描述中的适配性，最终形成了分形多孔介质定量表征的理论与方法体系。

（4）借助分形拓扑理论修正了 W-M 函数，以此生成自仿射粗糙端面，为精确描述自然裂隙中具有尺度不变属性的自仿射几何提供了方法借鉴；紧接着使用权重思想发展了一种新算法来构建非匹配裂隙，基于构建的裂隙确定了非匹配行为对开度分布的控制效应。

（5）依据裂隙拓扑形貌对流体运移的作用方式及强度，识别了裂隙流的四种控制效应：端面局部稳态粗糙效应、端面曲折效应、水文弯曲效应以及开度粗糙效应。基于经典立方定律，以有效开度为主线，推导建立了耦合上述四种效应的裂–渗关系模型（简称四重效应模型），进而确定了分别与四种效应相关联的四个物理参数，分别为局部粗糙度因子 f_σ、端面曲折率 τ_s、水文弯曲度 τ 及开度粗糙度 σ_δ。通过与现有模型的对比，于数值层面证实了四重效应模型的有效性和较好的预测性能，进而实现了粗糙裂隙流渗透率预测模型的广义定义。此外，基于非匹配裂隙流 LBM 模拟结果，重新确定了局部粗糙度因子的经验计算模型，即 $f_\sigma = 1 + 4.9 \left(\sigma / \langle \delta \rangle \right)^{0.75}$；与此同时，实现了自仿射粗糙裂隙中水文/几何弯曲度与平均开度间关系的定量描述，建立了尺度/弯曲度分形标定模型：$\tau \approx \tau_s \propto \langle \delta \rangle^{H-1}$。

（6）在孔–固界面上发生的吸附行为受控于多孔介质分形拓扑结构。基于此，考虑到多孔介质本身所具有的非均质特征，提出了孔–固界面对吸附质吸附的分形面吸附模式，并定义了对应的吸附分形拓扑模型。

（7）基于缩放间隙度和缩放覆盖率提出的稳定指数 SI，可反映行为复杂性对吸附性能的影响，即 SI 越大，原始粗糙面上的吸附越密集；由 K/H（K 为原始复杂性宽度，H 为原始复杂性深度）表示的原始复杂性对吸附势能有负面影响，原始复杂性越强，可能会使吸附模式从单层吸附转变为微孔填充。

5.2 未来展望

鉴于本书所开展的研究工作及在研究过程中存在的问题，同时为更系统地研究煤层气在储层复杂孔–裂隙结构中多物理运移过程的物性控制机理，对未来工作做以下几个方面的展望：

（1）分形拓扑理论体系的持续发展与完善

分形拓扑理论体系的提出甄别了统计分形/精确分形、多分形/单分形、自仿射/自相似/自相同之间的内在联系与递进关系，赋予了三种尺度不变类型的严格数学定义，实现了分形从定性层面向定量层面的过渡；与此同时，依托分形拓扑理论体系构建的复杂类型组构机制为储层孔隙结构的精细描述提供了开放数学框架。然而，针对形成储层的连续过程，当前的分形拓扑理论体系暂未涉及时间维度，因此，发展时空分形拓扑是重中之重。

（2）聚焦多重分形多孔介质的等效表征

当前提到的分形多孔介质模型大多是基于单分形对象的原始复杂性和行为复杂性构建的，而煤储层孔–裂隙结构是一种多元几何在尺度不变属性控制下的多重分形系统，因此很有必要理清多重分形对象中原始复杂性的演化规律和各分形拓扑关系的耦合机制，进而提取其复杂性的尺度不变参数，实现煤储层孔–裂隙结构的精细表征。

（3）三维 PTSNCF 模型构建方法的发展

书中介绍的 PTSNCF 模型主要基于二维空间下的分形拓扑参数构建，其模拟得到的孔隙度、渗透率等物性参数与实验测试得到的三维条件下的孔隙结构物性参数具有一定误差，只有构建更接近实际的模型才能更精确地模拟及预测多孔介质的静态属性和动力学特征。

（4）煤层气在裂隙网络空间下的对流—扩散耦合过程模拟与分析

为研究方便，本书主要以单裂隙为研究对象，而实际煤储层因成因多样，导致其内部结构极其复杂，同时产生了大量的微裂隙，组成裂隙网络。因此，探明裂隙网络空间下煤层气对流—扩散耦合过程的物性控制机制并建立其有效预测模型对煤层气高效开采利用具有更强、更直接的理论指导意义。

（5）分子吸附对溶质弥散的影响机理

尽管耦合吸附–解吸过程的 Taylor-Aris 弥散已有大量研究，但大多以光滑管道模型为研究对象，主要探究吸附滞留因子、吸附层厚度、吸附概率、吸附滞留时间分布函数、解吸速率等吸附参数对溶质弥散的影响，而忽略了孔–固界面微观几何对吸附–解吸及 Taylor-Aris 弥散的双重影响，显然这与现实情况并非完全契合。因此，为系统挖掘煤层气多物理过程耦合传质控制机理，探究吸附参数及界面几何物性参数对 Taylor-Aris 弥散的耦合控制效应将是未来必不可少而又关键的一项研究工作。